경주

천년의 여운

임찬웅의 역사문화해설 ❷

경주
천년의 여운

펴 낸 날	2022년 7월 5일 1판1쇄
지 은 이	임 찬 웅
펴 낸 이	허 복 만
편 집 기 획	나 인 북
표지디자인	디자인 일그램
펴 낸 곳	야 스 미 디 어
등 록 번 호	제10-2569호
주 소	서울 영등포구 양산로 193 남양빌딩 310호
전 화	02-3143-6651
팩 스	02-3143-6652
이 메 일	yasmediaa@daum.net
I S B N	978-89-91105-80-5 (03980)

정가 20,000원

임찬웅의 역사문화해설 ②

경주
천년의 여운

임찬웅 지음

YAS 야스

입버릇처럼 말하곤 했습니다. '할 수만 있다면 경주에서 1년 살고 싶다'고 말입니다. 로마와 피렌체, 교토에서도 같은 마음을 품었던 것 같습니다. 최소 1년을 살면서 그곳의 봄, 여름, 가을, 겨울을 경험하고 싶습니다. 불국사의 사계절을 경험해보고 싶고, 신화의 숲 계림의 황엽(黃葉)을 경험하고 싶습니다. 어디 그뿐입니까? 아침 햇살이 스치는 첨성대를 보고 싶고, 노을이 떨어지는 황룡사터에 앉아 선도산을 망연하게 바라보고 싶기 때문입니다. 감은사탑 찰주에 걸린 달도 보고 싶습니다. 아! 경주. 가슴을 뛰게 하는 심폐소생술 같은 곳이며, 가슴을 설레게 하는 여인 같은 곳입니다.

경주는 천년의 여운을 간직한 곳입니다. 그 여운은 너무나 매력적이고 짙어서 빠져들면 헤어나기 힘듭니다. 박혁거세, 석탈해, 김알지가 신화를 들려주고, 이사금 시대의 순수했던 여정이 잔잔한 파문을 일으킵니다. 김씨들의 독차지가 된 마립간의 강렬한 자기 자랑이 거대 왕릉으로 있어 눈이 휘둥그레집니다. 그 무덤 안에는 아직도 금관이 반짝이고 있을 것입니다. 사막이 아름다운 이유는 그곳에 샘이 있기 때문이라 했습니다. 밖에서 보면 큰 언덕처럼 보이는 저 무덤은 아직 발굴되지 않았고 그 안에 찬란한 금관을 간직하고 있습니다. 법흥왕과 이차돈은 새시대를 열기 위해 결의에 찬 대화를 나누었습니다. 이차돈의 죽음 이후 신라는 불교가 이끌어가는 시대가 되었습니다. 아니 불교를 이용하는 시대가 되었습니다. 황룡사와 분황사가 들려주는 이야기는 신화인지 설화인지 사실인지 분간이 되지 않습니다. 진흥왕, 진평왕, 선덕여왕이 가졌던 성골의식은 스스로 모순으로 빠져들고 있음을 보게 됩니다. 특별한 핏줄을 보존하기 위한 노력이 소멸로 가는 길이라는 것을 그들은 몰랐습니다.

승려들을 혼쭐내던 자장율사, 가늠할 수 없는 원효의 노래, 화엄학의 대가 의상, 화엄의 요체를 깨달은 김대성이 그곳에 있습니다. 화랑의 무리들이 맺은 맹약은 사다함과 무관랑, 죽지랑과 득오의 삶과 죽음으로 전해지고 있습니다. 바람이라도 불면 월명사의 제망매가와 충담의 찬기파랑가가 들릴 것 같습니다. 월명사가 달밤에 피리는 불었던 사천왕사 앞길을 거닐고 싶습니다.

황룡사구층목탑 건축을 위해 초청되었던 백제인 아비지의 고뇌, 한국의 미켈란젤로라 불리는 양지스님, 새들이 착각했을 정도로 뛰어난 작품을 남겼던 솔거가 서라벌에 있습니다. 이름 없는 예술가들의 영감(靈感)이 잔잔하게 들려옵니다.

역사 이야기가 조금 지루해질 때면 토함산을 넘어 바다로 갈 수 있습니다. 문무왕이 잠든 바다를 보며 잠깐의 여유를 가져볼 수도 있습니다. 파도에 몽돌 구르는 소리는 저 바닷속에 있다는 황룡사 대종의 울림이 아닐까 생각해보게 됩니다.

통일을 이룩한 신라는 가야와 삼국의 문화를 융합하여 민족문화의 기틀을 다져놓았습니다. 지금도 그 소리를 들을 수 있는 성덕대왕신종,

세계석굴사원의 결정체 석굴암, 부처의 세계를 건축으로 표현한 불국사 등 이루 헤아리기 힘든 문화적 성취를 이루어냈습니다. 경주에서 성취된 문화는 전국으로 퍼져서 깊숙한 골짜기 절집에도 국보급 문화재들을 남겨주었습니다. 경쟁하느라 에너지를 소모했던 삼국의 문화가 이제 하나가 되어 우리 문화의 뿌리를 형성해주었습니다. 통일 후 발생할 수 있는 분열과 갈등을 문화적 성숙의 기회로 이끌었던 신라의 지혜가 궁금합니다.

경주는 눈 닿는 곳이 곧 『삼국사기』이자 『삼국유사』입니다. 종이에 쓰인 글씨가 성큼성큼 걸어 나와 지면에 쿡쿡 박혀 있습니다. 그래서 이 책은 『삼국사기』와 『삼국유사』를 자주 인용할 것입니다. 경주의 최고 길잡이는 두 역사서입니다. 경주를 답사하면서 일행들에게 들려 주었던 두 책의 내용을 독자들에게도 발췌해서 나눠드립니다. 경주 여행을 계획하시는 분들이 저에게 자주 던지는 질문은 이것입니다. '어떤 책을 읽고 가면 경주여행에 도움이 될까요?' 저는 『삼국유사』를 읽으라고 권합니다. 그러면 난감한 표정을 짓습니다. 어떤 부분을 읽어야 황룡사, 분황사 답사에 도움이 될지 알 수 없기 때문입니다. 저는 '경주, 천년의 여운'을 통하여 두 역사서가 독자들에게 사랑받는 책이 되기를 바래봅니다.

경주는 젊은이들이 사랑하는 도시가 되었습니다. 황리단길은 언제나 인파로 가득 차 있습니다. 교동에도 젊은 연인들을 만날 수 있습니다.

대릉원-첨성대-월성 주변에는 계절마다 아름다운 꽃이 펴서 사진 찍기에 바쁩니다. 경주는 평지로 이루어진 도시라 자전거 타기에도 좋습니다. 보문사에서 그 이름을 빌린 보문관광단지에 이른 봄에 벚꽃이라도 피면 꽃보다 사람이 많습니다. 한여름이면 월지 곁에는 연꽃이 피어 그 향기를 멀수록 더욱 맑게 전해줍니다. 그러나 꽃은 조연일뿐 천년의 여운이 있기에 경주는 아름답습니다.

천년의 여운을 찾는 경주는 한번 더 다녀와야 할 것 같습니다. 한번으로는 어림없다는 것을 미리 고백합니다. 아직 다루지 못한 유적과 이야기가 너무 많기 때문입니다. 남산의 불적, 진평왕과 설총, 보문사, 괘릉 등 소개할 곳이 너무나 많습니다. 경주는 신라 문화유적으로만 유명한 곳이 아닙니다. 세계문화유산으로 등재된 양동민속마을이 경주에 있습니다. 회재 이언적 선생의 독락당, 세계문화유산 옥산서원도 마찬가지입니다. 교동의 최부잣집, 교동향교, 경주읍성 등은 경주가 아닌 다른 도시에 있었더라면 최고의 대접을 받는 관광지가 되었을 것입니다.

경주는 조금씩 천천히 자주 봐야 합니다. 유적이 너무 많기에 과욕을 부리면 모두 부실해집니다. 독자 여러분은 이 책을 따라 천천히 둘러볼 것을 권합니다. 바람을 맞으며 천천히 걷다 보면 천년의 기운이 힘을 돋우어 줄 것입니다.

목차

경주-천년의 여운

1

간추린 신라사

1 56대 992년의 나라

BC 57년(혁거세거서간 1)~935년(경순왕 9)까지 56대 992년의 역사를 가진 신라는 경이로우면서도 신비로운 나라다. 신화(神話)의 시대에서 설화(說話)의 시대로 이어지다가 조금은 아마추어 같지만 순수했던 유아기를 보낸다. 아주 긴 유아기와 유년기를 보낸 신라는 그 에너지가 축적되면서 급격한 팽창을 할 수 있었다. 청년기를 맞이하게 한 불쏘시개는 불교(佛敎)였다. 이후 삼국통일을 완성해낸 신라는 문화적 성숙의 시대를 열었다. 장년기에 접어든 것이다. 대부분의 분야에서 완숙한 경지를 보여주었다. 최전성기의 이면에는 감지되지 않는 그늘이 있다. 귀족층의 사치가 가져온 문화적 절정은 백성의 고혈(膏血)을 밟고 올라선 것이기 때문이다. 안정되었던 권력도 빈틈이 보이자 급격히 무너지기 시작했다. 노년기로 접어든 것이다. 변화를 갈망하는 사회적 욕구는 수구기득권인 진골들에 의해 철저히 무시되었다. 개개인의 욕구가 아니라 시대적인 변화에 대한 욕구였기에 진골들이 누른다고 사라질 것이 아니었다. 다른 방향으로 욕구가 분출되기 마련이다. 신라에 등을 돌리고 독립하는 세력들이 생겨났다. 후삼국시대가 시작된 것이다. 천년 왕국은 그렇게 무너졌다.

신라사는 보통 상대-중대-하대로 나누어 설명한다. 상대(上代)는 박혁거세-진덕여왕, 중대(中代)는 태종무열왕-혜공왕, 하대(下代)는 선덕왕–경순왕의 시대다. 그러나 그렇게 나누어 보기엔 신라사는 1000년이나 된다. 좀 더 세분해보자.

【유아기】 건국과 이사금시대(박혁거세거서간~흘해이사금)

【유년기】 마립간시대(내물마립간~지증마립간)

【청년기】 성골왕시대(법흥왕~진덕여왕)

【장년기】 통일과 문화절정(태종무열왕~혜공왕)

【노년기】 왕권 쟁탈과 후삼국(선덕왕~경순왕)

2 | 박혁거세, 왕이 되다

기원전 57년, 이 땅에 살던 6부 촌장은 자신들의 한계를 느끼고 박혁거세를 추대해 왕으로 앉혔다. 신라는 이렇게 시작되었다[1]. 기원전 57년이라는 건국 기원에 대해서는 의심받을 만하다. 고구려나 백제보다 먼저 건국되었다는 것인데 아무래도 믿기지 않는다. 진흥왕 때 거칠부에 의해 『국사 國史』가 편찬되었는데, 이 시기 신라는 자신감으로 충만해 있었다. 고구려나 백제보다 더 위대하다는 자존감이 가득했을 것이다. 그러니 자신들의 기년을 최대한 올려잡았을 것이다. 고구려

---

1 나정 내용 참고

와 백제는 일찍이 자국의 역사서를 남겼기에 이미 건국기년이 결정되어 있었다. 신라가 자신들의 건국기년을 두 나라보다 올려잡는 것은 어렵지 않았을 것이다. 거기다가 김부식이 『삼국사기 三國史記』를 저술할 때 신라 중심으로 서술했다. 신라사에 대해서는 자신감이 있었을 것이다. 자료의 한계도 있었다. 오래전에 망한 고구려, 백제보다는 신라의 자료가 현저하게 많았을 것이다.

처음에 궁실을 지었던 곳은 박혁거세가 발견되었다고 하는 나정에서 멀지 않은 남산자락(창림사터로 추정)이었다. 박혁거세는 거서간(居西干)이라 불렸다. 박혁거세거서간이 60년 재위하고 죽자 아들인 남해가 왕이 되었다.[2]

▲ **첫 궁궐이 있었던 남산** 현재의 창림사터로 추정된다.

2 오릉 참고

남해왕은 차차웅이라 불렸다. 차차웅(次次雄)은 종교적 지배자를 뜻한다. 이로 미루어 이때의 사로국은 종교와 정치가 완벽하게 분리된 국가는 아니었던 것이다. 남해차차웅이 다스리던 시기에 석탈해가 사로국 영내로 들어왔다.

3 | 현명한 자, 이사금

석탈해는 남해차차웅의 사위가 되었다. 남해차차웅은 석탈해가 정치적 수완이 뛰어난 것을 보고 왕위를 물려주려 하였다. 아직 부자승계(父子承繼)라는 원칙이 만들어지지 않았던 시기였기 때문에 이상할 것도 없었다. 그러나 탈해는 받아들이지 않았다. 남해차차웅의 아들(석탈해의 처남)이 적합하다고 주장하였다. 왕의 자리는 지혜로운 사람이어야 한다고 덧붙였다. 지혜로운 사람은 이(齒)의 수가 많다고 하니 떡을 깨물어 확인하자는 것이다. 떡을 물어 확인한 결과 남해차차웅의 아들인 유리의 이가 더 많았다. 석탈해가 더 많더라도 그건 하늘이 결정한 것이니 떳떳하게 왕위에 오를 수 있는 명분이 된다. 석탈해 입장에서는 어떤 결과가 나오든 괜찮다. 왕위를 냉큼 받아들인 것이 아니라 양보를 했기 때문이다. 약간은 유치한 논쟁같지만 그래서 사로국의 초기 역사가 더 인간적이다. 이로써 최고지배자를 '이사금'이라 하였다. 떡을 물어 이의 자국을 확인한 결과 왕위가 결정되었다는 뜻이다. '이의 결(잔금)'에서 나온 것이라는 주장도 있다. 또는 '이사금'은 '이은 간(干)' 즉 '계승자'라는 뜻도 있다고 한다. 이가 많은 자가 현명하다고 했으니 '이사금=현명한 자'라는 뜻도 있겠다.

유리이사금이 죽자 60세가 넘은 늦은 나이에 탈해가 이사금에 올랐다. 석탈해는 성품이 매우 적극적이고 지략이 뛰어난 인물이었다. 그럼에도 유리이사금 즉 처남에게 왕위를 양보한 것처럼 욕망을 참을 줄도 아는 인물이었다. 사로국 내부에 들어온 지 얼마 되지 않았고 자신의 세력도 그다지 많지 않았다. 조금 더 참아야 했다. 그렇지만 시간이 기다려주지 않는다. 유리이사금보다 먼저 죽기라도 한다면 자신은 이사금에 오르지도 못한다. 현실을 직시했던 탈해는 흔쾌히 양보하는 것처럼 보여서 사람들의 인정을 더 받았다. 유리이사금은 33년을 재위했다. 이렇게 긴 세월을 기다린 끝에 탈해는 이사금에 올랐다. 이때 탈해의 나이 62세였다고 한다. 석탈해가 이사금이 되었다고 해서 석씨를 대표해서 이사금이 된 것은 아니었다. 박씨(朴氏)의 사위 자격으로 이사금에 오를 수 있었던 것이다. 그래서 석탈해 다음에 박씨가 다시 4대에 걸쳐 이사금을 이어나갔다. 탈해가 이사금으로 있을 때 알지가 나타났다.

탈해의 뒤를 이어 유리이사금의 아들인 파사가 5대 이사금이 되었다. 그리고 8대 아달라이사금까지 박씨가 이어갔다. 아달라이사금은 박씨계의 마지막 이사금인데 아들을 낳지 못하고 죽었다. 그래서 유력한 이들이 모여 석씨계인 벌휴를 제9대 이사금으로 선출하였다. 이처럼 유력한 이들 즉 가부장이나 족장들이 모여 사로국의 중요한 일을 논의하여 결정하였는데 이것이 화백(和白)회의로 발전하게 되었다. 박혁거세를 추대할 때부터 화백회의는 시작되었다고 봐야 한다.

벌휴이사금은 탈해의 손자였다. 10~12대 이사금도 석씨였다. 제13대 이사금은 김씨의 미추가 이사금이 되었다. 김씨계가 드디어 중앙정계에 발을 디딘 것이다. 김알지 이후 김씨들은 서서히 세력을 확장했다. 독자적인 힘으로는 이사금에 오를 수 없었다. 미추이사금도 탈해처럼 석씨의 사위 자격으로 이사금이 되었다. 그래서 미추이사금 후 석씨계인 유례-기림-흘해가 이사금을 이어갔다. 비록 미추이사금 이후 석씨가 왕위를 가져갔다고 해도 김씨는 사로국 내에서 중요한 지분을 확보하는 의미가 있었다. 석씨가 그러했던 것처럼 말이다.

4 | 김씨, 마립간이 되다

신라의 역사를 말할 때 박·석·김 세 성씨가 교대로 왕이 되었다고 한다. 매우 사이가 좋은 것처럼 보인다. 그러나 엄밀히 말하면 세 성씨가 치열하게 다툰 것이다. 단 화백회의라는 합의제를 통해서 권력의 교체를 만들어냈다. 세 성씨는 혼인관계로 연합하기도 했지만, 분열하기도 하면서 차례로 왕위를 차지했다. 박씨계 왕위를 석씨가 차지했으며, 결국에는 김씨계가 독차지한 것이다. 화백회의를 누가 주도하느냐에 따라 권력의 향배가 결정되었다.

이들 세 성씨는 혼인관계로 엮이면서 자신들만의 울타리를 높여갔다. 이들의 권력쟁탈 틈바구니에서 사로국의 모태였던 6부촌장의 후손은 주변부로 밀려났다. 결국 이들은 6두품으로 전락하였다.

김씨계의 첫 왕은 17대 내물마립간이다. 그는 미추이사금의 딸과 결혼했다. 아버지는 미추이사금의 동생이었다. 사촌간에 결혼한 것이다. 그는 어머니도 김씨, 부인도 김씨였다. 이로 미루어 김씨들이 힘을 모아 내물을 왕위에 올린 것이다. 박씨, 석씨와의 경쟁에서 이긴 것이다. 박씨나 석씨 두 집안도 이사금이었다. 진시황이 춘추전국시대를 통합하고 기존의 왕들과는 다른 호칭을 사용하고자 했다. 모든 나라의 왕들을 정복했으니 자신은 왕보다 높은 존재라는 것이다. 그래서 '황제(皇帝)'

▲ **마립간시기의 무덤** 거대한 규모로 기존 집단을 압도하였다.

라는 호칭을 만들었다. 김씨도 마찬가지였다. 기존의 이사금을 누른 자신들은 이사금보다는 뛰어난 존재임을 천명하고 싶었다. 그래서 '으뜸이 되는 간(干)' 또는 '우뚝 솟은 간'이라는 뜻으로 '마립간(麻立干)' 이라 하였다. 우리말에 용마루가 있다. 지붕의 꼭대기 부분을 용마루라 한다. 마루는 '으뜸, 가장 높은' 뜻이 있다. '마립=마루'는 으뜸이라는 뜻을 지닌 우리말이다. 왕들의 위패를 모시고 제사하는 공간을 '종묘 (宗廟)'라 한다. '宗'은 '마루'라는 뜻을 지니고 있다. 종묘는 '으뜸이 되는 사당'이라는 뜻이다.

사로국 내부에서는 '우뚝 솟은 간'이었지만 외부적으로는 미약하기 짝이 없었다. 백제와 가야, 왜 연합이 수시로 사로국을 위협했다. 특히 가락국(금관가야)의 위협은 대단했다. 가락국은 왜를 부용세력으로 끌어들여 사로국을 위기에 빠뜨렸다. 이에 사로국은 고구려에 도움을 청하였다. 백제를 견제하기 위해서는 사로국이 유지되는 것이 유리했던 고구려는 사로국를 구원하였다. 광개토태왕이 5만의 군대를 끌고 와 가락국을 초토화시켰다. 그리고 사로국 내에 고구려 군대를 주둔시켰다. 사로국은 고구려의 간섭을 받아야 했다. 내물마립간은 동생인 실성을 고구려에 인질로 보냈다. 내물마립간의 뒤를 이어 실성이 고구려에서 돌아와 마립간에 올랐다. 고구려의 의도가 포함된 계승이었다. 실성은 내물왕의 두 아들 복호(고구려)와 미사흔(왜)을 인질로 보냈다. 내물왕 의 장자인 눌지마저 고구려를 이용해 제거하려 하였다. 그러나 고구려 는 실성을 제거하고 눌지가 마립간이 되도록 했다. 이렇게 내물마립간- 실성마립간-눌지마립간 시기는 고구려의 보호 아래 있었지만, 고구려의 간섭을 받아야 했던 서러움이 있었다.

고구려의 남진정책에 위협을 느낀 백제는 사로국과 동맹을 맺었다. 사로국 역시 고구려의 간섭에서 벗어나야 했기 때문에, 또 남진정책에서 사로국도 예외가 될 수 없었기에 백제와 손을 잡았다. 고구려의 도움으로 국체를 유지했던 사로국은 서서히 성장하고 있었다. 이제 그들의 힘은 경상도를 넘어서기 시작했다.

눌지마립간에 이어 자비마립간과 소지마립간은 보은에 삼년산성을 축조하고 북방 진출의 교두보를 마련했다. 이제 고구려나 백제는 삼년산성을 넘어야 사로국을 정벌할 수 있었다. 난공불락의 산성이 버티고 선 사로국은 정복하기 힘든 나라가 된 셈이다. 훗날 백제의 성왕이 삼년산성에 주둔했던 군대에 사로잡혀 죽임을 당했다. 삼년산성은 신라 성장의 중요한 거점이 되었다.

▲ **신라가 외부로 팽창하기 시작하던 첫 단추인 삼년산성** 충청북도 보은에 위치

소지마립간의 뒤를 이은 지증마립간은 사로국을 비약적인 단계로 끌어올렸다. 마립간이라는 칭호를 국제적 칭호인 '왕(王)'으로 바꾸었다. 사로국이라는 국호도 '신라(新羅)'로 바꾸었다. '덕업일신 망라사방(德業日新 網羅四方)' 즉 '국가의 덕이 날마다 새롭고, 그것이 사방을 덮는다'는 뜻이다. 자신감이 일층 강화된 면모를 보여준다. 왕의 장례식에 남녀 각각 5명씩 순장하던 것을 금지했다. 인간의 생명을 소비제로 여기지 않고 존중한다는 것을 보여준 것이다. 우경(牛耕)을 권장하여 백성들의 삶을 실질적으로 개선하고자 했다. 이찬 이사부를 앞세운 우산국 정벌을 통하여 신라가 외부를 팽창하는 자신감을 표출하였다. 우산국 정벌을 통하여 해상교통인 선단(船團) 운영에 대한 자신감도 생겼다.

5 | 석가모니와 같은 집안, 성골왕

지증마립간의 뒤를 이은 법흥왕은 국가체제를 정비했다. 법흥왕은 병부를 설치하여 6부에 나뉘어 있던 군사권을 국왕 아래로 정비했다. 군대의 지휘권을 일사분란하게 만들어서 주변국과의 경쟁에 나설 수 있게 했다.

법흥왕 7년(520)에 율령을 반포했다. 이제 국가다운 국가가 된 것이다. 성문화된 법이 존재한다는 것은 비합리적인 국가가 아닌 어떤 원칙에 의해 지배되는 체제가 되었음을 말해준다. 법흥왕 15년(528)에 불교를 공인하였다. 법흥왕 18년(531)에 상대등을 임명했다. 상대등은 귀족 대표를 말한다. 상대등을 임명할 수 있는 왕은 화백회의의 일원이 아니라 화백회의 위에 있는 존재가 되었다. 법흥왕 19년(532)에 광개토태왕 남정 이후 명맥만 유지해오던 가락국이 투항해왔다. 법흥왕은 불교를 공인한 만큼 불교적 국가 운영체제로 변화시켰다. 신라 왕실은 불법(佛法)의 수레바퀴를 돌려 세상을 정복해 나갈 전륜성왕이라는 논리를 만들어냈다. '왕즉불(王卽佛:왕이 곧 부처)' 사상을 적극 이용 한 것이다. 신라 내에서 불교가 아직 확고하게 자리 잡지 못한 상태였기

▲ **진흥왕북한산순수비** 현재는 국립중앙박물관 신라관에 있다.

때문에 승려들도 왕실의 논리를 적극적으로 뒷받침했다. 이제부터 신라 왕실이 주도하는 전쟁은 성전(聖戰)이 되는 것이다. 군사들은 성전에 참여하는 만큼 목숨을 아끼지 않게 되었다. 부처님을 위해 싸우는 것이니 더 용감해질 수 있었다.

법흥왕의 뒤를 이어 진흥왕이 즉위했다. 지증왕과 법흥왕이 일구어 놓은 국가 기반을 바탕으로 비약적인 외부진출을 도모하였다. 백제와의 동맹을 활용하여 북쪽으로 영토를 넓혀나갔다. 강원도, 경기도 일대를 점령하였다. 신라는 동맹이었던 백제를 기습하여 경기도 일대를 차지해 버렸다. 동맹은 깨졌다. 백제 성왕은 신라에 빼앗긴 옛 영토를 되찾기 위해 전쟁을 일으켰으나 오히려 죽임을 당하고 말았다. 이제 삼국은 서로 원수가 되었다.

진흥왕의 뒤를 이은 진지왕은 4년 만에 폐위되었다. 나라를 제대로 다스리지 못한다는 이유였다. 그리하여 진흥왕의 장손자 백정이 왕위에 올랐다. 그가 진평왕이다. 진평왕은 52년이라는 장구한 세월을 재위하였다. 이 시기는 진흥왕 시대의 대외팽창으로 인한 주변국의 실지회복(失地回復) 움직임이 활발해지던 때이다. 고구려는 죽령 이북의 땅을 끊임없이 되찾고자 했으며, 백제는 옛 한성지역을 신라로부터 빼앗고자 했다. 끊임없이 이어지는 고구려, 백제의 침략을 간신히 막아내던 신라는 당나라의 힘을 빌려 그 속도를 늦추고 있었다.

진평왕의 뒤를 이은 선덕여왕은 성골왕실의 일원으로 왕이 되었다. 여자라는 이유로 귀족들의 반대에 직면했지만 이겨나갔다. 내부적으로 불교의 성장과 문화발전이 진행되었다. 외부적으로는 김춘추와 김유신의 활약으로 버티고 있었다. 그럼에도 귀족들은 여자 왕을 인정할 수 없었다. 상대등 비담이 반란을 일으켰다. 이유는 '여자는 나라를 잘 다스릴 수 없다'는 것이었다. 선덕여왕은 귀족들의 반란에 충격을 받았는지 난이 진압되기 전에 죽었다. 김춘추와 김유신은 비담의 난을 진압하고 선덕여왕의 사촌동생 진덕을 왕위에 올렸다.

진덕여왕 시대의 실질적인 권력은 김춘추에게 있었다. 김유신의 군권과 결합된 김춘추는 선덕여왕과 진덕여왕을 후원하면서 자신의 권력을 다져나갔다. 그리고 성골왕실의 후계자가 끊어지자 왕위에 오를 수 있었다. 할아버지 진지왕이 폐위되면서 잃어버렸던 왕권을 되찾은 것이다. 자신들을 폐위시킨 왕실을 도와주면서 결국에는 되찾아오고 말았다.

6 | 통일을 성취한 집안

김춘추는 폐위된 진지왕의 손자였다. 폐위된 진지왕의 후손이었기 때문에 자칫하면 왕위 계승에서 멀어질 수 있었다. 그런 그가 절치부심하여 기어코 왕위를 되찾았다. 태종무열왕(재위 654~661)은 당나라의 힘을 빌려 백제를 멸망(660)시켰다. 문무왕(文武王, 재위 661~681)은 고구려를 멸망(668)시키고, 당나라마저 몰아내 숙원이던 통일을 완성(676)했다. 이들은 삼국통일을 이루어냈다. 이제 누구도 김춘추의 후손이 왕위를 독차지하는데 대해서 불만을 가질 수 없었다. 누가 그 가문의 업적을 뛰어넘을 수 있겠는가. 그리하여 태종무열왕의 직계가 127년을 이어갔다. 태종무열왕-문무왕-신문왕-효소왕-성덕왕-효성왕-경덕왕-혜공왕으로 이어졌다. 효소왕과 성덕왕은 형제, 효성왕과 경덕왕도 형제간이다. 6대 127년간의 시간이 태종무열왕 직계 후손들이 왕위를 이어가던 때였다. 통일을 이루어낸 후 민족의 역량을 결집시켜 문화적으로 절정을 이루어냈던 시간이기도했다.

문무왕의 뒤를 이은 신문왕(681~692)은 국학(國學)을 세워 유교적 소양을 지닌 관료를 양성하고자 했다. 설총이 이두를 정리하고 유교 경전을 쉽게 풀이해서 가르쳤다. 설총은 우리나라 유학의 시조가 되어 문묘에 배향되었다. 김생과 같은 명필도 탄생할 수 있었다. 김흠돌의 반란을 계기로 화랑도를 폐지하였다. 통일전쟁 때에는 요긴한 전력이었지만 평화의 시대에는 왕권을 위협할 수 있는 집단이었던 것이다. 넓어진 국토를 9주 5소경으로 나누어 효율적인 지방 통치기반도 마련하였다.

신문왕의 뒤를 이은 효소왕-성덕왕 때에는 정치·외교적으로 상당히 안정된 시기를 보냈다. 그러나 자연재해가 자주 발생하여 유랑하는 백성들도 많았는데 그때마다 창고를 열어 백성을 구휼했다.

효성왕과 경덕왕, 혜공왕 때는 신라 문화가 절정에 이르고 있었다. 신라·발해·당나라·일본이 크게 부딪칠 일이 없었다. 대외적인 안정을 구가하고 있었다. 그 때문에 문화적으로 꽃을 활짝 피울 수 있었다. 통일이라는 것은 지리적, 정치적 통일만을 의미하지 않는다. 삼국이 치열하게 경쟁하면서 내적 에너지를 소모하고 있었는데, 이제 그럴 필요가 없어진 것이다. 통일은 민족 역량의 결집이라는 의미도 있었다. 외부 위협이 사라진 상태에서 오로지 내적 충만을 위해 달려가면 되는 것이었다. 건축·예술·종교도 하나가 되었다. 세 나라의 미술 전통이 하나가 되어 서로의 장단점을 보완하면서 상승할 수 있었다. 불교도 이 시기에 이르면 완숙해지고 있었다. 고차원적인 화엄종(華嚴宗)이 유입되어 그 철학적 깊이를 더해갔다. 문화발전은 이념적 성숙을 자양분으로 한다. 이 시기 성덕대왕신종, 석굴암, 불국사, 월정교 등 찬란한 문화유산이 탄생하였다. 너무 행복하면 불안감이 도사린다고 했던가. 진골귀족의 사치가 절정에 달하고 있었다. 절정의 뒤에는 백성의 고혈이 녹아 있었다. 소수 귀족의 사치를 위해 백성은 고혈을 짜내고 있었던 것이다. 왕권이 안정적이라 그 불만이 겉으로 드러나지 않았을 뿐이

▲ **설총묘** 원효이 아들이면서 신라의 유교 문화를 발전시킨 인물

지 틈만 보이면 터져 나올 지경이었다. 빈부의 격차가 심각해지고 있었다. 태종무열왕 직계 후손들이 독차지하는 왕권에 대한 불만도 서서히 누적되고 있었다.

7 | 155년간 20명의 왕

경덕왕은 늦은 나이에 아들을 얻었다. 그가 혜공왕이다. 경덕왕이 죽자 혜공왕은 8살에 등극했다. 태후가 섭정을 맡았다. 태종무열왕계가 아닌 진골들이 틈을 노렸다. 몇 차례의 반란 시도 끝에 혜공왕은 김양상에 의해 시해되었다. 왕의 나이 스물 셋이었다.

127년간 감히 도전하지 못했던 왕위였다. 그런데 상상할 수 없었던 일이 벌어진 것이다. 왕을 시해해버린 것이다. 한 번이 어렵지 두 번이 어려운 것은 아니다. 왕을 죽이고 왕권을 차지하고 나니 누구나 그렇게 하겠다고 나서게 되었다. 이제 누구든지 힘만 있으면 왕위를 노리게 되었다. 왕을 죽이고 왕위에 오른 자는 또 다른 누군가에 죽임을 당하였다. 신라는 왕권 다툼으로 스스로 허물어지고 있었다. 155년간 20명이나 교체되었다.

중앙에서 권력다툼으로 날을 새는 동안 지방은 중앙의 통제에서 벗어나고 있었다. 그리하여 지방관으로 나간 자들이나 토호세력, 아니면 왕위 계승에서 밀려난 자들이 지방에 웅거하면서 스스로 성주 · 군주 · 왕을 칭하기 시작했다. 해상 권력을 장악한 장보고가 중앙 정치에 깊숙이 관여하기도 했다. 또 궁예 · 양길 · 견훤 · 왕건 등 지방 실력자들이 스스로 왕을 칭하였다.

▲ **선종사찰 실상사** (남원) 구산선문의 하나인 실상산문이 개창된 곳이다.

8 | 선종(禪宗), 호족이 믿는 구석

통일 후 신라 문화가 절정에 이르렀을 때 문화의 주도층은 중앙세력이었다. 불국사에 석가탑이 만들어지고 있던 무렵에 지방에도 뛰어난 문화유산이 탄생하고 있었다. 해인사 목조비로자나불상, 보원사 철조여래좌상, 화엄사 사사자석탑, 법주사 쌍사자석등, 부석사 석등, 창녕 술정리탑 등은 경주 문화와 같은 수준을 보여주었다. 중앙이 지방문화을 주도하고 있었던 것이다. 지리산에 화엄사가 창건될 때 왕은 기술자를 파견해서 창건할 수 있도록 도와주었다. 국가는 화엄종을 널리 전하기 위해서 화엄십찰[3]을 지원하였다. 불교적 통치를 위해 사찰 창건을 적극 지원했던 것이다. 그렇기 때문에 중앙 문화와 지방이 큰 차이를 보이지 않았다.

신라 후기, 지방이 정치적으로 독립하기 시작했다. 문화의 주도층도 달라질 수밖에 없었다. 이때부터 지방 문화의 주도층은 호족(豪族)이었다. 이제 절을 짓거나 중창하게 되면 호족이 주도하고 지역민들이 참여하는 양상이 나타났다. 이전에 비해 예술적 수준은 떨어지지만, 다양성이 폭발적으로 나타나기 시작했다.

---

3 화엄사상을 전하기 위해 창건된 10개의 사찰. 영주 부석사, 구례 화엄사, 합천 해인사, 부산 범어사, 서산 보원사, 달성 옥천사, 공주 갑사와 보광사, 청담사, 미리사 등이다. 보광사, 청담사, 미리사 대신 비마라사, 청계사, 미현사를 꼽기도 한다.

불교를 처음 수용했을 때는 왕즉불(王卽佛) 사상을 적극 활용하였다. 교리에 의하면 현생(現生)은 전생의 결과다. 전생에 살았던 삶에 의해 현생이 결정되었다. 그러니 주어진 현생에 복종해야 한다. 그래야 내생에 더 나은 삶을 보장받을 수 있다. 주어진 신분을 뛰어넘으려 하거나, 부정해서는 안 된다. 왕권에 도전하는 것도 마찬가지다. 왕이 곧 부처인데, 왕을 죽이는 것은 부처를 죽이는 것과 같다. 또 전생에 만들어진 자신의 업을 부정하는 것과 같은 것이다. 그러니 어떻게 왕권에 도전할 수 있겠는가?

그런데 신라말이 되면 왕을 죽이는 행위가 공공연하게 벌어지고 있었다. 또 스스로 왕을 칭하는 자들도 늘어났다. 그렇다고 이들이 불교를 버린 것이 아니었다. 오히려 불교를 더 지원하면서 자신들의 편이 되어 주기를 청했다. 교리대로 한다면 이들의 내생은 비참해질 것이다. 그러나 이들의 행위에 정당성을 제공해 주었던 것은 통일신라 후기에 도입된 '선종(禪宗)'이었다. 교종(敎宗) 중심의 중앙권력에 비해 선종은 지방권력에 정당성을 부여해 주었다. 교종은 경전의 가르침을 배우고 익히고 실천하여 깨달음의 단계로 나아가는 것이다. 선종은 자신에게 내재되어 있는 불성(佛性)을 깨달아 알면 곧 부처가 된다고 말한다. 깨닫는 자가 곧 부처라는 것이다. 다른 말로 풀이하자면 능력 있는 자가 곧 왕, 자리를 먼저 차지하는 자가 곧 왕이라는 뜻과도 통한다. 전생의 결과로 주어진 것이 아니라, 먼저 깨우친 자가 곧 부처인 것이다.

이 땅에 선종을 처음 도입했던 도의선사(?~825)는 미친 사람 취급을 받았다. 교종의 논리대로 보자면 미친 소리였던 것이다. 그러나 교종 승려들이 중국으로 유학을 떠났다가 돌아온 후 모두 선종을 가르치기 시작했다. 결국 선종은 신라 불교의 대세가 되었다. 이제 신라 문화의 이념적 바탕도 선종이 주도하게 되었다.

9 | 경순왕의 항복

신라의 멸망은 고구려·백제와는 다른 길이었다. 왕이 스스로 나라를 들어 고려에 바쳤다. 더이상 국가를 운영할 수 없을 정도로 겨우 숨만 붙어 있는 상황이었지만 전쟁은 없었다. 백제와 고구려의 멸망은 나당 연합군의 침공 때문이었다. 전쟁의 끝에는 약탈과 파괴가 따른다. 전쟁에 참여한 군사들은 약탈을 약속받는다. 이국땅에서 목숨을 내놓고 싸우는 병사는 한몫 단단히 잡겠다는 생각뿐이다. 군지휘관들은 이를 어느 정도 용인하였다. 그것이 군사들의 사기를 진작시키는 방법이었기 때문이다. 궁궐, 사찰, 관아 등은 약탈 후 불태워졌다. 모든 것이 잿더미가 되고 만다. 그런데 신라는 고려의 침공으로 멸망한 것이 아니었다. 스스로 나라를 바쳤으니 군사들의 약탈을 걱정할 필요가 없었다. 궁궐, 관아, 사찰 등은 고스란히 남았다. 황룡사, 분황사를 비롯한 별처럼 많았던 사찰은 고려시대 내내 건재하였다. 약탈당하지 않고 불태워지지 않았다. 민족의 유산이 비교적 안전하게 후세에 전하게 된 것은 경순왕의 항복이 있었기 때문이다.

경주-천년의 여운

천년 왕국의 수도 경주

1 | 경주 분지와 방리제

신라의 수도 경주는 분지다. 동쪽에 토함산, 서쪽에 선도산, 남쪽에 남산(금오산)이 있어 경주를 둘러싸고 있다. 신라 때에는 이 도시를 '서라벌(徐羅伐)'이라 불렀다. 서라벌 외에 금성(金城), 왕경(王京), 동경(東京) 등으로도 불렀다. '경주(慶州)'라는 지명은 고려시대에 붙여진 지명이다.

경주는 한반도 남쪽 동해안에 치우쳐 있어서 주변 강국이었던 고구려나 백제의 침공으로부터 비교적 안전한 곳이었다. 분지로 이루어져 있어서 외적의 침입으로부터 지키기도 유리한 지형을 갖고 있었다.

신라는 경주 한곳에서만 1천 년 가까이 국가를 운영하였다. 서라벌 6부에서 시작한 사로국은 경주 분지 자체가 국가의 영역이었다. 사로국이 주변 소국들을 점령하면서 영토를 확장하자, 사로국 영토가 왕경(王京)이 되었다. 도시는 특별한 계획없이 궁궐과 관아, 민가들이 자연스럽게 자리 잡았고, 거대한 왕릉도 민가들과 공존하였다. 그러나 국가가 성장하고 인구가 증가함에 따라 기존의 도시 구조로는 발전을 기대할 수 없게 되었다. 자비마립간 12년(469)에 왕경을 일신하는 프로젝트를 진행하였다. 왕경을 바둑판처럼 구획을 나누는 방리제(坊里制)를 실시한 것이다.

방리제란 시가지를 바둑판처럼 구획하고 방(坊)과 리(里)로 나눈 것을 말한다. 바둑판의 가로세로줄은 도로가 된다. 지금도 경주시는 방리제에 근거한 도로를 사용하고 있다. 바둑판처럼 좌우 간격을 맞춰 도로를 만들었고, 각 구역마다 주택과 사찰, 공공기관들을 갖추었다. 이 방리제는 신라의 성장과 더불어 외곽으로 계속 확장되어 나갔다. 1방의 규모는 160m×140m 정도로 추산하고 있다. 『삼국사기』 진평왕 18년(596) 기록에 "겨울 10월에 영흥사에 불이 났는데, 불길이 번져 가옥 350채를 태웠다. 왕이 몸소 나아가 그들을 구제하였다."라고 하였다. 도시 내에 가옥들이 매우 밀집되어 있었다는 것을 짐작하게 한다. 『삼국유사』 진한조에는 이렇게 기록하고 있다. "신라는 전성기에 서울이 17만8936호(戶)였고, 1360방(坊), 55리(里), 35개의 금입택(金入宅)이 있었다."

2 | 90만 명의 인구

신라의 전성기에 방(坊)의 수와 리(里)의 수를 기록하였고, 그곳에 들어선 호수(戶數)는 17만호가 넘었다는 것이다. 호수(戶數)를 한자리까지 기록한 것으로 봐서 이 기록에 자신이 있다는 뜻이 되겠다. 한 가구당 평균 5명이 산다고 계산하면 17만8936호에 사는 인구는 894,680명이 된다. 90만 명에 가까운 인구가 사는 대도시였다. 당시

이 정도 인구를 가진 도시는 세계적으로 네 곳에 불과했다. 중국의 장안, 페르시아의 바그다드, 동로마제국의 콘스탄티노플 그리고 신라의 경주였다. 어떤 이들은 인구 90만은 과하다고 주장한다. 17만 호가 아니라 17만 명이 살았을 것으로 주장한다. 그러나 경주의 외곽이라고 하는 모량리까지 방리제의 흔적이 확인되는 것으로 봐서 과한 주장은 아닌 듯하다. 경주에서는 기와집이 처마를 맞대고 있었기에 비를 맞지 않고도 길을 갈 수 있었다고 한다. 『삼국사기(三國史記)』 헌강왕 6년(880)에는 이렇게 기록되어 있다.

9월 9일에 왕이 좌우의 신하들과 함께 월상루(月上樓)에 올라가 사방을 둘러보았는데, 서울 백성의 집들이 서로 이어져 있고 노래와 음악 소리가 끊이지 않았다. 왕이 시중(侍中) 민공(敏恭)을 돌아보고 말하기를, "내가 듣건대 지금 민간에서는 기와로 덮고 짚으로 잇지 않으며, 숯으로 밥을 짓고 나무를 쓰지 않는다고 하니 사실인가?"라고 물었다. 민공이 "신(臣)도 역시 일찍이 그와 같이 들었습니다."라고 대답하였다.

불교가 들어온 후 왕릉은 왕경의 외곽으로 나갔고, 그 대신 절들이 도심에 지어지기 시작했다. 『삼국유사(三國遺事)』에서는 이 광경을 이렇게 표현하였다. "寺寺星張 절은 별처럼 늘어서 있고, 塔塔雁行 탑은 기러기 줄지어 나는 듯했다" 불교의 수용과 더불어 도시의 풍경도 일신되었다. 당시로서는 고층 건물인 목탑이 수직으로 세워지기 시작한 것이다. 제주의 오름처럼 부드러운 왕릉과 중첩된 산줄기 같은 기와집의 선율, 하늘을 찌를 듯 수직으로 선 탑은 도시의 스카이라인을 다채롭게 하였다. 새벽과 저녁이면 절에서 들리는 종소리와 염불 소리, 법당을 밝히는 촛불로 인해서 어두운 밤이라도 활기가 넘쳤다.

3 | 국제적 감각이 넘치던 도시

삼국통일 후 경주는 국제도시가 되었다. 발해·당·일본 등 주변국뿐만 아니라 페르시아와 로마에 이르기까지 다양한 나라와 인종이 뒤섞이는 국제도시가 되었다. 귀족들의 이국취향은 경제적 부담을 가중시켜 금지 품목을 지정하기도 하였다. 『삼국사기』에는 골품제 규정에 따른 금지 품목이 나와 있다. 그중에 '공작새의 꼬리, 비취새의 깃털, 대모, 슬슬'은 한반도 주변에서는 구할 수 없는 것들이었다. 비취새는 캄보디아에서 서식하는 새이며, 대모는 보르네오나 필리핀 등지에서 잡히는 거북의 껍질이다. 슬슬은 탸슈켄트가 주산지인 보석이다. 이웃나라인 당나라 장안에는 5만 명에 가까운 아라비아 상인들이 거주하였다. 이들 중 일부는 무역을 위해 신라의 도읍 경주에도 왕래했다. 10세기 아라비아의 역사가는 신라에 대해 이렇게 기록하였다. "중국의 동편 산이 많고 왕이 많은 한 나라가 있는데, 신라라 불린다. 그곳은 금이 풍부하다. 그곳에 간 우리 무슬림들은 좋은 환경에 매료되어 영구

정착해 버리곤 한다."

신라 내에 영구 정착한 무슬림 중에는 처용이 있었다. '처용가'의 주인공인 그는 훗날 악귀를 물리치는 신으로 대접받게 되었는데, 그를 상징하는 가면을 보면 눈, 코, 입이 매우 크고 부리부리하다. 괴기스럽지만 서구적 얼굴상을 갖추었다. 처용은 서라벌의 분위기에 익숙해졌는지 늦은 밤까지 돌아다니다가 집으로 돌아온다.

서라벌 달 밝은 밤에
밤들이 노니다가
들어와 잠자리를 보니
가랑이가 넷이도다.
둘은 나의 것이었고
둘은 누구의 것인가?
본디 내 것이지마는
빼앗긴 것을 어찌하리오?

원성왕릉으로 알려진 괘릉을 지키는 무인상(武人像)은 서역 사람이다. 서역인이 왕릉을 지키는 역할을 맡았다. 왕릉은 국가 최고의 성역이다. 그곳에 서역인이 당당히 한 자리 차지하고 있는 것은 많은 것을 시사한다. 서역인들은 신라에서 익숙한 존재일 뿐만 아니라, 신라 조정 내에서 중요한 역할을 하고 있었다는 것을 상징하고 있기 때문이다.

신라의 천년 도읍 경주는 대단히 역동적인 도시였다. 도시의 경관뿐만 아니라 그곳에 살아가는 도시민들 또한 활발하고 다양하였다. 수많은 이야기가 생산되었기에 눈길 닿는 곳마다 『삼국사기』『삼국유사』가 고스란히 녹아 있다. 그리하여 경주는 우리의 상상을 자극하는 발전소가 되었다.

경주-천년의 여운

3

신화의 시간

1 | 나정

알을 깨서 꺼낸 박혁거세

나정은 신라가 시작된 곳이다. 신라의 건국자 박혁거세가 세상에 모습을 드러낸 곳이기 때문이다. 『삼국사기(三國史記)』에는 박혁거세의 탄생을 다음과 같이 기록하고 있다.

고허촌의 촌장인 소벌공이 어느 날 양산 밑 나정(蘿井)이란 우물곁에 있는 숲 사이를 바라보니 말 한 마리가 무릎을 꿇고 울고 있었다. 그가 가보니 말은 간데없고 다만 있는 것은 큰 알뿐이었다. 알을 깨뜨려

▲ 박혁거세가 발견된 나정 (사진: 문화재청)

보니 한 아이가 나왔다. 그를 데려다 길렀는데 아이는 나이 십여 세가 되자 유달리 조숙하였다. 그 아이의 출생이 신비롭고 이상한 까닭에 6부 사람들이 높이 받들더니 이때에 이르러 그를 세워 임금을 삼았다. 진한 사람들은 호(瓠.표주박)를 박(朴)이라 하므로 처음의 큰 알이 박과 같다고 하여 박(朴)으로 성을 삼았다. 거서간(居西干)은 진한 사람들의 말로 왕이란 뜻인데 혹은 귀인(貴人)을 이르는 말이라고도 한다.[4]

경주 분지에는 조선의 유민인 6개의 부족이 있었다. 각자의 영역을 존중하면서 공존하며 살아가고 있었다. 그러나 인구가 늘어나면서 사회 갈등 또한 증가하기 시작했다. 촌장의 능력으로는 내부 갈등은 해결할 수 있을지 몰라도 더 이상의 발전을 기대하기는 어려웠다. 주변 소국들의 위협도 현실화 되고 있었다. 효과적인 지도체제가 필요함을 6부 촌장들은 느끼고 있었다. 이들 6부 세력을 진한 12개국 중 6국으로 보는 경우가 있으나 경주 분지 내에 있었던 여섯 부족으로 보는 것이 옳겠다. 이들의 속마음은 어떨지 몰라도 6부 촌장들에게는 왕을 세워야 한다는 공감대가 만들어지고 있었다.

『삼국사기』는 그럴듯한 이야기를 수록하고 있다. 고허촌 촌장이 양산촌의 나정에서 박혁거세를 발견했고, 그를 왕으로 추대했다는 것이다. 양산촌의 박혁거세를 발견한 사람은 고허촌 촌장이었다. 그 후 고허촌에 있는 알영정에서 알영을 데려다 왕비로 삼았다. 이것이 사실이라면 고허촌과 양산촌이 합력하여 왕과 왕비를 세웠다는 것이다. 박혁거세

---

[4] 삼국사기, 한국학중앙연구원출판부

는 양산촌 촌장의 아들, 알영은 고허촌 촌장의 딸이라는 해석이다. 다른 부(部)의 반발이 기록되지 않은 것은 의도적인 것인지, 아니면 두 부족의 힘을 능가할 수 없었기 때문인지는 알 수 없다. 만약 이것이 사실이라면 양산촌은 박씨(朴氏)집단이 되어야 한다. 그러나 양산촌은 경주 이씨가 되었으며, 고허촌은 경주 최씨가 되었다. 나중에 이들은 6두품으로 전락하였다. 박혁거세가 양산촌 촌장의 아들이라면 그들은 경주 이씨가 아닌 박씨가 되어야 하는 것이다. 그러니 박혁거세는 양산촌 인물이 아니다. 유학자였던 김부식은 허무맹랑한 이야기보다는 이해 가능한 선에서 마무리하려 한 것으로 보인다.

『삼국유사(三國遺事)』는 조금 다르게 기록하였다.

전한(前漢)의 지절 원년은 임자년(기원전 69)인데, 3월 그믐에 여섯 부족의 시조들이 각각 자제들을 거느리고 알천의 강변 위에서 모여 논의하였다.

"우리들은 위로 임금이 없어 다스리려 하나 백성을 이끌지 못합니다. 백성들은 모두 제멋대로이고 하고 싶은 대로 합니다. 덕을 갖춘 사람을 찾아 임금으로 삼고, 나라를 세워 도읍을 두어야 하지 않겠습니까?" 그런 다음 높은 곳에 올라 남쪽으로 양산을 바라보니, 그 아래 나정 곁에 이상스런 기운이 번개처럼 땅에 드리우고, 흰말 한 마리가 무릎을 꿇어 절을 하는 모습이 나타났다. 찾아가 살펴보니 자주색 알이 하나 있었고, 말은 사람들을 보고 하늘을 향해 길게 울었다. 그 알을 쪼개자 어린 사내아이가 나왔는데, 모습이 단정하고 아름다웠다. 놀랍고도 이상하게 여겨 동천(東泉)에서 몸을 씻어주었다. 몸은 광채를 띠고, 날짐승 뭍짐승이 춤을 추었으며, 하늘과 땅이 진동하고, 해와 달이 맑게 빛났다. 이 때문에 혁거세라 이름을 지었다. 왕위에 올라서는 거슬한이라 하였다.[5]

『삼국유사』는 이야기의 기본 골격은 유지하면서, 신화적이고 설화적인 부분을 더 가미했다. 6부 촌장이 왕을 세우기 위해 모두 모였다. 대개 중요한 회의는 신령한 기운이 깃든 산천에서 진행되었다. 이들이 모인 곳은 알천[6] 강변 위였다. 회의를 한 다음 높은 곳에 올랐다고 한다. 신령스러운 산천에 제사를 지내기 위해서였을 것이다. 지금 석탈해왕릉이 있는 뒷산인 표암[7]을 그곳으로 보고 있다. 자제들을 거느리고 모였다는 것은 그중에서 한 명을 택해 왕으로 삼겠다는 뜻이겠다. 6부 촌장들의 속마음은 모두 자기 아들이 선택되기를 바랬을 것이다. 밤을 새워 회의한다고 해서 해결될 문제가 아니다. 이 문제를 해결해준 것이 박혁거세였다. 6부 중에서 어느 부에도 속하지 않은 제3의 인물이었기 때문이다. 제법 영특함도 갖추었다. 그 덕분에 그는 6부 촌장의 선택을 받았다. 모두 떨떠름하지만 수용할 수밖에 없었다. 이 부분에선 『삼국사기』보다 『삼국유사』가 더 설득력을 갖는 것은 후대에

---

5 삼국유사, 김원중 옮김, 민음사
6 경주 북천(北川)의 다른 이름이다.
7 양산촌의 촌장이 하늘에서 내려온 곳

6부가 처한 현실에서 나타난다. 박(朴)·석(昔)·김(金)이 왕족으로 자리 잡는 과정에서 6부 촌장들의 후예는 점차 중심에서 밖으로 밀려나고 있기 때문이다. 6부 촌장들은 왕을 옹립한 중추세력이지만 신라에서 왕족이 아닌 6두품으로 전락하였다.

성씨를 박(朴)으로 삼은 것은 박혁거세가 발견되던 당시에 결정된 것은 아니다. 아직 중국식 성씨를 사용하지 않던 때이다. 훗날 중국문화가 수용되면서 성씨를 사용하게 되었는데, 박혁거세의 후손들은 시조 신화에 근거하여 박(朴)을 성씨로 결정한 것이다. 이름을 혁거세라 한 것은 "동천에 몸을 씻겨 주었더니 몸은 광채를 띠고, 날짐승 뭍짐승이 춤을 추었으며, 하늘과 땅이 진동하고, 해와 달이 맑게 빛났다."고 한데서 나왔다. 세상을 밝혀줄 존재라는 뜻이다. 최고 지배자의 존칭을 거서간(거슬한)이라 한 것은 신라어로 왕 또는 귀인을 지칭한다고 한다.

다른 의미도 있다. 거서간(居西干)은 서쪽에 거하는 왕이라는 뜻도 있다. 삼한 지역은 오랫동안 마한이 맹주 역할을 했다. 6부 촌장들의 입장에서 봤을 때 최고 지배자는 서쪽(西)에 거하는(居) 존재였다. 그러나 거서간이라는 칭호를 한번만 사용한 것은 박혁거세 시기에 마한의 영향력에서 벗어났다는 뜻이다. 신라는 점점 성장하고 있었고, 마한은 결속력은 약화되는 상황이었다. 그 틈에 백제가 성장하고 있었다.

신화에 담긴 비밀

나정에서 나타난 이상한 세계를 하나씩 풀어보자. '이상스런 기운이 번개처럼 땅에 드리웠다'는 것은 하늘과의 연결을 말하며 천손(天

孫)임을 강조하는 것이다. 박혁거세가 하늘에서 내려왔다는 것이다. 고구려 주몽의 탄생도 유사하다. 금와왕이 유화부인을 방에 가두었더니 빛이 따라와 임신하게 되었다고 하였다. 빛은 하늘에서 온다. 즉 신화의 주인공은 그 빛을 따라 내려온 존재라는 뜻이겠다.

'흰말 한 마리'에서 우리가 읽어야 할 부분은 흰색이다. 흰색은 상스러운 색이다. 좋은 기운을 품고 나타났다는 뜻이다. 김알지의 신화에서도 흰닭이 나타난다. 말은 매우 귀한 존재다. 주몽도 말 기르는 일을 하였다. 박혁거세 곁에 있었던 그 말은 곧 사라진다. 자신이 해야 할 것은 다 했다는 듯이 하늘로 올라간다. 알은 '자주색'이었다. 자주색은 존귀한 존재이며 임금의 색깔이다. 로마에서도 황제는 자주색 옷을 입었다. 고귀한 태생이라는 의미였다.

'알을 쪼개자, 사내아이가 나왔다'는 것은 재미있는 표현이다. 주몽 신화에서는 알을 쪼개려 했으나 깨어지지 않았다고 했다. 결국 스스로 알을 깨고 나왔다. 김수로왕도 마찬가지다. 여러 날 후에 스스로 알을 깨고 나왔다. 석탈해도 스스로 알을 깨고 나왔다. 그런데 박혁거세는 촌장들이 알을 쪼개었다고 한다. 알을 깨뜨리는 행위는 생명을 소멸시키는 행위다. 그런데도 이런 표현을 했다는 것은 그것이 말하고자 하는 의미가 더 크기 때문이다. 박혁거세는 스스로 알을 깨고 나온 존재가 아니다. 누군가 알에서 꺼내 준 사람이다. 이는 자신의 힘으로 왕위에 오른 것이 아니라, 추대받아 왕이 되었음을 말한다. 6부 촌장의 합의에 의해 박혁거세가 추대된 것을 알을 깨뜨려 꺼내는 것으로 표현했다. '동천에 몸을 씻겨 주었다.' 몸을 씻기는 행위는 정화의식이다. 새롭게 시작하기 위해는 정화의식이 필요하다. 역시 6부 촌장들이 주도하고 있다. '몸은 광채를 띠고, 날짐승 뭍짐승이 춤을 추었으며, 하늘과 땅이 진동하고, 해와 달이 맑게 빛났다.' 이는 세상만물이 왕의 탄생을 축하했다는 뜻이다. 사람들만의 기쁨이 아닌 온 산천이 기뻐하고 있다는 표현이다. 하늘의 명을 받아 나라를 열었으니 천지가 감응하여 한마음이 되었음을 신화로 표현한 것이다. 신화와 설화 그리고 현실이 뒤섞인 매우 역동적인 시기였음을 신화 한 편으로 감지해낼 수 있다.

나정(蘿井)은 우물이 아니다

남산자락에 있는 나정은 신라의 개국 시조 박혁거세의 신화가 깃든 곳이다. 울창한 소나무숲이 신화의 터전을 감싸고 있어서 당장이라도 흰말이 다시 나타날 것 같은 분위기였다. 우물은 돌로 덮여 있어서 그 궁금증을 자아냈으며, 곁에는 신화와 관련된 비(碑)를 세웠고 담장도 둘러 있었다.

신령스럽고도 희한한 신화의 공간이 우연한 발굴을 통해 새로운 모습으로 세상에 드러나게 되었다. 2002년 이곳을 시굴[8]하였는데 건물 기단부를 구성했던 일부가 나타났다. 그런데 건물의 모퉁이는 대개 직각으로 꺾이는데, 직각이 아닌 둔각으로 꺾이는 것이었다. 이상하게 생각한 발굴단은 전면 발굴을 결정했다. 신화의 공간이 그 사실 여부를 드러내는 순간이었다.

---

8 발굴을 하기 전에 시범적으로 파 보는 일

발굴 결과 건물 기단의 모습은 팔각(八角)이었다. 이곳에 팔각건물이 있었던 것이다. 팔각건물은 일반 건물이 아니라 제단 또는 제사용 건물이었을 가능성이 높다. 서울 원구단에 있는 황궁우를 상상해보면 된다. 경기도 하남의 이성산성 내에도 팔각의 건물터가 발견되었다. 박혁거세의 탄생 신화가 있는 장소에 팔각건물이라면 제사용 건물일 가능성이 큰 것이다. 신라 시조를 제사하는 신궁(神宮)이 세워졌던 것으로 추정된다.

팔각건물지는 한 변의 길이가 8m나 되는 대형이었다. 팔각 기단부 안에는 40개의 초석이 3열로 배열되어 있었다. 기둥이 3열로 조밀하게 배열된 것은 층이 여럿 있었음을 말해준다. 위에서 내리누르는 무게를 지탱하기 위해서는 아랫부분에 기둥을 많이 세워야 하기 때문이다. 3층이나 5층 정도의 팔각건물이 이곳에 세워졌던 것이다.

팔각건물지 외에도 우물, 부속 건물, 담장, 배수로 등이 확인되었다. 결정적인 것은 팔각건물터에서 '義鳳四年(의봉4년, 679)'이 새겨진 기와가 발견되었다. 문무왕이 삼국을 통일한(676) 직후였다. 삼국통일 후 신라의 위대함을 시조 신궁으로 과시하고자 했던 것으로 보인다. 혹은 기존에 있던 신궁을 새로 짓거나 고쳐 짓는 작업을 통해 신라의 신령스러움을 강조하고자 했던 것으로 보인다. 연화문 수막새 기와도 발견되었다. 수막새는 국가중요시설, 사찰 등에만 허용되었던 기와였다. 일반 민가에서는 사용할 수 없었다.

그렇다면 나정이라는 우물은 어디에 있었을까? 건물터의 한 가운데 약간 깊은 구덩이가 발견되었다. 우물인가 하여 살펴보니 우물로 보기

▲ **나정 발굴 사진** 발굴결과 우물로 볼만한 흔적은 확인되지 않았다. 나정이라 불리던 성스러운 공간이었을 것으로 추정된다.

엔 구멍의 깊이가 얕았다. 우물이었다면 내부에 석축을 둘렀을 텐데 그냥 흙구덩이었다. 그래서 팔각건물의 가운데 기둥인 심주(心柱)를 박았던 흔적으로 보았다. 여러 층으로 된 건물을 세울 때면 가운데 기둥이 중요한 역할을 한다. 심주를 기준으로 주변 기둥을 목재로 연결하면서 층을 올리기 때문이다. 심주는 굵고 튼튼한 것을 사용한다. 그러려면 다른 기둥들보다 주초를 더 깊고 튼튼하게 해야 한다. 심주를 받치고 있던 주춧돌(심초석)은 없었지만, 그것이 놓여 있던 구덩이로 본 것이다. 아니면 주춧돌을 놓지 않고 기둥을 땅에 박는 굴립주 방식이었을 수도 있다. 우물이라 하기엔 그냥 흙구덩이에 더 가까웠기 때문이다.

그러면 이곳에 우물이 없단 말인가? 이곳에 없다면 신화에 등장하는 나정은 어디란 말인가? 어떤 이들은 이렇게 주장한다. '**신화에 등장하는 나정은 우물이 아니다**' 나정(羅井)은 우물이 아니라 비슷하게 발음되는 순우리말을 한자의 음만 빌려서 옮겨 적는 과정에 우물 정(井)자를 택했을 뿐이라는 것이다. 井(정)자로 인해 의심없이 나정은 우물이라 믿었다는 것이다. 그러니 나정에서 우물을 찾으면 찾을 수 없다는 것이다. 어거지로 우물을 찾다 보니 구덩이를 우물이라고 주장할 수밖에 없다는 것이다.

실제로 나정이라 믿었던 곳을 발굴한 결과 우물은 없었다. 그러나 팔각건물의 흔적이 있는 것으로 보아 신령스러운 제사 공간이었음은 틀림없다. 나정이 우물이라는 확신 속에 신화를 상대했던 우리는 혼란스러울 수밖에 없다. 나정에서 우물을 찾을 수 없다니, 그럼 무엇을 찾아야 할까?

첫째, 신화에 등장하는 나정이 우물이 맞다면 진짜 나정은 다른 곳에서 찾아야 할지도 모른다. 나정이라 알고 있는 이곳도 신화에 등장하는 나정이라는 증거가 없다. 나정이라는 글자가 새겨진 기왓장이라도 출토되었다면 의심할 여지가 없겠지만 어떤 것도 나정이라는 확신을 주지 못했다. 예부터 이곳을 나정이라 믿어왔기 때문에 그렇게 지정된 것이다. 우물은 없는데 나정이 우물이라고 계속 주장하기에는 뭔가 개운치 않기 때문이다.

둘째, 나정이 우물을 말하는 것이 아닐지도 모른다. 나정은 우물이 아니라 나정과 비슷하게 발음되는 곳일 수도 있다. 『삼국사기』와 『삼국유사』에는 '내을신궁'이 등장한다. '내을'을 한자로 옮겨 적으면서 '나정'이 된 것인지도 모른다. 『삼국사기』 소지마립간편에 시조가 처음 탄생한 곳을 '奈乙(내을)'이라 하였다. 『삼국사기』 제사편에 **"지증왕이 시조의 탄강지 내을에 신궁을 짓고 제사를 지냈다."는 기록이 있다. 정확한 뜻은 모르지만 박혁거세가 발견된 곳은 내을이었고, 훗날 이곳을 기록하면서 蘿井(나정)이라는 한자를 사용했다는 것이다. 그래서 이곳을 우물이라 확신했던 것이다. 기록이 불명확하면 고고학적 발굴을 통하여 그것을 확정하거나 수정해야 한다. 발굴 결과 이곳에는 우물이 없었고, 신궁으로 추정되는 건물의 흔적만 확인되었다. 이곳은 내을이라는 지역이었고 신라가 팽창하던 시기에 시조에 대한 제사를 확립하면서 신궁을 건축한 것으로 볼 수 있다.

2 오릉〔五陵〕

박혁거세의 죽음이 수상하다

경주IC에서 시내로 들어가면 첫번째 만나는 유적이 오릉이다. 신라사의 첫머리에 놓이는 박혁거세 거서간의 무덤으로 알려져 있다. 다섯 기의 무덤이 '오릉'이라는 하나의 이름으로 모여 있다. 『삼국유사』에 기록된 박혁거세 거서간의 마지막은 다음과 같다.

나라를 다스린 지 61년 만에 하늘로 올라가고, 7일 뒤 몸만 남아 땅으로 흩어져 떨어졌다. 왕후 또한 죽자 사람들이 합하여 장례를 치르

려 하였다. 그런데 큰 뱀이 나타나 방해하였다. 그래서 몸둥아리를 다섯
으로 각각 묻고 오릉(五陵)으로 만들고, 또한 사릉(蛇陵)이라고도 했다.
담엄사의 북쪽 능이 이것이다. 태자 남해왕이 왕위를 이었다.[9]

뭔가 심상치 않은 죽음이다. 61년이나 나라를 다스렸다는 것도 그
렇다. 당시로서는 쉽지 않는 연수(年數)다. 그의 말년이 신비화되어

▲ **오릉** 박혁거세와 부인 알영의 무덤을 비롯해 다섯 기가 모여 있다.

9   삼국유사, 고운기 역, 홍익출판사

있긴 했지만, 다섯 기의 무덤에 대한 설명을 위해서는 어느 정도 사실을 내포한 설명이 있어야 한다. 그런데 왕위를 계승한 남해차차웅은 백성들의 추대를 받았다. 『삼국사기』에 보면 남해왕이 왕위에 오른 뒤 이렇게 말한다.

두 분(혁거세와 알영)의 성인이 세상을 떠나시고 내가 백성들의 추대로 왕위에 올랐으나, 이는 잘못된 일이다.

왕위를 이은 것이라는 표현보다는 추대받았다고 한다. 무슨 일이 있었던 것일까? 『삼국사기』는 혁거세왕 말년에 이런 기록을 남겼다.

두 마리의 용이 금성 우물에 나타났다. 우레와 비가 심하고 성의 남문이 벼락을 맞았다.

용(龍)은 왕(王)을 말한다. 그런데 두 마리가 나타났다고 했다. 이는 반란이 일어났다는 뜻이다. 그 반란이 성공적이었고 반란을 일으킨 무리의 우두머리가 왕위에 올랐으므로 그도 용으로 표현된 것이다. 그래서 두 마리라고 한 것이다. 반란이 실패했다면 반란의 수괴를 용으로 표현하지 않았을 것이다. 반란의 우두머리는 당연히 다음 왕이었던 남해차차웅이었다. 아들은 왜 반란을 일으켰을까?

기록으로만 본다면 혁거세의 재위 기간은 대단히 성공적이었다. 백제국이 흥기하면서 마한이 요동치고 있었다. 석탈해와 같은 새로운 세력이 신라사회로 들어오고 있었다. 내외적으로 변화가 심한 시기였다. 그럼에도 재위 후반기에는 내치를 다지면서 신라가 성장할 수 있는 기반을 만들었다. 그런데 반란이 일어났다. 무슨 일이 있었던 것일까? 그의 재위 기간이 무려 61년이었다. 61년의 재위 기간이면 아들은 왕위에 오르지도 못하고 죽을 수 있다. 권력의 맛을 알고 나면 부자지간에도 다툼이 벌어지는 법. 남해를 부추기는 세력들 또한 만만찮았을 것이다. 혁거세가 죽고 나면 남해가 즉위할 것이고, 그러면 자신들도 권력의 단물을 맛볼 수 있기 때문이었다. 부왕의 죽음을 기다리기엔 남해도 늙었다.

반란의 주도 세력이 남해라는 증거는 없다. 남해가 아닌 다른 부류들이 반란을 일으켰고, 그 와중에 왕과 왕비, 태자가 죽임을 당했을 수도 있다. 반란이 진압되고 나서 진압세력에 의해 남해가 왕으로 추대되었을 수도 있다. 그러나 두 마리 용으로 표현한 것으로 본다면 반란을 주도했던 이는 남해였을 가능성이 크다. 태자가 반란을 주도했다면 태자로서 왕위를 이었다고 했을 텐데 추대받았다고 한 것은 남해는 태자가 아니었다는 뜻도 된다.

『삼국유사』에는 박혁거세왕의 몸이 흩어졌고 7일 후에야 나타났다고 한다. 왕후도 곧 죽었다고 했다. 7일 동안 유해를 수습하지 못했다는 뜻이다. 7일 후면 시신의 상태가 온전할 리 없을 것이고, 심지어 찢겨진(흩어진) 상황이었다. 왕과 왕비는 반란군에 의해 죽임을 당했던 것이다. 왕과 왕비만 죽은 것이 아니다. 그들을 지키던 많은 사람이 함께 죽었다. 누구의 시신인지 확인하기 어려웠기에 왕과 왕비를 따로 갖추어 장례를 치를 수 없었을 것이다. 7일 후 반란이 진압 또는 진정되자 장례를 치르게 되었는데 시신을 확인하기 어려웠던 것이다. 서로 뒤섞인 시신과 흩어진 시신을 따로 묻으면, 그중에 하나는 진짜 혁거세왕의 무덤인 것이다. 그래서 혁거세왕의 무덤이 다섯 기가 되었다는 것이다.

한편, 오릉을 소개하는 삼국유사의 기록은 전설일 뿐 실제로는 다섯 명의 무덤이라는 것이다. 다섯 기가 된 것은 〈시조 박혁거세 거서간〉, 〈부인 알영〉, 〈2대 남해왕〉, 〈3대 유리왕〉, 〈5대 파사왕〉이 묻혀 있기 때문이라는 것이다. 이것이 맞다면 박씨왕 직계가족의 무덤인 셈이다. 4대는 석탈해가 왕이 되었으므로 그는 이곳에 없다. 발굴을 할 수도 없지만 한다고 해서 사실 여부를 확인할 수 없을 것이다.

계룡이 낳은 알영

오릉 경내에 알영정이라는 우물이 보존되어 있다. 이곳은 박혁거세 거서간의 비(妃)였던 알영의 탄생과 관련된 유적이다. 『삼국유사』에 다음과 같이 기록되어 있다.

이때, 사람들이 다투어 경하 드리고는, "이제 천자가 내려왔으니 마땅히 덕을 갖춘 여자를 찾아 임금의 배필로 삼아야 한다"라고 말하였다. 이날 사량리의 알영정(閼英井)가에 계룡(鷄龍)이 나타나 왼쪽 옆구리로 어린 계집아이를 낳았다. 몸매와 얼굴이 매우 아름다웠지만,

입술이 닭의 부리 같았다. 월성의 북천으로 데려가 씻겼더니, 그 부리가 떨어졌다. 이 때문에 그 냇물의 이름을 발천(撥川)이라 하였다.[10]

왕비의 이름인 알영은 우물의 이름에서 따왔다. 알영은 남편이었던 박혁거세처럼 우물에서 나타났다. 우물이란 물을 긷는 곳일 뿐만 아니라, 하늘과 통하는 통로로 인식되었다. 우물에서 나타났다는 것은 당시의 관념으로는 성인(聖人)이라는 뜻이 된다. 우물 곁에서 계룡이 그녀를 낳았다. 심지어 계룡이 옆구리로 낳았다고도 한다. 계룡이 옆

▲ **알영정** 오릉 옆에 있는 박혁거세의 비 알영이 태어났다고 알려진 우물

10 삼국유사, 고운기 역, 홍익출판사

구리로 낳았다는 것은 불교적 요소가 개입된 것이다. 마야부인이 석가모니를 옆구리로 낳았다는 것에서 차용했다. 신화나 설화는 구전(口傳)되는 과정에 시대적 요소가 조금씩 가미된다. 그러다가 기록을 하게 되면 더 이상 첨가되지 않는다. 신라인들이 입에서 입으로 전하는 과정에서 조금씩 첨삭되면서 전해 왔을 것이고, 불교가 들어온 다음에는 불교 요소까지 첨가하게 된 것이다. 알영부인은 사량리 출신이다. 사량리가 6부 중에서 첫 왕비를 배출한 영광을 얻은 것이다.

박혁거세 왕의 사당 숭덕전(崇德殿)

오릉 경내에는 숭덕전이 있다. 숭덕전은 신라 시조 박혁거세왕을 모신 사당과 재실이다. 조선시대에 건축된 것인데, 숭(崇)자와 전(殿)자 들어간 사당은 시조사당이라고 보면 된다. 팔전(八殿)이라고 하여 단군과 동명왕을 모신 숭령전(평양), 기자[11]를 모신 숭인전(평양), 온조왕의 숭렬전(남한산성), 박혁거세왕을 모신 숭덕전(경주), 탈해왕을 모신 숭신전(경주), 미추왕과 문무왕, 경순왕을 모신 숭혜전(경주), 수로왕을 모신 숭선전(김해), 고려왕을 모신 숭의전(연천)이 있다. 처음에는 국가에서 제사를 주관하였으나 서서히 문중 중심으로 제사로 바뀌었다.

11　단군조선 다음이 기자조선이다. 기자는 중국 상나라의 신하였는데, 나라가 망하자 조선으로 갔다고 한다. 주 무왕은 그를 조선후에 봉했다고 한다. 기자는 중화문화의 기틀을 놓은 인물로 평가되었고 조선시대에는 그를 매우 숭상했다. 조선의 유학자들은 기자조선을 중요하게 여겨 그의 무덤을 만들고 사당도 건립하였다.

숭덕전은 조선 세종 11년(1429)에 창건되었으나 임진왜란으로 소실되었다. 재건된 것은 선조 33년(1600)이었고, 숙종 20년(1694)에 대대적으로 수리하였다. 영조 35년(1759)에 세운 신도비에는 박혁거세왕과 숭덕전의 내력이 기록되어 있다.

3 | 치밀한 사내, 석탈해

알을 깨고 나온 석탈해

석탈해에 대한 기록은 『삼국사기』, 『삼국유사 탈해왕조』, 『가락국기』에 등장한다. 『삼국사기』는 출생의 비밀을 간직한 탈해에 대해서 다음과 같이 기록하였다.

탈해는 본래 다파나국에서 태어났는데, 이 나라는 왜국의 동북쪽 천 리 밖에 있다. 이보다 앞서 그 나라 왕이 여국 왕의 딸을 아내로 삼았는데, 임신한 지 7년 만에 큰 알을 낳았다. 왕은 "사람이 알을 낳았으니, 상서롭지 못하다. 버리는 것이 마땅하다."라고 말하였다. 그 여인이 차마 알을 버리지 못하고 비단으로 알과 보물을 함께 싸 가지고 상자에 넣어 바다에 띄워 보냈다. 그것이 처음에는 금관국 해변에 닿았으나 금관국 사람이 이를 괴이하게 여겨 거두지 않았다. 상자는 다시 진한

아진포 어구에 닿았는데, 이때가 곧 시조 혁거세 39년(서기전 19년)
이었다. 그때 해변에 사는 할머니가 상자를 줄로 끌어 해안에 매어 놓고
열어 보니, 한 어린아이가 있었다. 그 노파가 이 아이를 데려다 길렀다.
장성하자 신장이 아홉 자나 되고 풍채가 빼어나고 환했으며 지식이
남보다 뛰어났다. 어떤 사람이 말하였다.

"이 아이의 성씨를 모르니, 처음에 궤짝이 왔을 때 까치 한 마리가
날아와 울면서 그것을 따랐으므로 마땅히 작(鵲)에서 조(鳥)를 생략하여
석(昔)으로 성을 삼고, 또 궤짝에 넣어둔 것을 열고 나왔으므로 마땅히
탈해(脫解)라 해야 한다."[12]

알에서 나왔다는 이야기는 굳이 해석할 필요가 없을 듯하다. 그는
어떤 사연에 의해 고향을 떠나야 했다. 어린아이 모습으로 왔는지, 아
니면 장성해서 왔는지 모르지만 신체적 조건이 좋았다. 심지어 지식
까지 갖추었다. 훗날 탈해가 꾀를 자주 쓰는데 이를 보아서 지식보다
는 지혜가 많았음을 알 수 있다. 아직 학문을 닦아서 성공하던 시대가
아니었다. 타고난 지혜가 중요했던 시대였다. 석(昔)을 성씨로 하는
과정도 훗날 중국식 성씨를 만들게 되면서 석씨(昔氏)들은 시조 탈해
의 신화에서 그 방법을 취한 것으로 보아야 한다. 『삼국유사』는 같은
듯 다른 이야기를 남기고 있다.

---

12 삼국사기, 한국학중앙연구원출판부

남해왕 때에 가락국 바다 한가운데에 배가 와서 닿았다. 그 나라의 수로왕이 신하와 백성들과 함께 북을 시끄럽게 두드리며 맞이하여 그들을 머물게 하려고 했다. 그러나 배는 나는 듯 달아나 계림 동쪽 하서지촌 아진포에 이르렀다. 그때 마침 포구 가에 혁거세왕의 고기잡이 노파 아진의선이 있었다. 노파가 배를 바라보면서 말했다. "이 바다 가운데는 원래 바위가 없는데 무슨 일로 까치가 모여들어 우는가?"

배를 당겨 살펴보니 까치가 배 위에 모여 있었고 배 안에는 길이가 스무 자에 너비가 열세 자나 되는 상자가 하나 있었다. 배를 끌어다가 나무 숲 아래 매어 두고는 길흉을 알 수가 없어 하늘을 향해 고했다. 잠시 후에 열어 보니 반듯한 모습의 남자아이가 있었고 칠보와 노비가 그 안에 가득 차 있었다. 이레 동안 잘 대접하자 아이가 이렇게 말했다.

"나는 본래 용성국 사람입니다. 우리나라에 일찍이 스물여덟 용왕이 있는데, (중략) 대왕이 군신을 모아 묻기를 '사람이 알을 낳은 일은 고금에 없으니 길상(吉祥)이 아닐 것이다.'라고 하고, 궤짝을 만들어 나를 넣고 또한 칠보와 노비까지 배에 싣고 띄워 보내면서, '아무 곳이나 인연 있는 곳에 닿아 나라를 세우고 집안을 이루어라.'라고 축원했습니다. 문득 붉은 용이 나타나 배를 호위하여 이곳에 이른 것입니다."[13]

일연 스님은 한술 더 보태서 용왕까지 등장시켰다. 김부식은 그럴 듯한 이야기로 이야기를 매듭짓고 있으나, 일연스님은 굳이 숨길 것 없다는 듯 후대에 추가된 이야기도 서슴없이 기록하고 있다.

13 삼국유사, 김원중 옮김, 민음사

수로왕과 겨루기

탈해는 서라벌에 들어오기 전에 가락국에 먼저 갔다. 『삼국사기』에서도 가락국에 갔으나 그 나라 사람들이 환영하지 않았다고 하였다. 『삼국유사』는 가락국에서 환영했으나 오히려 탈해가 달아났다고 했다. 달아날 것을 왜 그곳에 닿았는지 모르겠다. 궁색한 변명이자 자기 자랑이다. 탈해의 후손이 훗날 각색한 것으로 보인다. 석탈해는 사로국 해안에 닿기 전에 가락국에 먼저 갔었다. 거기서 힘 자랑 했다가 수로왕에게 패해서 도망쳤다. 『삼국유사』 가락국기에도 석탈해는 뜬금없이 등장한다.

이때 갑자기 완하국 함달왕의 부인이 임신을 하여 달이 차서 알을 낳았는데, 알이 변하여 사람이 되니 이름을 탈해라고 했다. 탈해는 바다를 따라 가락국에 왔는데, 키가 석 자고 머리둘레가 한 자나 되었다. 탈해는 기뻐하며 궁궐로 들어가 수로왕에게 말했다.

"나는 왕위를 빼앗으려고 왔소."

수로왕이 대답했다.

"하늘이 나에게 왕위에 올라 나라와 백성을 편안하게 하도록 명했으니 감히 하늘의 명령을 어기고 너에게 왕위를 넘겨줄 수 없고, 또 감히 우리나라와 백성을 너에게 맡길 수도 없다."

탈해가 말했다.

"그대는 나와 술법을 겨룰 수가 있겠소?"

수로왕이 말했다.

"좋다."[14]

수로왕과 석탈해의 술법 겨루기는 수로왕의 압승으로 끝났다. 패배한 탈해는 수로왕에게 절을 하고 떠났다. 수로왕은 탈해가 모반을 꾀할지도 모른다 생각하여 제거하기로 작정했다. 수군 500척을 내어 추격했지만 계림으로 도망쳤기에 포기하고 돌아왔다. 『삼국유사』「탈해왕조」에서는 가락국 사람들이 맞이하고자 했으나, 머물지 않고 떠났다고 하였다. 탈해의 입장에서 기록하였다. 반면 『가락국기』에는 탈해를 침략자로 규정하고 있다. 「탈해왕조」보다는 『가락국기』가 더 설득력 있다. 탈해가 사로국으로 오기 전에 가락국에 들어간 것은 사실인 듯하다. 그곳에 도착해서 자신의 힘을 과시하려 했으나 수로왕을 이길 수 없었다. 가락국은 탈해가 넘볼 수준이 아니었다. 그랬기에 멋모르고 덤볐다가 달아나 버린 것이다. 수로왕이 함께 있자고 붙잡았지만 달아난 것이 아니라, 패배해서 달아난 것이다. 실제로 탈해가 왕이 되었을 때 사로국과 가락국은 관계가 좋지 않았다. 탈해가 가락국에서 쫓겨나 사로국에 들어왔다는 것은 사로국이 가락국보다 미약했다는 것이다. 가락국은 안정되어 있었기 때문에 외부세력이 자리 잡을 틈이 없었다. 하지만 사로국에는 석탈해가 들어갈 틈이 있었다. 어디 그뿐인가? 김알지가 들어갈 틈도 있었다.

---

14 위의 책

탈해왕의 무덤

다시 처음으로 돌아가 보자. 그의 출신지에 대해서는 왜국 어디쯤 이라고 믿어진다. 그가 용왕 또는 왕의 아들인지, 알에서 나왔는지는 따질 부분이 못 된다. 그냥 신화로 치부해버리면 된다. 『삼국사기』가 말한 '다파나국', 『삼국유사』가 말한 '용성국'은 국명은 다르지만 왜국과 관련이 있다는 것이다. 다파나국, 용성국 모두 확인되지 않은 국명들 이다. 탈해가 고향을 떠나 사로국 바다에 닿았을 때 자신의 출신지를 신비화시켰을 가능성이 있다. 동북쪽 천 리라고 한 것은 멀리 있다는 관념적 표현이다. 왕의 아들이라고 표현한 것도 과장해서 한 말일 것 이다. 어쩌면 탈해가 살던 곳에 새로운 지배집단이 등장하면서 집안이 몰락하게 되었고 떠나야만 했던 것인지도 모른다. 현재 사는 곳에 아무 런 문제가 없다면 굳이 떠나지 않는다.

탈해는 총명했다. 호공의 집을 꾀를 써서 빼앗았다. 수로왕과 도술 내기도 했다. 토함산에 올랐을 때 목이 말라 하인더러 물을 떠 오라 시켰다. 하인도 목이 말랐기에 물을 떠서 먼저 마셨다. 그랬더니 물잔이 입에 붙어버렸다. 탈해의 용서가 있은 뒤에 입에서 떨어졌다. 단순하 게 꾀만 많았던 것이 아니라는 뜻이다. 심지어 그는 참을성도 대단했 다.[15] 그의 재위 기간에는 마한이 쇠락하고 백제와 가락국이 확고하게 자리 잡는 역동적인 시대였다. 왕 5년(서기 61) 가을 8월에 마한의 장군 맹소가 복암성을 바치며 항복해 왔다. 탈해왕은 백제가 공격해 오자

---

15 간추린 신라사 참고

군사를 보내 막기도 했다. 왜와 가야의 공격도 있었다. 왕 9년에 시림(계림)에서 김알지를 맞이했다. 『삼국사기』에 의하면 탈해왕은 재위 24년(서기 80년)에 죽었다.

여름 4월에 서울에 큰 바람이 불었고, 금성의 동쪽 문이 저절로 무너졌다. 가을 8월에 왕이 죽어 성 북쪽의 양정구에 장사지냈다.

▲ **석탈해왕릉** 이사금시기의 무덤은 왕릉이라도 작은 규모다.

석탈해왕릉은 경주 동천동에 있다. 위 기록에서 말하는 《양정구=양정언덕》을 말한다. 이 기록에 근거해서 지금의 왕릉을 탈해왕릉으로 지정했다. 탈해왕릉 옆에는 그를 제사하는 숭신전(崇信殿)이 있다. 탈해왕을 제사하는 사당은 조선 철종 때 세워졌는데 월성(月城) 안에 있었다. 탈해가 월성 지역을 호공으로부터 빼앗아 사용했기 때문에 그곳에 세워진 것이 아닌가 한다. 유적지 보존을 위해 월성 내에 민가를 철거하면서 1980년 지금의 자리로 옮겨오게 되었다. 박혁거세를 모신 숭덕전, 경순왕을 모신 숭혜전의 예에 따라 이곳을 숭신전이라 하였다.

화백회의의 시작 표암(瓢巖)

탈해왕릉 뒤 언덕을 표암이라 한다. 표암은 '박바위' 또는 '밝은바위(光明巖)'라는 뜻을 가진 곳이다. 『동경잡기』에는 박씨를 심어 바위를 덮었으므로 박바위라 불렀다고 하였다. 이곳은 경주 이씨 시조인 알평이 하늘에서 내려온 곳이라 한다. 언덕 아래에는 알평을 제사하는 사당인 표암재(1925년 건립)가 있고, 언덕 위에는 그가 이곳으로 내려왔음을 기록한 비석이 있다. 이 비석은 순조 4년(1804)에 후손이었던 좌의정 이경일이 조상을 추모할 곳이라는 내용의 비문을 짓고, 형조판서 이집두가 쓰고, 장령 이진백이 감독하여 비를 건립하였다고 한다. 원래는 표암재 앞을 흐르던 동천강가에 있었으나 홍수의 피해를 입어 지금의 자리로 옮겼다. 조금 더 올라가면 알평이 하늘에서 내려와 몸을 씻었다는 돌확도 있다. 소나무로 둘러싸인 이곳은 신비로움이 가득한데, 광림대(光臨臺)라 부른다. 돌확은 보호각 안에 있다. 별도의 바위를 가져와 다듬은 것이 아니라 땅에 박혀 있는 큰바위를 정으로 쪼아 내어 구덩이를 만들었다. 돌확의 모양은 네모난데 사람이 들어가 몸을 씻을 정도의 넓이와 깊이가 아니다. 알평이 이곳에서 몸을 씻는 정화 의례를 했을 것이다. 목욕이라고 해서 몸을 풍덩 담그고 씻는 것이 아 니라 퍼포먼스(performance)만 하는 것이다.

이곳은 6부 촌장이 모여 회의를 열었던 곳이라 한다. 『삼국유사』에 의하면 6부의 촌장들은 자제들을 데리고 알천 강변에 모여 회의를 열 었고, 곧 높은 언덕에 올라갔다고 했다.

여섯 부족의 시조들이 각각 자제들을 거느리고 알천의 강변 위에서 모여 논의하였다. "우리들은 위로 임금이 없어 다스리려 하나 백성을 이끌지 못합니다. 백성들은 모두 제멋대로이고 하고 싶은 대로 합니다. 덕을 갖춘 사람을 찾아 임금으로 삼고, 나라를 세워 도읍을 두어야 하지 않겠습니까?" 그런 다음 높은 곳에 올라 남쪽으로 양산을 바라보니, 그 아래 나정 곁에 이상스런 기운이 번개처럼 땅에 드리우고, 흰말 한 마리가 무릎을 꿇어 절을 하는 모습이 나타났다.[16]

이들이 올라간 곳이 표암이다. 기록상 나타난 최초의 화백회의 장소 다. 서라벌 전통 세력인 6부 촌장들은 중요한 때에 신령스러운 산천을 찾아 회의를 열었다. 이들이 표암에 올랐을 때 남산 자락에 하늘로부터 빛이 떨어지는 것을 목격했다. 빛이 떨어지는 곳으로 서둘러 가 보았

16 삼국유사, 김원중 역, 민음사

더니 흰 말이 있었고 사람들을 보자 하늘로 올라갔다. 거기에 표주박처럼 생긴 알이 있었다는 것이다.

표암에 올라가서 남산 자락을 보고 있으면 도시 너머 남쪽 끝자락에 박혁거세의 탄생지가 있다. 지금도 하늘에서 빛이 떨어질 분위기다. 표암 주변에는 소나무가 신비롭다. 경주 특유의 구부정한 소나무가 그림자를 드리우는데, 지금도 신화가 끝나지 않은 듯하다. 표암은 관광객들에게는 생소한 곳이다. 경주에는 워낙 유명한 유적지가 많아서 여기까지 발길이 닿지 않는다. 경주는 〈신화의 시간〉, 〈설화의 시간〉, 〈역사의 시간〉이 혼재되어 있다. 혹시 신화의 시간을 찾을 일이 있으면, 표암에 올라가야 한다.

▲ **표암** 알평공이 하늘에서 내려왔다는 전설이 서려있고, 6부 촌장이 모여 왕을 세우기 위한 회의를 열었던 곳

4

황금유물로 가득한
돌무지덧널무덤

1 주거지와 공존한 왕릉

경주에 들어서면 가장 먼저 눈에 띄는 것이 동산처럼 솟은 왕릉들이다. 한두 기가 아니라 수십 기가 거대한 언덕을 이루고 있어 신비롭다 못해 경이롭다. 왕릉보다 높은 건물은 저 멀리 외곽에 세워졌기에 이곳에서는 왕릉이 가장 돋보인다. 경주에 있는 왕릉들은 다른 고도(古都)의 고분들이 누리지 못하는 혜택을 누리고 있는 셈이다.

고대에는 주거지와 무덤이 공존했다. 고구려의 국내성에는 주거지와 무덤이 반반이었다고 한다. 한성백제기 석촌동고분군 또한 주거지와 함께 있었다. 가야도 주거지와 멀지 않은 얕은 능선에 왕릉을 조성했다. 왕들이 잠든 고분들은 대체로 삶의 터전과 함께 있거나 멀지 않은 곳에 있었다. 그러다 인구가 늘어 생활터전이 좁아지면서 무덤은 외곽에 조성되기 시작했다. 또 불교가 들어온 후 사후 세계에 대한 인식이 바뀌면서 무덤의 위치가 주거지와 멀어지기 시작했다.

신라의 수도 서라벌도 마찬가지였다. 불교가 들어오기 전에는 그들이 살던 생활 터전 옆에 무덤을 마련했다. 신라의 궁궐이었던 월성 바로 앞에도 고분들이 있다. 그러다 불교가 들어온 후 무덤들은 도시 외곽 산기슭으로 옮겨갔다.

신라고분은 《이사금시기》, 《마립간시기》, 《불교시기》로 나누어 볼 수 있다. 신라가 건국된 후 차츰 자리를 잡아가는 시기에 최고 통치자를 부르던 호칭이 이사금이었다. 이 시기에는 박씨(朴氏)와 석씨(昔氏)가 왕위를 이었는데 고고학 발굴성과로 확인한 결과 무덤의 구조는 〈나무덧널(목곽)무덤〉이었다. 같은 시기 이웃나라인 가락국(금관가야)에서도 나무덧널무덤이 쓰이고 있었다. 덧널(槨:곽)은 관(널)과 부장품(껴묻거리)을 넣기 위해 외부에 짠 네모난 시설을 말한다. 덧널은 대체로 장방형(직사각형)의 상자모양이다. 나무로 만들면 나무덧널(목곽), 돌로 만들면 돌덧널(석곽)이라 한다.

마립간 시기에 들어서면 이전에 볼 수 없었던 대형고분들이 등장한다. 크기뿐만 아니라 무덤 내부도 〈돌무지덧널무덤(적석목곽분)〉이라는 특이한 구조로 변한다. 덧널 위에 돌덩이를 잔뜩 쌓고 그 위에 흙을

▲ **신라왕릉** 경주를 가장 인상깊게 만드는 것은 거대한 무덤들이다.

덮는 양식이다. 이 시기 무덤에서 금관을 비롯한 엄청난 양의 껴묻거리가 출토되어서 세상을 놀라게 한다. 경주 시내에서 볼 수 있는 거대고분들은 대부분 돌무지덧널무덤으로 추측된다.

돌무지덧널무덤은 궁궐이 있던 월성의 북쪽과 서쪽에 밀집되어 있다. 《천마총으로 유명한 대릉원고분군》, 《봉황대가 있는 노동동고분군》, 《서봉총으로 유명한 노서동고분군》이 있다. 또 첨성대 북쪽지역인 《인왕동고분군》, 최근에 발굴되고 복원된 《황오리고분군》 등이 유명하다. 《황오리고분군》은 주택들이 들어서서 훼손이 심하게 진행되었다. 훼손이 심하여 무덤 위에 주택이 들어서기도 했다. 경주시에서는 주택과 상가들을 매입하여 발굴한 후 고분의 모습을 다시 갖추고 있다. 《인왕동고분군》은 몇몇 고분을 제외하고는 대부분 주택가 밑에 있다.

인위적으로 고분군을 나누었으나 실제 한 구역으로 묶어도 괜찮다. 고분군 사이에 도로가 지나면서 나누어졌을 뿐이기 때문이다. 이 중에서 《대릉원고분군》만 입장료를 내야 하며 나머지는 언제든지 관람할 수 있다. 대부분의 돌무지덧널무덤은 발굴되지도 도굴되지도 않았다. 신라가 멸망한 후 훼손된 것을 제외하고는 대부분 그대로 보존되고 있다. 고분군 전체가 발굴되지 않았기 때문에 모두 돌무지덧널무덤인지는 알 수 없다. 이 중에는 《이사금시기》의 무덤, 《불교시기》의 무덤도 포함되어 있을 것이다.

불교를 수용한 법흥왕 이후가 되면 무덤은 규모가 줄어들고, 무덤을 조성하는 위치도 경주 외곽 산기슭으로 이동한다. 무덤 내부도 돌방무덤으로 변하며, 유물의 양도 급격히 줄어든다. 사후 세계에 대한 인식이 달라졌기 때문이다. 이 시기에는 불교식으로 화장하여 바다에 뿌리는 장례법도 종종 있었다. 몇몇 돌방무덤은 기존의 돌무지덧널무덤 주변에 조성되기도 했다.[17] 그러다가 차츰 외곽으로 나간 것으로 추측된다.

2 | 무덤이 거대해진 이유

경주 시내에 있는 거대한 왕릉들은 김알지의 후손인 김씨가 왕위를 차지하면서 생겨난 것들이다. 신라는 박씨·석씨·김씨가 교대로 왕이 된 것이 아니다. 교대로 왕위를 이었다면 사이좋게 나누어 가진 것처럼 보인다. 그러나 박씨는 석씨에게 왕위를 빼앗겼고, 석씨는 김씨에게 빼앗겼다. 최종적으로 왕위를 차지한 이들은 김알지의 후손인 김씨 집단이었다. 김씨는 박씨들의 도움을 받았다. 그래서 박씨는 왕비를 많이 배출했다. 김씨는 박씨나 석씨보다도 월등하다는 생각을 갖게 되었다. 그래서 왕의 호칭을 '마립간(麻立干)'이라 했다. '마립'은 '마루=으뜸'이라는 뜻이다. '간(干)'은 우두머리를 말한다. '통치자 중에서 으뜸이 되는 통치자'로 자부했던 것이다. 사로국(신라) 내부에서 완전한 지배자가 된 것이다.

---

17 쌍상총, 우총, 마총 등 노서동고분군에서 확인된다.

그들은 왕족의 무덤을 거대하게 조성함으로써 최종 승리자인 자신들의 힘을 과시하고자 했다. 무덤을 의식적으로 크게 만든 것이다. 거대무덤을 만들기 위해 수많은 사람을 동원하는 과정, 매장자를 위한 순장의식, 화려하고 비싼 껴묻거리 등을 통해 자신들의 힘을 과시했다. 눈에 보이는 이미지가 중요했던 시대였다. 첨단 디지털 시대를 살아가는 우리들도 '어떤 자동차를 탔는가', '어떤 집에 사는가', '명품 옷을 입었는가' 등 시각적으로 먼저 판단한다. 보이는 것이 다가 아님에도 버릇처럼 쳐다보게 된다. 신라 때에는 매우 중요했다. 그래서 왕들은 궁궐을 크게 지으려 했고, 성곽을 높이려 했다. 죽어서 매장되는 무덤도 크게 만들려고 했다. 그것을 통해 자신들의 힘을 과시하고, 도전 세력들의 기(氣)를 눌러 놓을 수 있다고 여겼다.

▲ 경주왕릉 분포 (파란색은 발굴된 무덤)

3 | 독특한 구조, 돌무지덧널무덤

　돌무지덧널무덤은 한반도내 다른 곳에서는 볼 수 없는 양식이다. 갑자기 나타났다. 국내외 다른 지역에 이와 비슷한 무덤 양식이 있었다면 돌무지덧널무덤의 기원이 어디인지 짐작이라도 하겠지만 어디에도 없는 독특한 양식이다. 돌무지덧널무덤을 이해하기 위해 그 기원을 저 멀리 시베리아에서도 찾았으나 뚜렷한 징후를 포착해내지 못했다. 김씨 집단이 어디에서 기원했는지 확인되면 돌무지덧널무덤의 기원도 찾을 수 있을 것 같으나 그것도 오리무중이다.

　돌무지덧널무덤, 즉 적석목곽분의 구조를 살펴보자. 돌무지(적석, 積石)은 돌을 무더기로 쌓았다는 뜻이다. 덧널(곽:槨)은 관보다 더 큰 외곽이다. 돌로 만들면 돌덧널(석곽), 나무로 만들면 나무덧널(목곽)이다. 덧널은 장방형의 상자모양이다. 신라의 덧널은 그 규모가 상당히 커서 덧널이라기 보다는 나무로 짠 상자 모양의 큰 방처럼 보인다.

　나무로 짠 큰 덧널 안에 시신을 안치한 관을 넣는다. 껴묻거리(부장품)을 넣은 상자도 함께 넣는다. 덧널 위에는 사람머리 크기의 돌을 쌓는다. 대부분 냇돌이다. 엄청난 양을 쌓는다. 돌무더기가 무너질 수 있기 때문에 통나무 기둥을 박아 버티게 한다. 돌무더기가 어느 정도 높아지면 그 위에 진흙을 바른다. 진흙은 빗물이 스며들지 못하도록 하기 위해서다. 그리고 그 위에 흙을 덮는다. 이렇게 조성하니 규모가 커졌다. 왕 또는 왕족이 죽으면 서라벌을 흐르는 서천(형산강), 남천, 북천의 냇돌은 모두 사라졌을 것이다. 나무덧널이 썩어 무너지면 무덤 정상부가 내려앉는다. 흙을 돋우어 보축하면 된다. 나무덧널 내부, 즉 관(棺)과 부장품 상자 주위에 자갈을 쌓기도 한다.

이런 무덤은 도굴이 불가능하다. 도굴하기 위해서는 엄청난 양의 흙과 돌을 들어내야 하기 때문이다. 들키지 않고 도굴을 할 수가 없다. 그 덕분에 귀한 유물들을 고스란히 품고 있는 것이다. 일제강점기나 해방 후 몇 기의 무덤을 발굴했는데 박물관에 모두 전시하지 못할 정도로 많은 유물이 출토되었다. 금관을 비롯한 각종 장신구, 도기(토기), 유리그릇까지 출토되었는데 유물의 면면은 신비 그 자체다. 아직 발굴되지 않은 무덤이 더 많다. 경주에서 볼 수 있는 대부분의 고분은 발굴되지 않았고 도굴되지도 않았다. 아직도 그 안에는 마립간 시대의 비밀이 고스란히 간직되어 있다.

신라의 돌무지덧널무덤의 기원은 어디일까? 최근에는 신라 자체발생설을 주장하는 학자들이 많아지고 있다. 돌무지덧널무덤이라는 형식은 신라에만 있지만 세부적으로 나눠서 살펴보면 그 기원에 대한 힌트를 얻을 수 있다. 나무덧널을 사용하는 예는 이웃나라인 가락국(김해)에서 확인할 수 있고, 신라 사회 내부에서도 이사금 시대에 이미 사용되었다. 나무덧널(목곽)을 사용한 것은 이질적인 문화가 아니었다. 돌을 쌓는 방식은 고구려와 백제에서 그 예를 확인할 수 있다. 돌무지무덤(적석총)은 고구려와 백제의 문화적 전통이었다.

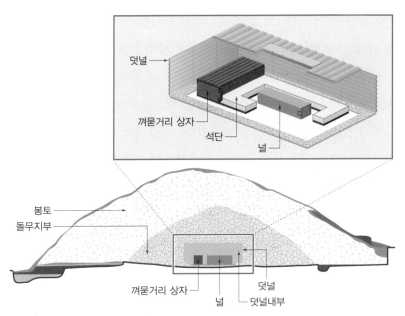

덧널

꺼묻거리 상자

석단

널

봉토
돌무지부

꺼묻거리 상자

덧널

널

덧널내부

▲ 돌무지덧널무덤의 구조 (사진: 고분미술/솔출판사)

　마립간시기 신라는 고구려의 영향을 강하게 받고 있었다. 고구려에
게 전적으로 의지하면서 국체를 보존하고 있었다. 고구려적인 문화요소
가 얼마든지 나타날 수 있었다. 돌무지덧널무덤 출토 유물 중에서 고구려
것이 많이 발견되는 것도 이와 같은 이유 때문이다. 신라 내부에서는
김씨들이 왕위를 차지했으나 국제적으로는 그 힘이 미약했다. 김씨가
왕위를 차지하고 북방의 대국인 고구려의 도움과 영향을 강하게 받으
면서 무덤의 양식에도 변화가 있었던 것으로 보인다. 기존에 자신들의
무덤 조성방식(목곽+흙)과 고구려적인 방식(적석)을 혼합하여 새로운
무덤 양식을 만들어 낸 것이 아닌가 한다. 새로운 것을 받아들이면서도

자신들의 것을 포기하지 않는 융합적인 문화를 탄생시킨 것이다. 신라는 미약한 나라였지만 무덤은 상대적으로 거대해졌다.

돌무지덧널무덤에는 많은 양의 부장품, 순장자, 음식이 출토된다. 불교가 들어오기 전에는 이승의 삶이 저승으로 연결된다고 믿었다. 그래서 저승의 집을 크게 지어주었다. 저승에서도 이승처럼 살아야 하기에 그를 도와줄 사람을 순장해서 함께 매장했다. 순장자의 신분은 저승에 가서도 마찬가지였다. 그곳에서도 먹고 살아야 하기에 음식도 넣어 주었다.

4 | 무덤의 양식이 변화는 이유

신라는 최고 지배자의 호칭을 거서간–차차웅–이사금–마립간으로 불렀다. 최고 지배자의 힘이 점점 강화되면서 거기에 걸맞는 이름으로 변화한 것이다. 내물마립간 때부터 김씨가 왕위를 차지하고 세습하였다. 그 후 주변국과의 경쟁에서 이겨나가며 자신감이 충만해가던 지증마립간 때에 왕(王)이라는 칭호를 사용했다.

거서간–차차웅–이사금 시기는 박씨와 석씨가 왕위를 이어가던 때였다. 이들의 무덤은 어디인지 알 수 없으나, 박혁거세의 무덤으로 알려진 오릉이 이 시기의 대표적인 무덤이다. 오릉은 발굴되지 않았기 때문에 무덤의 양식은 알 수 없다. 고고학 발굴을 통해 확인된 이사금 시기의 무덤은 목곽(나무덧널)무덤이다.

김씨가 왕위를 차지한 마립간 시기에 무덤의 규모가 비약적으로 커졌다. 박씨나 석씨가 지배하던 시기에 비해서 커진 것이다. 무덤이 커진 것뿐만 아니라 내부구조도 달라졌다.

무덤은 대단히 보수적인 문화라서 웬만해서는 변하지 않는다. 사후 세계에 대한 의례가 공동체 내에서 정해지면 변하지 않는다. 사후 세계를 경험한 사람이 아무도 없기 때문이다. 그런데 무덤의 양식이 변했다는 것은 그 사회 내에 강력한 변화 에너지가 있었다는 것을 말해준다. 그 변화 에너지가 무엇일까?

첫째는 사회 주도층의 변화다.[18] 신석기에서 청동기로의 변화, 청동기에서 철기로의 변화는 무덤양식의 변화를 동반하였다. 새롭고 앞선 문화를 지닌 세력들이 유입되면 기존의 질서를 무너뜨린다. 새로운 세력이 가지고 온 문화가 토착문화를 밀어낸다. 새로운 지배자들은 자신들이 사용해오던 전통의 무덤양식과 문화를 선진적인 것이라 생각하기 때문에 토착세력의 무덤 양식을 받아들이지 않는다. 피지배 토착세력은 자신들의 무덤양식을 고집하다가 선진문물을 가져온 이주세력의 무덤양식을 서서히 받아들인다. 시간이 흐르면 새로 도입된 양식과 기존의 양식이 혼합되어 새로운 양식이 나타나기도 한다.

둘째는 수준이 뛰어난 문화의 유입이 기존 문화에 충격을 가하고

---

18 강화도, 임찬웅, 야스미디어

그것이 무덤 양식의 변화를 이끌기도 한다.[19] 학문 · 종교 · 문물 등 다양한 것들이 사회의 변화를 유도한다. 이런 것들은 실생활의 변화뿐만 아니라 사후세계에 대한 생각도 바꾼다. 사후 세계에 대한 인식이 달라지면 장례법과 무덤의 양식도 변화를 일으킨다. 불교와 유교, 기독교의 유입이 장례법에 많은 변화를 가져왔던 것은 역사적 사실이다.

고구려는 국내성에서 평양으로 도읍을 옮기면서 돌무지무덤(적석묘)에서 돌방무덤(석실묘)으로 변했다. 백제도 한성에서 웅진으로 도읍을 옮기면서 돌무지무덤에 돌방무덤으로 변했다. 고구려와 백제는 동일한 변화양상을 보여주었다. 도읍을 옮기는 것은 엄청난 변화를 몰고 온다. 기득권의 변화가 될 수도 있고, 대외적인 변화를 초래하기도 한다. 고구려와 백제의 무덤 양식 변화는 어느 날 갑자기 나타난 것이 아니었다. 국내성 시절에 이미 돌방무덤이 돌무지무덤과 공존하고 있었고, 두 무덤이 융합(호태왕릉, 장군총)되고 있었다. 그러다가 평양으로 도읍을 옮기면서 돌방무덤으로의 완전한 변화를 이루어 내게 된 것이다. 백제도 한성백제기에 돌방무덤이 돌무지무덤과 공존하고 있었다. 그러다 웅진으로 천도하면서 돌방무덤으로 완전히 변화한 것이다.

방을 만드는 무덤은 중국에서 유래되었다. 벽돌로 방을 만들고 죽은 이를 안치하였다. 방이라는 구조는 생전에 살았던 주택과 비슷하였다. 그 때문에 사후세계에서 살아갈 수 있는 방을 만들어 준다는 의미도 있었다. 돌방무덤은 살아 있을 때 미리 만들어 놓을 수 있었다. 주인

19 위의 책

공이 죽으면 돌방의 문을 열어 관을 안치한 후 다시 문을 닫고 흙으로 덮으면 되는 것이었다. 그뿐만 아니라 합장도 가능했다. 입구를 열었다 닫았다 할 수 있는 구조였기 때문이다.

돌무지무덤에서 돌방무덤으로의 변화는 사회구성원들이 기존의 무덤보다 돌방무덤이 훨씬 좋다고 여겼던 것이다. 두 무덤이 공존하면서 서서히 새로운 장례법으로 자리 잡게 된 것이다. 고구려, 백제, 신라, 가야에 이어 고려, 조선에 이르기까지 돌방무덤 양식은 지속되었다.

5 | 표주박 모양의 무덤

경주에 산재한 돌무지덧널무덤 중에서는 표주박형 무덤이 여럿 있다. 이 무덤은 돌무지덧널무덤 2기가 붙어 있는 것으로 합장무덤이다. 돌무지덧널무덤은 구조상 내부에 합장하는 것은 불가능하다. 부부가 동시에 죽으면 함께 묻을 수 있겠지만 그렇지 않다면 불가능하다. (구조는 위의 내용 참고) 그렇기 때문에 부부를 합장하는 방법으로 채택한 것이 무덤을 곁에 붙여서 조성하는 것이었다. 먼저 만들어진 무덤의 한쪽을 잘라내고 두 번째 무덤을 붙여서 조성한다. 무덤은 남북으로 나란히 하는데 남쪽은 남자, 북쪽은 여자의 무덤이다. 남북으로 나란한 무덤이 아닌 경우도 있으나 대체 남북축을 갖고 있다. 표주박형 무덤 중에서 가장 큰 것은 대릉원 내에 있는 황남대총이다. 이 무덤 역시 남쪽은 남자의 무덤, 북쪽은 여자의 무덤으로 확인되었다.

▲ **표주박형무덤** 이 무덤은 합장릉이다. 돌무지덧널무덤의 구조상 합장을 하려면 무덤의 한쪽을 덜어 내고 무덤을 붙여서 묻는 방법밖에 없다.

6 │ 무덤의 이름을 정하는 원칙

피장자를 모르는 무덤은 발굴 전에는 번호를 붙인다. 황남대총은 98호분, 천마총은 155호분이었다. 관리와 보호를 위해 편의로 붙인 것이다. 발굴 후에는 발굴 결과에 따라 이름을 붙인다. 피장자가 밝혀지면 'ㅇㅇ왕릉'으로 붙이지만, 주인공을 알 수 없을 때는 출토된 유물 중에서 가장 특징적인 것을 따서 이름을 붙인다. 충남 공주의 무령왕릉은 무덤 내부에서 발견된 지석에 '영동대장군백제사마왕(寧東大將軍百濟斯麻王)'이라는 피장자의 명칭이 명확하게 나왔기 때문에 '무령왕릉'이라 붙였다. 斯麻(사마)는 무령왕의 본명이다. 그러나 대다수의 고분들은 안타깝게도 피장자를 알 수 없다. 발굴과정에 특이한 상황이 있었다면 관련된 이름을 붙이기도 한다. 왕릉급 무덤인데 피장자를 알 수 없으면 끝에 무덤 총(塚)자를 붙인다.

금관이 최초로 발견된 금관총, 황남동에 있는 큰 무덤이라는 뜻의 황남대총, 금관에 금방울이 있어서 붙인 금령총, 스웨덴 황태자가 발굴했다고 해서 서봉총, 화려한 신발바닥이 발굴된 식리총, 고구려 그릇인 호우가 출토되어 호우총 등이 이렇게 붙여졌다. 고구려의 장군총은 정식 발굴되지는 않았으나 지역민들이 장군의 무덤이라고 불렀던 데서 붙여진 이름이다. 이미 도굴되어 발굴한다 해도 알 수 있는 정보는 없을 것이다.

7 | 금관은 장례용품

신라 돌무지덧널무덤 출토 유물 중에서 가장 인상적인 것은 금관이다. 사극을 보면 신라 왕들이 금관을 착용하고 등장하는데 신라 금관은 장례용품이다. 왕(王)이 살아있을 때 머리에 썼던 관(冠)이 아니다.

만약 금관을 머리에 쓴다면 휘어져서 쓸 수가 없었을 것이다. 금판은 매우 얇으며, 달개와 곱은옥이 달려 있어서 무게를 견디지 못하고 휘어져 버린다. 황남대총 금관의 경우 드리개가 양쪽에 3개씩 내려와 있어 시야를 가린다. 무척 불편할 것이다.

금관은 정교한 세공품이 아니다. 금판에 구멍을 뚫고 달개나 곱은옥을 금실로 매달았다. 그런데 잘못 뚫린 구멍들이 있어서 옆에 새로 뚫고 사용한 흔적이 있다. 세공기술이 조금 엉성한 편이다. 왕이 실제로 사용했을 것으로 짐작되는 금제관모와 새날개 모양 장식의 정교한 세공술에 비해서는 금관은 세밀함과 기교가 덜하다.

금관은 왕릉에서만 출토된 것이 아니다. 여자의 무덤(황남대총, 서봉총)에서 출토되었고, 어린아이의 무덤(금령총)에서도 출토되었다. 지금까지 금관은 모두 6개가 출토되었다. 금관이 제작된 시기별로 놓는다면

▲ 교동출토금관

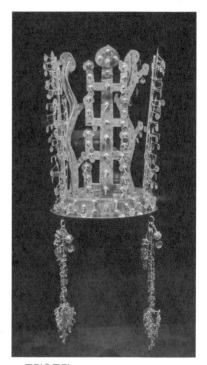

▲ 황남대총금관　　　　　　　　　　　▲ 금령총금관

황남대총(1974)-금관총(1921)-서봉총(1926)-금령총(1924)-천마총 (1973)[20] 순서가 된다. 교동출토 금관은 도굴품이라 출토지와 시기를 특정하기 어렵다.

　금관이 출토되는 무덤은 마립간(麻立干) 시기의 무덤이다. 이 시기 마립간은 내물-실성-눌지-자비-소지-지증 마립간 등 모두 6명이다. 그런데 금관이 이미 6개 출토되었다. 왕의 무덤에서만 금관이 나온다면 이미 다 나온 셈이다. 그러나 발굴조사되지 않은 대형고분들이 아직

20　괄호 안은 금관출토 시기

도 많다. 출토되지 않은 금관이 더 많을 것으로 짐작된다. 그렇다면 금관은 왕이 썼던 전용 관(冠)이 아니다.

금관은 대형무덤에서만 출토된 것이 아니다. 금관이 발견된 무덤은 크기와 상관없었다. 황남대총처럼 대형 고분에서 출토된 것도 있지만 금령총과 같이 작은 고분도 있었다. 대형무덤에서만 금관이 출토되었다면 왕이나 왕비의 장례용품이라고 말할 수 있겠으나 무덤의 크기 또한 다양해서 왕과 왕비 그리고 직계 가족들의 무덤에서 출토되는 것이 아닌가 짐작할 뿐이다.

마립간 시기에는 여왕이 존재하지 않았다. 선덕여왕과 진덕여왕 시기는 불교가 왕성하게 일어나던 때여서 불교식으로 장례를 치렀다. 금관을 사용하던 시기는 아니었다. 선덕여왕은 금관을 쓰지 않았다.

8 | 금관의 형태 분석

신라 금관은 다른 지역에서는 그 유래를 찾을 수 없을 정도로 독특하다. 정면에는 위로 뻗은 出자형 가지가 세 개 있고, 그 뒤로 사슴뿔 모양의 가지가 두 개 있다. 出자형 가지는 나무를 상징한다고 한다. 나무는 하늘로 자란다. 하늘과 연결되는 통로로 인식되었다. 환인의 아들 환웅이 태백산 마루 신단수(神檀樹)로 내려왔다고 한다. 신단수는 신성한 나무를 말한다. 강릉 단오제에서도 신이 내린 나무를 베어서 이동한다. 솟대는 나무 장대 끝에 새를 앉힌 모습이다. 몽골 초원지대에서 나무는 신성하게 인식되었다. 하늘에 닿아 있는 모습이었기 때문이다. 나무를 상징하는 出자형 가지는 두 형태로 나뉜다. '山' 모양이 한 줄에 세 개 있는 금관(황남대총, 금관총, 서봉총), '山' 모양이 네 개 있는 금관(금령총, 천마총)으로 나뉜다. 세 개 있는 금관이 시기적으로 앞선 것으로 밝혀졌다.

사슴뿔형 가지 또한 신성함을 상징한다. 사슴뿔은 모양이 신성해서 하늘(天)에서 내린 관(冠)이라는 인식이 있었다. 사슴뿔형 가지는 스키타이를 비롯해 유목민족에게 공통으로 나타나는 모습이다. 그러나 出자형 가지는 신라금관에만 나타난다. 다른 금관들은 出자형으로 직각으로 가지가 꺾여서 올라가는 데 비해 교동 출토 금관은 나뭇가지와 많이 닮았다. 이런 것은 초기의 모습이다.

금관의 가지 끝은 둥글게 마무리되어 있다. 나무열매, 나뭇잎, 꽃봉우리 등을 본뜬 것이 아닌가 한다. 出자형 가지와 사슴뿔형 가지에는 달개(둥근 금판)와 곱은옥을 금실로 엮어서 매달았다. 달개는 나뭇잎, 곱은옥은 열매를 상징한다고 한다. 곱은옥은 '콤마형옥'이라고도 하는데 생긴 모습이 태아의 모습이라 하여 생명을 상징한다고도 한다. 곱은옥의 기원을 따라가면 반달 모양의 옥장식에서 변모한 것이라 달을 상징한다고도 한다.

9 | 금관과 함께 출토되는 허리띠

신라의 돌무지덧널무덤에서는 금관뿐만 아니라 화려함을 극치를 보여주는 허리띠도 발견된다. 원래는 가죽이나 천으로 된 허리띠에 부착되었던 것인데, 썩을 것은 썩고 금판만 남은 것이다. 특히 허리띠 아래로 늘어뜨린 장식이 매우 화려한데 그 끝에는 독특한 장식품이 매달려 있다. 물고기, 족집게, 숫돌, 칼, 곱은옥 등 20여 종에 이른다. 허리에 여러 가지 물건을 늘어뜨리는 것은 유목민족의 생활 풍습 중에 하나라고 한다. 시베리아 샤먼의 허리띠에도 아래로 늘어뜨린 것들이 있다.

신라 진평왕에게는 하늘에서 내린 옥대(天賜玉帶:천사옥대)가 있었다. 하늘에서 진평왕의 권위를 인정해서 내렸다는 것이다. 이 천사옥대는 신라의 보물창고에 보관되어 있었는데, 그 존재를 잊고서 정성을 다하지 않으면 사라지기도 했다. 임금이 정성을 다하면 다시 나타나곤 했다. 진평왕의 천사옥대는 고려 왕건의 보물창고로 들어간 후 소식이 없다. 이 천사옥대는 신라의 세 가지 보물[21] 중 하나였다. 신문왕이 동해바다에서 용으로부터 만파식적을 받을 때 함께 받은 것 중에 검은옥대도 있었다. 이 옥대를 구성하던 장식은 용(龍)이었다고 한다.

허리띠는 장식을 위한 도구가 아니라 권위의 상징이었다. 허리띠는

---

21 천사옥대, 황룡사구층목탑, 황룡사장륙존상

착용자의 위엄을 과시하면서 하늘과 연결된 신성한 존재임을 상징해 준다. 하늘로부터, 용으로부터 받은 허리띠는 그 상징성이 매우 컸다. 허리띠는 모양의 상징성과 화려함으로 제사장적 권위를 더해주었다. 조선시대 종묘 제례에 착용했던 대례복을 보면 허리 아래로 여러 가지 장식을 늘어뜨린 것이 확인된다. 허리띠 장식을 권위의 상징으로 사용하는 방법은 아주 오래된 문화인 것이다.

무덤에 묻힌 피장자는 머리에는 금관, 귀에는 금귀걸이, 목에는 화려한 구슬로 장식된 가슴드리개, 허리에는 금제허리띠, 발에는 금신발을 신었다. 그 화려함과 신비로움은 극치에 이르렀다. 신라는 금이 매우 많은 나라라는 평가가 헛된 것이 아니었다.

▲ 신라의 무덤에서 발굴되는 허리띠장식 (금령총 출토)

10 관모와 관식

　돌무지덧널무덤에서 화려한 금관, 금제허리띠 뿐만 아니라 금관모(金冠帽)와 금관식(金冠飾)도 출토되었다. 금관모는 왕릉급 무덤 중에서 남자의 무덤에서만 출토된다. 여자의 무덤으로 추정되는 황남대총 북분, 서봉총에서는 출토되지 않았다. 남자의 무덤으로 추정되는 금관총과 황남대총 남분, 천마총에서 출토되었다.

　삼각형 고깔모자의 형태인 관모는 삼국시대에 널리 쓰이던 모자다. 모자를 만드는 재료는 대개 비단이었다. 금관모, 금은제 관모는 천으로 만들던 것을 금속으로 재료를 바꾼 것이다. 금속으로 만든 금관모는 머리에 바로 쓰지 않고, 백화수피(자작나무껍질)로 만든 고깔모자를 쓴 후 그 위에 끼웠던 것으로 추정된다. 관모의 아랫부분에 끈을 매는 구멍이 있는 것으로 보아 끈을 턱 아래에서 매는 방식이었던 것으로 보인다. 천으로 된 관모를 쓰는 방식과 동일했다.

　관식은 V자 모양의 장식이다. V자 모양은 모자에 새 깃털을 꽂았던 것에서 유래했다. 관식은 새 깃털을 꽂듯이 관모 앞에 끼워서 사용했다. 관모에 관식을 끼우면 매우 화려했다. 금제관식에는 달개가 달려 있어서 움직일 때마다 반짝거렸다.

　이 관모와 관식은 평상시에 사용했던 것이 아니라 특별한 의식이 있을 때 착용했던 것으로 보인다. 금관은 피장자의 머리에서 발견되었지만, 관모와 관식은 부장품 상자에서 출토되었다. 관모와 관식도 금관처럼 장례용품이라는 주장이 있다. 그러나 금관보다는 실용적이라 실제로 사용했다는 주장도 있다.

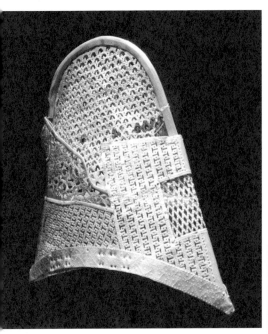

▲ 남자의 무덤에서 주로 발굴되는 관모와 관식

경주-천년의 여운

5

무덤 사이를 걷는 즐거움,
대릉원

대릉원에는 돌무지덧널무덤이 밀집되어 있다. 담장을 두르고 입장료를 받는다. 이곳에는 유명한 천마총과 황남대총을 비롯하여 미추왕릉으로 추정되는 고분이 있다. 1970년대 초에 이곳을 정비하면서 대릉원이라 이름 붙였는데 미추이사금을 '대릉(大陵)에 장사 지냈다'는 『삼국사기(三國史記)』의 기록에 따른 것이다. 대릉원 내부 길을 따라 걸으면 제주도의 오름처럼 봉긋하게 솟은 무덤 사이를 걷는 즐거움을 누릴수 있다. 봄·여름·가을·겨울, 어느 계절에 가도 좋다.

대릉원을 답사하다 보면 담장 주변에 비석이 서 있는 것을 볼 수 있다.

▲ **신라를 지켜주었다고 전하는 미추왕릉** 미추왕을 대릉에 장사지냈다는 기록에 따라 주변 무덤군을 대릉원이라 하였다.

대릉원 지구를 조성하면서 이미 훼손된 고분을 발굴 조사한 터다. 신라 멸망한 후 아주 오랫동안 무덤은 서서히 낮아지고 훼손되어 갔다. 일부 무덤을 제외하고 대부분의 무덤은 야트막한 언덕처럼 보여서 무덤이라는 사실조차 모르게 되었다. 사람들은 그 위에 집을 짓거나 농사를 지었다. 우물을 파다가 신라 도기가 나오기도 했고, 집을 짓다가 구슬과 금속들이 나오기도 했다. 주의해서 살펴보지 않았고, 옛 물건들은 기분이 찝찝하다 하여 갖다 버렸다.

1 | 죽어서도 나라를 지킨 미추왕릉

미추왕릉은 대릉원 안에서도 담장을 따로 둘렀다. 대단히 중요한 무덤인 것 같다. 미추이사금(재위 262-284:23년)은 김씨 중에서 최초로 왕이 된 인물이다. 그러나 김씨의 대표로 왕이 된 것이 아니라 석씨의 사위 자격으로 된 것이다. 그래서 미추왕이 죽자 다음 왕위는 석씨인 유례이사금에게 돌아갔다.

미추이사금은 왕위에 있을 때 대단히 인상적인 모습을 보여주었다. 나라 안을 순행하여 백성의 아픔을 살폈다. 농사에 방해되는 것들을 일절 없앴다. 궁궐을 고치자고 해도 백성을 힘들게 하는 일이라며 말렸다. 자연재해가 발생하면 정치가 잘못된 점이 없는지, 형벌 시행에 잘못이 없는지 살펴보았다. 그가 죽던 해에도 서쪽을 두루 돌며 백성을 위무하였다.

박씨와 석씨 왕들을 경험했던 백성들에게 미추이사금은 대단히 인상적이었을 것이다. 박씨나 석씨에 비해서 그 세력이 약했던 김씨는 미추이사금으로 인해 백성들에게 강하게 각인되었다. 김씨가 왕이 되는 것에 대해 거부감이 없어졌을 것이다. 얼마나 인상적이었는지 다음과 같은 이야기가 『삼국사기』 유례이사금 14년 기록에 전한다.

이서고국(伊西古國)이 금성을 공격해 왔으므로 우리 편에서 군사를 크게 일으켜 막았으나 물리칠 수가 없었다. 그런데 홀연히 이상한 군사들이 왔다. 그 수는 이루 헤아릴 수 없이 많았으며 그들은 모두 귀에 대나무 잎을 달고 있었다. 우리 군사와 함께 적을 공격하여 깨뜨린 후 어디로 간 지를 알 수 없었다. 어떤 사람이 대나무 잎 수만 장이 죽장릉에 쌓여 있는 것을 보았다. 이로 말미암아 나라 사람들이 말하기를 "앞 임금이 음병(陰兵)으로 싸움을 도왔다."고 하였다.[22]

유례이사금은 미추이사금 다음 왕이다. 사로국은 미약한 나라였다. 가야가 오히려 압도하던 때였다. 가야 세력인 이서고국(또는 이서국)이 쳐들어와 서라벌을 에워싼 것이다. 멸망의 위험에 놓인 절체절명의 상황이었다. 그런데 어디서 온 군사인지 알 수 없으나 귀에 대나무 잎사귀를 달고 있는 군사가 나타나 전세를 역전시키고 사라졌다. 나중에

22 삼국사기, 한국학중앙연구원출판부

보니 미추왕릉(죽장릉)에 대나무 잎이 쌓여 있다는 것이다. 그래서 미추이사금이 군사를 몰고 와 신라를 도왔다고 믿었다. 음병은 저세상의 군사들이다. 죽은 후에도 나라를 구했다는 이야기다. 미추이사금의 행적이 얼마나 인상적이었으면 그렇게 믿었던 것일까?

미추이사금 때에 백제의 공격은 집요했다. 그때마다 막아내기는 했지만 어려움이 많았다. 유례이사금 3년에 백제가 화친을 청해왔다. 이로써 백제는 신라를 공격하지 않았다. 이번에는 왜(倭)가 자주 침범하였다. 왜는 가야의 세력권에 있었다. 가야의 사주를 받은 것이다. 신라와 백제는 화친 관계를 맺고 있었고, 백제와 가야도 동맹관계였다. 백제의 눈치를 봐야 했던 가야는 신라를 직접 공격하지 않고 왜를 조종해 신라를 공격한 것이다. 유례이사금 14년(297), 서라벌에서 지근 거리에 있는 청도의 이서국이 공격해 온 것이다. 이때 미추이사금이 끌고 온 음병이 적군을 물리쳤다. 이 음병은 신라 군사의 옷을 입고 있었고 다만 모자에 대나무 잎을 꽂고 있었다. 실제로는 백제 군사들이 도와주러 온 것이다. 백제군이 직접 개입한 것을 알면 가야와의 동맹관계가 훼손되기 때문에 신라군처럼 보이면서 구별하기 위해 대나무 잎을 꽂은 것으로 보인다. 신라 입장에서는 이를 그대로 표명할 수 없으니 죽은 미추왕이 도왔다고 하는 수밖에 없었다. 백성들도 미추왕에 대한 신뢰가 있었으니 충분히 수긍했을 것이다.

770년(혜공왕 6)에는 김유신의 후손이 반란에 연루되어 죽임을 당했다. 몇 년 뒤 김유신의 무덤에서 회오리바람이 일어나더니 말을 탄 장군과 군사들 40명이 나와 미추왕릉으로 들어갔다. 무덤 속에 들어간 장군은 후손들이 멸시당하고 있다며 자신은 다른 곳으로 떠나고자 하니 허락해달라고 말한다. 미추왕이 끝내 허락하지 않자 회오리바람은 다시 김유신의 무덤으로 돌아갔다. 이 말을 들은 혜공왕은 김경신을 시켜 김유신의 무덤에 가서 사죄의 제사를 올리고 김유신의 명복을 비는 취선사에 토지를 내렸다. 미추왕이 얼마나 신라인에게 존경을 받았던지 훗날까지도 영향을 미치고 있었던 것이다.

미추왕릉은 발굴되지 않았다. 실제로 미추왕릉인지 확인된 것도 아니다. 오랫동안 그렇게 믿어져 왔다. 겉모습을 보면 규모가 큰 왕릉일 뿐이다. 어떤 특징이 있는 것도 아니다. 원래부터 컸는지 아니면 김씨들이 왕위를 차지한 후 규모를 키웠는지는 확인되지 않았다.

2 | 경주에서 가장 큰 황남대총

황남동의 큰무덤

황남대총은 표주박형 무덤이다. 무덤에 묻힌 이가 누구인지 몰라 황남동의 큰 무덤이라는 뜻으로 황남대총이라 하였다. 워낙 큰 무덤이라 멀리서도 보인다. 이 무덤의 규모는 동서 80m, 남북 120m이며, 남분의 높이는 22m, 북분의 높이는 23m에 달한다.

이 무덤은 발굴 전에는 98호분이라 불렸다. 1971년에 갑자기 발굴

▲ **황남대총** 경주 왕릉 중에서 가장 규모가 큰 무덤. 남쪽(오른쪽)은 남자, 북쪽(왼쪽)은 여자의 무덤이다.

하게 된 공주 무령왕릉에서 놀라운 유물이 쏟아져 나오자 박정희 대통령은 경주 왕릉도 발굴해서 대중에게 공개하라고 지시했다. 그것도 가장 큰 무덤인 98호분을 발굴하라고 지시한 것이다. 지금까지 돌무지덧널무덤 발굴은 훼손된 것 위주로 했었고 그마저도 경험이 많지 않았다. 멀쩡한 무덤, 그것도 최대 크기의 무덤을 발굴한 경험이 없었기 때문에 학계에서는 많은 반대가 있었다. 혹여라도 발굴 후 그 안에 담긴 수많은 정보를 읽어낼 능력이 없거나, 발굴의 ABC를 몰라 졸속 발굴이라도 한다면 후손들에게 큰 죄를 짓는 것이기 때문이다. 그럼에도 대통령의 강력한 지시가 있었기 때문에 98호분을 발굴해야만 했다. 그때는 그런 시절이었다. 발굴단은 거대한 고분을 발굴하는 것은 결코 만만한 것이 아니므로 바로 앞에 있는 규모가 비교적 작은 155호분을 발굴하기로 하였다. 155호분은 멀쩡한 고분이 아니라 외형이 어느 정도 훼손된 상태였기에 구제발굴의 성격도 있었다. 98호분을 발굴하기 위한 연습발굴 같은 성격이었다. 발굴 책임자였던 김정기 박사는 황남대총 발굴에 대한 반대 명분을 만들기 위해서라도 155호분을 발굴하고자 했다. 그는 이렇게 말했다.

98호는 그 속에 조그만 무덤군이 모여 큰 산처럼 됐을수도 있다. 만에 하나 그럴 경우 나오는 유물도 없고, 시민들이 숭배해온 고분의 권위만 떨어뜨릴 수 있다. 근처의 다른 작은 고분부터 파보자.

155호분을 발굴했는데 주목할만한 유물이 나오지 않으면 98호분 역시 같을 것이기 때문에 군이 발굴하지 말고 그 예산으로 훼손된 다른 고분들을 우선 발굴하는 게 낫다고 생각한 것이다. 그러나 이 155호분에서 금관을 비롯한 놀라운 유물이 쏟아져 나왔다. 생각지도 못한 유물을 쏟아낸 155호분이 천마총이다.

천마총 발굴이 마무리되어 갈 즈음 박정희 대통령은 98호분을 발굴할 것을 다시 지시하였다. 천마총으로 마무리하려 했던 발굴단은 천마총 발굴이 마무리되기도 전에 98호 고분을 발굴해야 했다. 그리하여 황남대총은 1973년~1975년에 걸쳐 발굴되었다.

98호분은 표주박형 무덤으로 남북으로 나란하게 조성되었다. 워낙 큰 규모의 무덤이라 오랫동안 발굴이 진행되었으며 천마총과 마찬가지로 많은 유물이 쏟아져 나왔다. 이곳에서 쏟아져 나온 유물의 수는 58,441점이었다.

두 개의 무덤이라 유물의 수도 많았겠지만, 유물의 수준도 왕릉급에 해당하였다. 그러나 아쉽게도 무덤의 주인공을 알려줄 만한 어떤 정보도 발굴되지 않았기에 98호분 대신 '황남대총'이라는 이름만 주어지게 되었다.

출토된 유물을 토대로 분석한 결과 남분(南墳)은 남자의 무덤, 북분(北墳)의 여자의 무덤으로 밝혀졌다. 남분에서는 남자의 물품이 나왔고,

▲ **황남대총에서 출토된 유물** 국립중앙박물관과 국립경주박물관에 전시되어 있는데 사진은 경주박물관

북분에서는 여자의 물품이 주로 출토되었다. 특히 남분에서는 60세 전후의 남자 인골 일부와 20대 여인의 인골 일부가 나왔다. 여인의 인골은 관 밖에서 나왔기 때문에 순장으로 추정되었다. 신라는 지증왕 때에 순장을 금지했으므로 황남대총은 지증왕 이전에 조성된 무덤으로 보인다. 남자의 시신에는 금동관과 금제허리띠가 착용되어 있었다. 껴묻거리를 넣어두는 공간에는 새날개모양의 관모관식, 고리자루큰칼, 금은그릇, 유리그릇이 나왔다. 또 도기 1500점, 칠기 300점, 비단벌레 날개로 장식된 금동말안장 등이 나왔다. 남분에서만 3만 점의 유물이 출토되었다.

북분에서는 금관(金冠)이 출토되었다. 남자의 무덤인 남분에서는 금동관이 나왔는데 여자의 무덤인 북분에서는 금관이 나온 것이다. 또 많은 장신구와 베를 짜는 도구가 나왔다. 허리띠 장식품에는 '夫人帶(부인대)'라는 글자가 새겨져 있었다. '夫人'이라는 글자는 왕비 또는 왕의 어머니를 뜻하는 것이기 때문에 북분은 여자의 무덤이라는 것을 확정하였다. 남분에서는 무기, 마구류가 많이 출토되었다면, 북분에서는 장신구가 많았기 때문에 여자의 무덤이라는 것을 확신할 수 있었다.

금동관(金銅冠)과 금관(金冠)이라는 차이 때문에 여자가 남자보다 신분이 높았다고 주장할 수 있으나, 20년이라는 시간 차 때문이다. 무덤의 유물을 분석한 결과 남자가 여자보다 20년 먼저 죽었다. 남분의 금동관과 북분의 금관은 재료는 달랐으나 디자인은 비슷했다. 다만 남분의 금동관이 북분의 금관보다 단순하였다. 20년 후 부인이 죽었을 때 관(冠)의 재료는 금으로 바뀌었고, 디자인은 조금 더 화려해졌다. 황남대총 북분에서 발굴된 금관은 지금까지 발견된 신라 금관 중에서 가장 오래된 것으로 추정된다. 이 금관은 국립중앙박물관에 전시되어 있다.

재미있는 것은 발굴된 항아리 3개에서 소, 말, 바다사자, 닭, 꿩, 오리, 참돔, 졸복, 다랑어, 농어, 상어, 조기, 전복, 오분자기, 소라, 눈알고둥, 밤고둥, 논우렁이, 홍합, 재첩, 백함, 거북이조각뼈 등이 나왔다. 저세상에서도 먹을 양식을 제공한 것이다.

유리제품, 로마에서 오다

돌무지덧널무덤을 발굴하면 유리그릇이 출토된다. 신라 고분에서 모두 25점에 달하는 유리그릇이 출토되었다. 발굴되지 않은 무덤에는 또 얼마나 많은 유리그릇이 있을까? 이 유리그릇들은 페르시아, 로마, 이집트식이다. 도대체 어떻게 마립간 시기의 무덤에서 유리그릇이 나올 수 있을까? 로마는 지구의 서쪽 끝, 신라는 동쪽 끝이었다. 당시 아메리카 대륙은 발견되지 않았었다. 지구의 끝과 끝에서 동일한 유리제품을 사용하고 있었던 것이다.

실크로드를 통한 교류의 흔적이라고 주장한다. 과연 그럴까? 당시 신라는 이사금 시기를 벗어나 마립간 시기로 접어들고 있었다. 신라는 한반도 남쪽에서 백제와 가야 세력에 밀리고 있었다. 백제와 가야 연합 세력의 압력에서 살아남기 위해서 고구려의 도움을 받아야 했다. 중국 문화는 고구려를 통해 접할 수 있었다. 불교도 고구려를 통해 들어왔다.

그런데 백제, 가야, 고구려에서는 볼 수 없는, 심지어 중국에서조차 보기 힘든 유리그릇이 신라에서 나타나고 있는 것이다.

통일신라시대였다면 놀랍지 않을 것이다. 서역의 상인들이 서라벌의 저자를 서성거리는 모습을 보는 것은 어렵지 않았기 때문이다. 그런데 마립간 시절의 무덤에서 서역의 물건들이 아무렇지 않게 출토되고 있는 것이다. 만약 고구려를 통해 전해졌다면 고구려에도 그 흔적이 남아야 한다. 실크로드를 통해 받았다면 중국이나 중간 기착지에도 유리그릇이 등장해야 한다. 아직 미약했던 신라에서 서역의 물품들이 발견되고 있다는 것은 무엇을 말하는 것일까? 이들은 어떻게 서역과 교류하고 있었을까? 직접 교류가 아니고서는 서역의 물품이 돌무지덧널무덤에서 등장한다는 사실을 해석하기 어렵다. 백제와 가야 해상 세력의 방해를 뚫고 어떻게 교류를 했을까? 고구려를 통해서 북방 실크로드를 이용했다면 어떻게 고구려의 도움을 받았을까? 중국은 수나라로 통일되기 전 위진남북조의 혼란이 지속되고 있었다. 돌무지덧널무덤

▲ 신라왕릉에서 발굴된 유리제품

에서 출토된 유리그릇은 금관, 금제허리띠와 더불어 마립간 시기에 대한 신비감을 더해준다.

3 │ 무덤 내부를 볼 수 있는 천마총

대릉원에서 가장 유명한 무덤이 천마총이다. 대릉원을 답사하는 주된 목적도 천마총을 보기 위함이다. 천마총은 무덤 내부가 개방되어 있다. 내부로 들어가면 돌무지덧널무덤의 구조를 눈으로 확인할 수 있고, 무덤의 규모 또한 체감할 수 있다. 경주에서 가장 인상적인 유적인 거대한 고분들을 이해하기 위해서라도 반드시 천마총을 가봐야 한다.

돌무지덧널무덤의 생김을 확인하는 곳

천마총은 155호분으로 불렸다. 발굴 후 천마총이라는 이름이 붙었다. 천마총에서는 금관을 비롯해 많은 유물이 출토되었다. 금관이 가장 인상적인 유물일 수 있지만 이미 다른 고분에서 4개의 금관이 출토되었기 때문에 '금관총'이라는 이름을 쓸 수 없었다. 천마총에서 출토된 유물 중에서 다른 고분에서는 그 예를 찾아보기 힘든 것이 말다래에 그려진 '천마(天馬)' 그림이었다. 이로 인해 무덤의 이름을 '천마총'이라 부르게 되었다. 그러나 경주 김씨들은 조상의 무덤이 확실한데, 천마총(말 무덤)이라 부르는 것은 옳지 않다며 반대청원에 나서기도 했다. 하지만 문화재위원회에서는 '**주인공을 왕으로 확정할 수 있는 유물이 출토되지 않았다**'며 천마총이라는 이름을 유지하는 것으로 결론 내렸다.

내부로 들어가면 돌무지덧널무덤을 반으로 잘라놓은 모양으로 복원되어 있다. 무덤의 중심인 덧널 안에는 피장자가 안치된 관(棺)과 껴묻거리를 넣은 상자가 놓여 있다. 덧널은 귀틀집처럼 통나무를 잘라서 만들었는데 높이 2.3m, 남북 4.2m, 동서 6.6m의 규모다. 시신을 동서방향으로 눕혔다. 덧널의 목재는 밤나무로 되어 있었지만, 밤나무를 구하기 어려워 소나무로 재현하였다.

관(棺) 안에는 피장자가 착용했던 대표적인 유물 몇 가지가 놓여 있다.

▲ **천마총** 발굴 후 내부를 개방해서 관람할 수 있도록 했다.

▲ **천마총 내부** 발굴 당시의 모습을 재현해 놓아서 신라 돌무지덧널무덤의 구조를 확인할 수 있다.

관 밖에도 유물을 놓았는데 발굴 당시의 모습이다. 껴묻거리 상자에는 부장품으로 넣어 둔 유물들을 재현해 놓았다. 목관(木棺)과 껴묻거리 상자 주변에는 강자갈이 쌓여 있다. 덧널 위에는 머리만한 강돌이 잔뜩 쌓여 있다(돌무지덧널무덤 참고). 덧널 뒤로 돌아가면 이곳에서 발견된 대표적인 유물들을 복제 전시하였으며, 디지털기기를 이용해서 유물을 세부적으로 살펴볼 수 있게 했다.

천마총에서 발견된 말다래

말다래는 말을 탈 때 흙이 튀지 못하도록 말의 배 양쪽에 대는 네모난 판이다. 천마총에서 말다래 2점이 발굴되었다. 2점 중 1점은 훼손이 심하여 실체를 알아내지 못했으나 비교적 온전히 남은 것과 동일했을 것으로 보인다. 말다래는 자작나무 껍질(백화수피)로 만들었다. 자작

▲ **천마총에서 발굴된 말다래** 신라 회화를 확인할 수 있는 천마 그림

나무 껍질을 여러 겹 덧대어 붙이고 격자무늬로 누벼서 단단하게 했다. 판의 외곽으로는 가죽을 둘러서 오랫동안 사용해도 상하지 않도록 했다. 판의 가운데는 흰색으로 '천마'를, 외곽으로는 손오공 머리띠 모양을 그린 후 그 안에 연꽃송이를 그렸다. 외곽에 그려진 문양은 고구려 고분 벽화에 자주 등장하는 그림이다. 신라가 마립간 시기에 고구려의 영향을 강하게 받고 있음을 여기서도 증명된다.

천마는 하늘을 비상하며 앞으로 나아가는 힘찬 모습이다. 갈기는 앞으로 나아가는 속도에 뒤로 뻗었다. 머리 위에 날개처럼 뻗은 것은 정체가 무엇인지 정확히 알 수 없으나, 꼬리와 대칭을 이루며 날개처럼 보인다. 입에서는 세찬 입김이 나오고, 머리 위에 뿔이 돋았다. 이 뿔로 인해 천마가 아니라 상상의 동물 기린이라고 주장하기도 한다. 기린은 훌륭한 인물이 이 땅에 태어날 때 함께 나타난다고 한다. 임금을 호위하는 군대를 기린군이라고도 했다.

천마도는 고신라의 회화수준을 알려주는 중요한 유물이다. 고구려는 고분벽화가 많이 남아 있어서 회화 수준을 충분히 알 수 있으며, 백제는 일부의 무덤에 벽화가 남아 있어 확인할 수 있다. 그러나 고신라는 회화 수준을 짐작할 그 어떤 유물도 없었다. 그런데 천마총에서 천마도가 나타나 고신라 회화의 진면목을 보여주었다.

많이 알려진 것은 천마도지만 다른 그림도 발견되었다. 천마도처럼 백화수피에 그려진 기마인물문, 서조문(상서로운 새 문양) 등도 출토되어 신라 회화의 한 면을 보여 주었다.

천마총에서 출토된 유물은 모두 11,526점이었다. 천마도(국보 제207호), 금관(국보 제188호), 금제관모(국보 제190호) 등 수많은 국보와 보물급 유물이 출토되었다. 유물은 그 화려함에서 타의 추종을 불허한다. 금관은 수많은 달개와 곱은옥이 달려 있으며, 금관을 이루는 금판도 다른 금관에 비해 두껍다. 천마총 금관은 그 화려함에 비해서 조형감각은 떨어진다. 그러나 금동관모의 화려함은 혀를 내두를 정도다. 무덤의 주인공이 누구일까 절로 궁금해지는 대목이다. 항아리 속에 달걀 세 개도 발견되었다. 알에서 병아리가 나오듯 다시 태어나라는 의미가 있다. 출토유물 중에서 유리잔도 있다. 원래는 두 개가 있었으나 한 개는 복원이 불가능할 정도로 부서졌고 한 점은 온전하게 발굴되었다. 청색의 유리잔으로 U자형을 하고 있으며 매우 고급스럽다.

4 | 대나무가 자라는 검총[劍塚]

천마총으로 들어가다 보면 무덤의 한쪽 면에 대나무가 자라는 곳이 있다. 검총이라 한다. 이 무덤은 신라고분 중에서 가장 먼저 학술조사 된 곳으로 1916년에 일본인 학자 세키노에 의해 발굴되었다. 이때 철검이 출토되어 검총이라는 이름을 붙었다. 제대로 된 발굴조사 보고서를 남기지 않아 무덤의 출토유물과 구조 등을 파악하기에는 부족한 점이 많다.

이 무덤은 지름 44.5m, 높이 9.7m로 대형 고분에 속한다. 무덤의 규모만 봤을 때 서봉총, 금관총, 천마총과 비슷한 규모다. 그러나 무덤의 규모에 비해서 출토된 유물은 매우 적다. 쇠투겁창 2점, 숫돌, 철검 2점, 쇠칼 1점, 굽다리긴목항아리 등에 불과하였다. 같은 규모의 다른 무덤들에서 금관, 금제 허리띠 장식 등 화려한 유물과 다량의 유물이 출토된 것에 비해서 빈약한 이유는 무엇일까?

『삼국사기』 눌지마립간 19년(435) 조에 보면 **"역대 능원을 고쳐 쌓았다"**라는 기록이 있다. 이사금 시기의 무덤을 규모만 키운 것이 아닐까 생각된다. 발굴 조사보고서가 없기에 덧널무덤 또는 돌무지 덧널무덤인지 확인할 수가 없다. 재발굴하게 되면 그 정보를 얻을 수 있을 것으로 보인다.

6

노동동 · 노서동 고분군

이곳에는 단독무덤으로서 가장 큰 규모인 봉황대와 서봉황대가 있다. 그밖에 금관이 최초로 발견된 금관총, 화려한 신발바닥이 출토된 식니총, 어린아이의 금관이 출토된 금령총, 봉황이 앉은 금관이 출토된 서봉총, 광개토태왕의 호우가 발견된 호우총, 말뼈가 발견된 마총, 돌방무덤인 쌍상총, 소뼈가 나와서 우총, 은방울이 나와서 은령총 등 여러 기의 무덤이 군집을 이루고 있다. 이곳의 발굴은 대부분 일본인의 손에 의해 진행되었고, 제대로 된 발굴 기록이 남아 있지 않다.

▲ **노서동고분군** 거대고분은 고대의 원초적 에너지를 전해준다.

1 금관이 최초로 발견된 금관총

금관총 발굴비사

식민통치가 기승을 부리던 1921년 9월 어느 날이었다. 경주경찰서 순사 미야케 요조는 그날도 아침에 마을 순찰에 나섰다. 마침 아이들이 흙더미에서 놀고 있었다. 미야케는 그 곁을 지나치다가 문득 흙더미 속에서 무언가 반짝이는 걸 보았다. 자세히 보니 푸른색 유리구슬이었다. 미야케는 이 유리구슬이 범상치 않은 물건임을 눈치챘다. 그렇다면 이 흙더미는 어느 유적지에서 실어나른 게 분명했다. 미야케는 수소문 끝에 흙더미가 봉황대 서쪽 음식점 뒤뜰 무덤에서 나왔음을 알아냈다.[23]

경주 노서리에서 음식점을 하고 있던 박문환이라는 분이 집을 증축하기 위해 뒤뜰을 확장하는 터파기를 하였다. 그가 파내 버린 흙에서 구슬이 발견된 것이다. 당시에는 고분 주변에 민가들이 많았다. 무덤인 줄 모르고 무덤의 한쪽을 파내고 집을 짓기도 했다. 작은 언덕인 줄 알았을 뿐이다. 무덤에서 농사를 짓기도 했다.

총독부에서 즉시 발굴단을 내려보냈다. 9월 27일 발굴하자마자 유물이 출토되기 시작했고 매장 주체부에서 금관을 비롯한 수많은 유물이

23　천번의 붓질, 한번의 입맞춤, 공저, 진인진

출토되었다. 특히 금관은 처음 발견된 것이라 무덤의 이름조차 금관 총(金冠塚)이라 하였다.

금관총 발굴은 세상을 떠들썩하게 했다. 대부분 무덤이 도굴되었을 것이라 생각했는데 유물이 고스란히 발견된 것이다. 또 엄청난 양의 유물이 있다는 것도 확인된 것이다. 시대가 시대인지라 제대로 된 발굴 보다는 유물 수습에 촛점을 두었기 때문에 무덤의 축조 시기와 피장자 의 신분에 대한 자세한 조사가 이루어지지 않았다. 출토된 유물은 경주 주민들의 노력으로 금관총유물전시관(금관고)이 지어져 보존과 전시 가 가능하게 되었다.

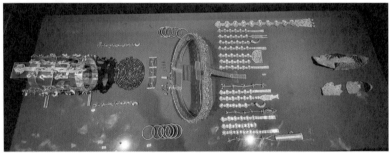

▲ **금관총금관** 경주박물관에는 금관총에서 출토된 유물이 전시되어 있다.

재발굴된 금관총

일제강점기 유물수습에 목적을 둔 금관총 발굴이었기에 94년 후인 2015년에 재발굴되었다. 재발굴 결과 가는고리 금귀걸이 2점, 굵은 고리 금귀걸이, 유리구슬 등 수백 점의 유물이 추가로 수습되었다. 코발트색 유리그릇 조각은 2013년 김해 가락국 왕릉으로 추정되는 대성동고분군 91호에서 출토된 유리그릇과 성분이 같아서 궁금증을 자아내고 있다. 특히 '爾斯智王刀(이사지왕도)'와 '十(십)'이라는 명문이 새겨진 칼집 끝 장식이 출토되었다. 일제강점기에 발굴되어 국립중앙박물관에 보존되어 오다가 2013년에 '爾斯智王'이란 명문이 확인된 환두대도와 동일한 명문이 발견된 것이다.

무덤의 재발굴은 남은 유물을 추가로 수습하는 의미도 있지만, 무덤의 축조 방법과 구조를 해석하는 데 큰 도움이 되었다. 먼저 나무기둥을 세워 가로 9m, 세로 8m의 넓은 공간을 만들었다. 그 안에 가로 7.2m, 세로 6.2m의 나무덧널(목곽)을 다시 만들었다. 나무덧널 안에는 피장자를 안치한 관, 껴묻거리를 넣은 상자를 두었다. 덧널 밖으로 둘러진 나무기둥 뒤로는 사람 머리만한 돌을 잔뜩 쌓아 올렸다. 마치 이중 덧널처럼 보이는데 천마총이나 황남대총에서는 확인되지 않았던 방식이었다. 나무기둥은 돌을 쌓아 올릴 때 무너지지 않게 해주는 역할을 한다. 또 덧널 위에 설치되었기 때문에 덧널을 보호하는 역할도 한다. 나무가 썩으면 주저앉겠지만 무덤을 조성할 당시에 무덤의 형태를 유지시켜 주었다.

금관총은 누구의 무덤인가?

금관총에 안치된 피장자는 누구일까? 학계에서는 그 진실을 알아내기 위해 동분서주하였으나 기록은 없고 출토된 유물만으로는 한계가 있어 이설(異說)이 분분한 상황이다.

'爾斯智王(이사지왕)'이라는 명문이 발견되었으니 고민할 것도 없이 그의 무덤이 아닌가 하겠지만 그리 간단한 게 아니다. 명문이 새겨진 칼이 피장자의 관 안에서 나온 것이 아니라 관 외부에서 발견되었기 때문이다. 장례를 치를 때 이사지왕으로 불리던 인물이 자신의 칼을 피장자에게 바친 것이기 때문이다. 신라왕 중에서 이사지왕이라는 존재는 없다. 신라는 왕의 직계 부(父)와 형제에게도 왕(王)이라는 칭호를 주었다. 그러므로 이사지왕은 그들 중 한 명인 셈이다.

피장자를 여성으로 추정하기도 한다. 굵은고리 귀고리나 출토유물의 양상을 보았을 때 여성이라는 것이다. 그러나 피장자의 귀 부분에서 발견된 것이 아니라 금관 위쪽에서 발견되었기 때문에 굵은고리 귀고리로 여성의 무덤이라 단정할 수 없다는 주장도 있다.

무덤의 크기로 보아 왕릉이 아니라 귀족의 무덤으로 추정하기도 한다. 경주에 남아 있는 고분들을 크기로 구분했을 때 대형(大型) 고분, 즉 지름 60m 이상 되는 것을 왕릉으로 추정한다. 금관총은 3등급에 속하는 지름 45m의 무덤이다. 무덤의 크기로 보아 왕릉이 아닌 고위 귀족의 무덤으로 추정하고 있다. 무덤의 크기가 신분을 나타낸다는 뚜렷한 증거는 없지만, 고대로 거슬러 올라갈수록 무덤의 크기는 중요한 의미를 지닌다는 점에서 무시할 수 없는 증거가 된다.

금관총 유물의 수난

한국에서 가장 오래고 가장 유명한 도난 기록은 1927년 11월 10일 밤에 경주박물관에서 발생한 금관총 출토 유물의 도난사건이다. 도난 사실을 안 것은 11일 아침이었다. 범인은 유물 진열실의 자물쇠를 부수고 들어가서 순금제 유물인 허리띠 · 허리띠 장식 · 귀고리 · 반지 등을 몽땅 싸 가지고 사라졌다. 황금 유물만 노린 도둑이었다. 차마 금관까지는 손댈 수 없었는지 아니면 싸갖고 가기가 거추장스러웠는지 어쨌든 금관만 무사했다.[24]

도둑맞은 유물을 찾기 위해 백방으로 노력했으나 범인은 나타나지 않았다. '천수백 년 전에 만들어진 금세공품은 아무리 녹여 갖고 있어도 요즘 금과 달라서 알아볼 수 있다'고 거짓 소문도 퍼뜨렸다. 심지어 무덤에서 나온 물건을 갖고 있으면 집안에 누군가 병을 앓거나 변고가 생긴다는 미신을 이용하기도 했다. 그래서 경찰은 병원을 조사하고 있다는 심리전까지 폈다.

경주 번영회에서는 1천원의 현상금을 내걸고 찾기를 간절히 바랬으나 6개월이 지나도 감감무소식이었다. 그러던 어느 날 한 노인이 경찰서장 관사 앞을 지나다가 하얀 보따리를 발견하고 찔러 보았다. 이때 금속 부딪치는 소리와 한쪽에 보이는 황금빛을 보고 박물관 도난품이라는 사실을 알아챘다. 노인은 경찰서에 신고하였다. 도둑은 순금 장식 몇 점과 반지 하나를 가져가고 고스란히 문밖에 두고 갔던 것이다.

---

24 한국문화재 수난사, 이구열, 돌베개

1956년에도 도난사건이 발생했다. 이번엔 금관이었다. 그러나 만일의 경우를 대비해 모조품을 진열해놓고 있었다. 범인은 모조품을 들고 갔던 것이다. 범인은 신문에 보도된 내용을 보고 훔친 금관이 가짜라는 사실을 눈치챘다. 그리고 서천(형산강) 모래밭에 묻었다. 나중에 용의자가 검거되었고 자백까지 받았지만 모래밭에 묻었다는 모조품은 찾지 못했다.

2 | 어린아이의 무덤 금령총

금방울이 출토되다

금관총은 훼손된 무덤에서 유물을 수습하는 데 집중하여 학술적 발굴을 하지 못했다. 그 후 학계에서는 체계적인 학술조사를 위한 발굴의 필요성을 제기하기 시작했다. 물론 일본인 학자들이었다. 그리하여 금관총 발굴 3년 후인 1924년 정식발굴을 하기로 했다. 민가들 사이에 있던 무덤을 발굴하기로 한 것이다.

무덤의 높이는 3m 안팎, 지름 15m 정도였던 이 무덤은 발굴 결과 금관총에 이어 두 번째로 금관이 출토되었다. 금관과 함께 금제 허리띠 및 장식품, 백화수피(자작나무껍질)로 만든 관모, 금구슬, 유리구슬이 달린 목걸이, 금제 귀걸이, 금팔찌, 금가락지, 금동제 신발, 큰 칼,

마구류, 많은 도기[25](토기) 등이 함께 출토되었다.

금관은 머리둘레가 작아서 어린아이의 것으로 추정되었다. 금관은 피장자의 머리에 씌우는 것이다. 피장자가 성인이었다면 머리에 씌울 수 없는 크기다. 허리띠 장식 역시 허리둘레가 짧아서 어린아이의 무덤 이라는 사실을 뒷받침했다. 금관의 귀부분에는 아래로 길게 드리운 드리개가 있다. 이 드리개에 금방울이 달려 있었다. 그래서 이 무덤을 금령총이라 하였다.

특히 이 무덤에서 발견된 도기 중에서 기마인물상토기(국보 제91호) 두 점이 유명하다. 고깔모양의 관모를 착용하고 갑옷을 입은 인물은 화려하게 장식된 말을 타고 있다. 수수한 옷을 입고 손에 방울을 들고 있는 인물은 장식이 덜한 말을 타고 있다. 앞의 것은 주인, 뒤의 것은 하인으로 추정된다. 하인은 손에 든 방울을 울리며 주인(死者:죽은 자) 의 영혼을 지승으로 인도하는 중이다. 주인으로 보이는 인물이 탄 말 장식은 매우 화려한데, 여기에 아주 중요한 정보를 담고 있다. 고분을 발굴하면 말에 장식했던 마구류가 많이 발견된다. 그중에는 용도를 알 수 없거나, 어느 지점에 장식했던 것인지 알 수 없는 것이 많다. 그런데 금령총에서 발굴된 이 도기로 인해서 전체적인 모습을 그려볼 수 있게 되었다. 천마총에서 발굴된 말다래의 모습도 여기서 볼 수 있다. 말은 키가 작고, 다리가 굵은 한반도 특유의 과하마 계열이다. 이 도기

---

25 흙으로 빚어 불에 구워낸 것을 도자기라 한다. 진흙으로 만들고 낮은 온도에서 구워낸 것은 도기, 사토로 빚고 유약을 발라 높은 온도에서 구워낸 것은 자기라 한다. 일제강점기 일본인들이 우리나라 삼국시대 그릇을 토기로 분류했다. 우리 조상들은 도기 아니면 자기로 구분했다.

는 주전자다. 주인공이 앉아 있는 말안장 뒷부분에 음료를 담는 구멍이 있다. 말 앞으로 뾰족하게 튀어나온 부분이 음료를 따르는 곳이다.

▲ **기마인물상토기** 삼국시대 말 장식에 대한 중요한 정보를 제공해주었다.

금령총 금관의 수난

　박물관에선 과거 일제 때에 경주 고분에서 발견된 세 금관(금관총 · 금령총 · 서봉총)의 모조품을 하나씩 만들어 일반에게 관람시키고 있었다. 진짜 유물들은 불안한 사회 정세에 비추어 금고 속에 넣어 보관하고 있었다. (중략) 서울의 경복궁박물관에는 금령총과 서봉총 금관을 모조한 것을 진열하고 있었다. (중략) 어느 날 밤, 경복궁의 국립박물관 금관 진열실에 잠입한 도둑이 이 두 금관을 모조리 들고 사라졌다. 이튿날 아침에야 박물관 직원이 그 사실을 알았다.[26]

　일제강점기에는 일인들에 의해 문화재가 수난당하더니, 해방 후에는 일인들로부터 못된 짓을 배운 도둑과 도굴꾼들이 기승을 부렸다. 해방과 한국전쟁의 어수선한 틈을 노려 박물관에 진열된 유물들을 버젓이 노리고 있었던 것이다. 금령총 금관을 노린 도둑은 끝내 잡지 못했으나 우리 문화재의 수난은 그 후에도 계속되었다. 지금도 세계문화유산 조선왕릉과 종묘 앞에 고층 아파트가 버젓이 올라가도 어쩔 수 없으니 무엇이 다르다 할 것인가?

26　한국문화재비화, 이구열

3 | 화려한 신발바닥이 나온 식리총

식리총은 봉황대 남쪽, 금령총과 가까운 거리에 있다. 이름이 독특한 이 무덤은 금령총과 동시에 발굴되었다. 학술조사의 명목이었다. 발굴하기 전 식리총은 민가들로 둘러싸인 형국이었고, 많은 부분이 이미 훼손된 상태였다.

무덤의 규모는 훼손되고 남은 부분이 높이 약 6m, 지름 20m 정도로 금령총보다는 큰 규모였다. 금관총에 이어 금령총에서도 금관이 출토되자 이 무덤 역시 당연히 금관이 출토될 것으로 예상했으나 금관은 출토되지 않았다. 순금으로 만든 귀걸이, 은으로 만든 허리띠 장식, 금동제 신발, 칠기그릇, 나무빗, 마구류와 다량의 도기가 출토되었다. 출토 유물 중에서 화려하게 장식된 금동제 식리(飾履:신발, 보물 제635호) 한 쌍이 가장 특징적인 것이었다. 그래서 이 무덤을 식리총이라 하였다.

금관이 출토되는 무덤을 발굴하면 금관, 금제허리띠드리개, 금동신발이 세트로 출토된다. 그런데 식리총에서는 금관, 금제허리띠드리개는 출토되지 않고, 금동신발만 출토되었다. 신발의 옆면과 윗면은 부식이 되어 알아볼 수 없었지만 바닥은 잘 남아 있었다. 바닥면에는 화려하고 정교한 무늬가 새겨져 있어 신라 고분미술의 명작으로 꼽힌다. 금도금 된 동판 3매를 엮어서 만들었는데 무늬가 매우 다양하다. 외곽으로 불꽃무늬를 반복적으로 둘렀고, 가운데 부분에는 육각형의 거북등 문양을 사방연속무늬로 구성한 다음 그 안에 다양한 무늬를 넣었다. 사람 얼굴, 귀신, 날개 달린 물고기, 쌍조무늬, 사람 얼굴을 한 새, 기린

▲ **식리총에서 출토된 신발바닥** 페르시아 문양이 있어 독특하다.

등이 있다. 여기에 표현된 문양의 내용과 기법이 매우 생소하여 외부에서 유입된 것이 아닌가 여겨진다. 이런 문양은 5, 6세기 사산조페르시아에서 크게 유행했고, 중국의 북위에서도 사용되었다. 돌무지덧널무덤 내부에서 로마의 유리그릇이 출토되는 상황이니 사산조페르시아의 것이 나온다고 이상할 것은 없다.

식리총은 발굴 후 원래 모습으로 복원하지 않고, 윗부분을 칼로 싹둑 자른 듯 아랫부분만 조금 남겨 놓았다.

4 | 스웨덴 황태자가 발굴한 서봉총

기차역에 흙을 공급하기 위해 발굴

서봉총은 표주박형 무덤(쌍분)이다. 표주박형 무덤은 부부 합장묘로 알려져 있다. 대개 표주박형 무덤은 남북으로 나란히 만든다.[27] 북분을 서봉총이라 하며, 남분을 데이비드총이라 한다. 북분은 여자의 무덤이며, 남분은 남자의 무덤이다. 서봉총은 규모가 크고, 데이비드총은 서봉총의 2분의 1 정도로 작다.

서봉총 발굴은 1926년 일본인들의 손으로 이루어졌다. 당시 경주역

---

27 실제로는 남북방향이 아니라 동서방향에 가깝다. 동분은 서봉총, 서분은 데이비드총이다.

철로를 확장하고 역사(驛舍)를 새로 짓는 작업이 진행 중이었다. 공사장에서는 많은 흙과 돌이 필요했다. 땅을 매립할 흙과 자갈을 구하기 위해서 경주 곳곳에 솟아 있는 봉긋한 흙더미를 파서 이용하였다. 이미 현저하게 낮아진 봉분에서 주민들이 농사를 짓거나 집을 짓고 살고 있었기 때문에 언덕으로 착각한 것이다. 흙을 파내고 돌더미를 옮기는 과정에 유물이 나왔지만 무덤이라는 인식은 없고 유물 몇 점 나왔다고 가볍게 치부해버렸다. 그러다 용지(用地)를 매립할 흙이 더 필요해지자 아예 무덤을 발굴하기로 하였다. 무덤을 발굴하면서 나오는 흙과 돌을 공사장으로 옮겨 사용한다는 계획을 세운 것이다. 그 결과 서봉총의 봉분을 구성했던 흙과 돌은 경주역사로 옮겨가고 지금은 바닥만 남게 된 것이다.

서봉총을 발굴하고 있을 때 스웨덴의 구스타프 황태자가 일본을 방문 중이었다. 그는 일본을 방문한 후 한국을 경유하여 중국으로 갈 예정이었다. 스스로 유럽이기를 원했던 일본은 스웨덴 황태자를 극진히 대접하여 자신들이 그런 부류와 동급이라는 것을 보여주고 싶었다. 구스타프 황태자 역시 고고학에 관심이 많았고 여러 곳에서 발굴 경험을 갖고 있었다. 일제는 유물이 출토되는 부분을 남겨 두었다가 구스타프 황태자가 직접 발굴할 수 있도록 하였다.

서봉총 발굴 결과 금관이 출토되었다. 이 금관은 기존에 발견된 금관과 다른 점이 있었다. 금관의 전후좌우를 연결하는 十자 모양의 띠가 내부에 있었다. 금관을 착용했을 때 정수리 윗부분에 십자의 교차점이 오게 되어 있는 것이다. 십자 모양의 띠가 겹치는 부분에서 나뭇가지가 위로 뻗어 올라갔는데 그 끝에 봉황모양 장식이 붙어 있었다. 이로써 스웨덴의 한자식 이름인 '서전(瑞典)'의 '서(瑞)'와 봉황의 '봉(鳳)'을 따서 고분의 이름을 서봉총(瑞鳳塚)이라 하였다.

출토유물을 살펴보면, 피장자를 안치한 관(棺) 안에서는 피장자가 착용하고 있었던 금관과 관수식(冠垂飾:금관 아래로 늘어뜨린 드리개), 금제 귀걸이, 마노 대롱옥·수정 다면옥·각종 곡옥을 꿰어 만든 목걸이, 금·은·유리구슬을 꿰고 끝에 비취곡옥을 단 가슴장식, 금제 허리띠와 요패(腰佩), 금·은 팔찌와 유리팔찌, 금반지 등의 장신구가 출토되었다. 관수식과 귀걸이가 굵은고리로 되어 있는 점은 여자 무덤이 확실한 황남대총(皇南大塚) 북분과 같은 특징이어서 서봉총의 피장자가 여자였음을 말해 주었다. 유리팔찌는 다른 신라 고분에서는 유례가 없는 것이었다.

나무널 동쪽의 부장품 구역에는 바닥에 세 발 달린 쇠솥 2개와 각종 토기를 배치하고, 그 위에 칠기(漆器), 금·은·청동제 그릇, 유리그릇, 마구(馬具), 각종 유리구슬이 놓여 있었다. 그중에는 뚜껑에 새모양 꼭지가 달린 청동 초두(鐎斗), 금으로 만든 완 2개, 은으로 만든 큰 그릇도 있었다. 칠기 중에는 입과 끝부분에 금동장식을 끼운 뿔모양 잔, 연꽃무늬가 그려진 국자와 잔 등이 포함되어 있었다. 유리용기는 2개가 출토되었는데, 하나는 몸통부분에 청색 물결무늬가 배치된 U자형 잔과 다른 하나는 남색의 완(대접 모양)이었다.

▲ 스웨덴 황태자가 발굴한 서봉총

연수원년명 은합

서봉총에서는 봉황모양 장식이 달린 금관과 함께 고구려 연호로 추정되는 '연수원년신묘(延壽元年辛卯)'란 기년명을 새긴 대형 은그릇이 나왔다. 무덤에서 기록이 나온 것이다. 무덤의 절대연대나 상한연대를 알게 하는 아주 중요한 유물이다. 무덤의 축조연대를 알게 되면 피장자를 알게 되고, 부장품의 연대를 측정할 수 있게 된다. 절대연대를 확보하게 되면 축조 시기를 알 수 없는 다른 무덤들을 파악하는 데도 도움이 된다.

뚜껑이 있는 은합의 몸체 겉면 바닥에는 '延壽元年太歲在辛三月中太王教(또는 敬)造盒·三斤(연수원년태세재신삼월중태왕교조합우삼근)'이라는 문자가 새겨져 있고, 뚜껑 안쪽에는 '延壽元年太歲在卯三月中太王教(敬?)造盒·三斤六兩(연수원년태세재묘삼월중태왕교조합우삼근육량)'이라는 글자를 새겼다. 해석을 하자면 **"연수 원년, 즉 간지로는 신묘년(辛卯年)이 되는 해의 3월에 태왕(太王)께서 각각 3근과 3근6량 되는 재료를 사용해서 은합을 만들도록 명하시었다."**가 된다.

이 기록에 나타나는 '延壽(연수)'라는 연호는 중국을 비롯한 동아시아 어떤 기록에도 등장하지 않는다. 아무도 사용하지 않은 연호(年號)인 것이다. 그런데 '太王'이라는 글자가 있는 것으로 봐서 고구려의 것으로 추정된다. 중국에서는 '太王'이라는 호칭을 사용하지 않았다.

또 신라의 돌무지덧널무덤 내부에서 고구려의 그릇이 심심찮게 출토되고 있으니 새로운 것도 아니다. 무덤의 축조 시기 등을 고려해봤을 때 고구려 장수왕의 연호일 가능성이 크다는 것이 학계의 중론이다.

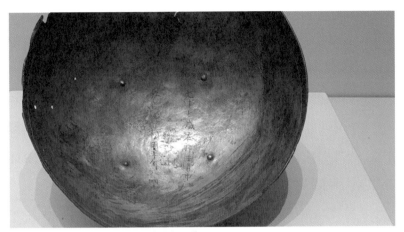

▲ 연수원년명 은합 (뚜껑 안쪽에 새겨진 글자)

여러 가지 정황을 살펴보았을 때 신묘년은 391년, 451년, 511년 가운데 하나일 것이다. 511년이라면 너무 늦다. 신라는 지증왕 재위 12년 되던 해로 고구려의 간섭에서 어느 정도 벗어난 시기였다. 511년에 제작된 고구려 그릇을 받아올 이유가 없었다. 만약 511년에 제작된 그릇이라면 서봉총의 축조된 시기는 511년보다 후대일 것이다. 돌무지덧널무덤을 사용하지 않던 시기일 가능성이 크다. 서봉총에서 함께 출토된 유물로 축조 시기를 가늠해보면 황남대총보다 늦고 금령총, 천마총보다 이른 시기의 무덤으로 보인다. 그러므로 신묘년이면 511년이 아닌 451년일 가능성이 크다. 신라는 눌지마립간 통치기였고, 고구려는 장수왕 재위 39년이었다. 신라에 대한 고구려의 간섭이 여전히 유효했던 시기였다. 호우총에서 발견된 호우는 장수왕 재위 초기에 해당한다면 서봉총에서 발견된 은합은 장수왕 재위 중반기로 접어드는 시기에 제작되었다.

상명대학교 박선희 교수는 다른 주장을 내놓았다. 연수(延壽)라는 연호는 중국 서북부 신장 지역에서 활동했던 고창국 국왕 국문태 재위 5년(624)에 선포한 연호로 확인되었다는 것이다. 서봉총에서 출토된 은합은 국문태가 신라의 진평왕에게 보낸 선물이라는 주장이다. 따라서 서봉총은 진평왕릉이라고 덧붙였다. 그러나 은합과 함께 출토된 유물의 연대측정과 돌무지덧널무덤의 축조 시기 등을 고려했을 때 시기적으로 1세기나 차이가 나기 때문에 모순된다는 반론에 부딪쳤다.

서봉총 유물의 수난

1935년 서봉총을 발굴했던 고이쯔미가 평양박물관 관장이 되자 서봉총 유물을 평양으로 가져가 특별전을 열었다. 전시회가 성황리에 끝나자 유물을 들고 술집으로 향했다.

특별 전시를 끝내고 다시 서울박물관으로 돌려보내기 전날, 관장을 비롯해서 평양박물관 직원들이 기념 진열품을 몽땅 들고 기생방으로 가서 당시 이름있던 평양기생 차(車) 아무개 머리에 이 금관을 씌우고 허리띠와 목걸이 등을 장식하게 하고는 술을 마시고 즐겼던 용서받지 못할 일을 저질렀던 것이다. 이러한 사실이 당시 신문의 사회면에 상세하게 실려 그 무식을 개탄하는 기사가 남아 있다.[28]

---

28 발굴이야기, 조유전, 대원사

당시 신문 사회면에는 유물을 고스란히 착용하고 찍은 차 아무개 기생의 사진이 버젓이 실려 있다. 한숨만 나올 뿐이다. 문화유산도 수난의 시기였다.

데이비드총

이름도 이상한 데이비드총은 서봉총과 붙어 있는 표주박형 무덤이다. 서봉총 발굴 시에 북분(北墳)만 발굴하고 남분은 발굴비용이 부족하여 손을 대지 못하고 있었다. 서봉총(북분)을 발굴한 결과 금관을 비롯한 왕릉급 유물이 출토되었기 때문에 남분을 발굴하면 그것 이상으로 유물이 출토될 것이라는 기대가 있었다. 이때 중국에 와 있던 유태계 영국인 퍼시벌 데이비드(Sir Percivai David 1892-1964)는 서봉총 이야기를 듣고 발굴 비용 3천 엔을 보내어 발굴할 수 있게 하였다. 그는 '조선의 고대문화가 발굴되면 좋겠고 자신의 희망은 허락해준다면 발굴 시 견학하고 싶다'고 하였다. 그리하여 그는 30일간 경주 불국사 철도호텔에 머물면서 발굴에 참여하고 경주의 여러 유적지를 돌아보았다. 발굴은 1929년 9월 3일~29일까지 실시되었다. 발굴 결과 기대했던 만큼의 유물은 출토되지 않았다. 출토 유물은 금제 귀걸이 2점, 팔찌 4점, 반지 5점, 황색 및 흑색 유리구슬, 토기 등이었다.

특이한 유물이 없어서 그랬는지 발굴비용을 부담한 데이비드의 이름을 붙였다. 그리하여 신라 무덤에 서양사람 이름이 붙게 되었다. '데이비드총'이라 했을 때는 데이비드의 무덤이라는 뜻인데 제대로 붙은 것인지, 데이비드가 좋아했을지 모르겠다.

서봉총(북분)과 데이비드총(남분)의 재발굴

일제는 서봉총을 발굴한 후 발굴보고서를 남기지 않았다. 26일간 발굴하는 것은 학술발굴이 아닌 유물수습이다. 발굴보고서를 제대로 작성할 시간도, 여력도 없었던 것이다. 일제는 유물을 수습하는 데 집중하였으므로 무덤의 규모, 윤곽과 형태에 대해 조사하지 않았다. 국립중앙박물관과 경주박물관은 서봉총이 발굴된 지 90년이 지난 2016년에 재발굴을 진행하였다. 재발굴 결과 주목할만한 몇 가지 결과를 수확할 수 있었다.

남북과 북분은 호석[29]으로 연결되어 있었다. 또 남분은 북분보다 늦은 시기에 축조되었고, 북분의 호석 일부를 걷어내고 붙여서 조성했다. 무덤의 규모도 기존에 알려진 것과 달랐다. 경주에 있는 표주박형 무덤(쌍분)은 남분과 북분의 크기가 서로 비슷하다. 그런데 특이하게도 이 무덤은 남분이 북분의 절반 정도밖에 되지 않았다. 이로 인해 피장자는 모자(母子)관계로 추정되었다. 남분은 기존에 알려진 것보다 더 작았고, 북분은 기존에 알려진 것보다 더 컸다. 북분은 장축 46.7m, 단축이 42.2m의 타원형이었다.

무덤 호석 밖에서는 일정한 거리를 두고 독립적인 형태로 설치한 네모난 제단터도 확인되었다. 무덤 조성이 끝난 후 제사에 쓴 것으로 추정되는 큰항아리들이 호석 밖에서 무더기로 발견되었다. 남분 밖에서 9점, 북분에서 3점이 출토되었다. 항아리 속에는 제사음식으로 추정되는 것들이 그릇에 담겨 있었다. 종과 부위를 알 수 있는 동물 유체 7,700점,

---

29 무덤 아랫부분을 돌로 몇 단 쌓아 두르는 것. 훗날 병풍석으로 발전

조개류 1,883점, 물고기류 5,700점이 대다수였다. 복어뼈, 민어, 피뿔고둥, 주름다슬기, 전복, 참굴 등이 있었다. 돌고래, 남생이, 성게류도 확인되었다. 오늘날의 찬합과 같은 사각 합(盒)에 담겨 있기도 했는데 이 그릇은 신라 토기 가운데 유례가 없는 형태의 그릇이었다.

▲ 서봉총 재발굴 결과 데이비드총 옆에 제단터가 발견되었다.

우리 손으로 한 첫발굴

일제강점기 발굴할 때 유물이 출토되는 지점에 이르면 한국인들은 밖으로 내보내고 일인(日人)들만 작업을 하였다. 한국인 학자들은 흙을 파내는 것만 알았지 유물을 보면서 그것에서 정보를 읽어내는 방법, 유물을 수습하는 방법 등에 대해 경험이 전무한 상태였다. 그토록 간절히 소원했던 해방이 되었지만 고분 발굴에 대한 전문적 지식을 쌓지 못한 상태가 되었다. 우리 스스로 해결해야만 했던 것이다.

해방 후 일인들이 돌아가자 우리 학자들은 박물관 인수인계를 위해 남았던 일본인 학자 아리미쓰를 붙들고 발굴을 가르쳐 주고 가라고 하였다. 그러면서 제시했던 것이 '당신이 발굴해보고 싶었던 무덤을 발굴하게 해주겠다'였다. 그리하여 해방 후 최초로 우리 손으로 발굴하게 된 무덤이 호우총이었다.

1933년 4월 경주 노서리에 살던 주민이 농사를 짓다가 장신구 10여 점을 발견했다. 총독부 박물관은 발굴전문가로 아리미쓰 교이치(1907-2011)를 경주로 보내 발굴하게 했다. 발굴 결과 순금으로 된 목걸이 33점, 곡옥·관옥·환옥이 달린 목걸이, 순금으로 된 귀걸이 등 수십 점의 유물을 수습했다. 아리미쓰는 유물이 발견된 무덤을 노서리 140호분에 딸린 무덤이라 생각했다. 그리고 더이상 조사를 진행하지 않았다.

해방 후 우리 학계에서 아리미쓰에게 제시했던 것이 노서리 140호분 발굴이었다. 미군정청의 허가와 발굴비 지원을 받아 일본인 학자 아리미쓰의 지도로 발굴이 진행되었다.

지하 2m에 설치한 덧널

이 무덤은 돌무지덧널무덤으로 지름 16m, 높이 4m 정도로 신라 고분 중에서도 소형에 속하는 고분이다. 발굴 전 이 무덤 위에는 민가들이 들어서 있어서 훼손이 많이 진행된 상황이었다. 봉분은 많이 깎여나가 2m 정도만 남은 상태였다. 발굴 결과 지하에 구덩이를 파고 나무덧널을 설치했는데 구덩이는 깊이가 2m, 가로 7.3m, 세로 4.5m였다. 구덩이 바닥에 냇돌을 깔고 그 위에 나무덧널을 설치했다. 나무덧널은 길이 4.2m, 폭 1.4m, 높이 1.2m로 추정되었으나 이것보다 더 큰 것이라는 주장도 있다. 덧널 안에는 피장자를 안치한 관(棺)과 껴묻거리를 넣은 부장품 상자를 넣었다. 덧널 위에는 돌을 쌓았으며 그 위에 진흙을 발랐다. 그리고 그 위에 흙과 자갈을 섞어서 덮음으로써 무덤을 마무리하였다. 무덤의 실제 높이는 그다지 높지 않지만, 지하 2m 깊이에 덧널을 설치했기 때문에 실제 규모는 더 큰 셈이다.

고구려 그릇 호우

 1946년 5월 2일부터 발굴이 시작되었고 12일 후부터 놀라운 유물이 출토되기 시작하였다. 많은 유물 중에서 글씨가 양각된 청동솥이 발굴되어 세상을 놀라게 했다. "乙卯年國岡上廣開土地好太王壺杆十(을묘년국강상광개토지호태왕호우십)"이라는 글자가 청동솥의 바닥에 양각되어 있었다. 이로써 무덤의 이름을 호우총이라 하였다.

 문화재를 발굴하는 학자들에게는 발굴지에서 기록이 나오는 것이 최고의 성과다. 기록이 발굴된다면 발굴된 장소의 학술적가치는 높아지고 잃어버린 역사의 페이지를 채우는 데 큰 역할을 할 수 있기 때문이다.

 관 내부에서는 피장자가 착용했던 것으로 보이는 금동관(金銅冠), 가는 고리 금귀걸이, 곱은옥이 달린 유리구슬 목걸이, 금팔찌 1쌍, 금반지와 은반지 각각 5쌍, 은제 허리띠 등의 장신구가 발굴되었다. 또 피장자가 착용하고 있었던 것으로 환두대도(環頭大刀)도 출토되었다. 손잡이 끝 둥근고리 안에는 한 마리 용(龍) 조각이 있었다. 이런 칼은 신라고분에서 잘 출토되지 않는 것이었다. 환두대도가 있는 것으로 보아 남자의 무덤으로 추정된다. 그리고 관 안에서 유명한 청동 호우 1점이 출토되었다.

 부장품 상자에서는 금동신발, 각종 철제무기, 공구, 말안장과 마구, 각종 청동용기, 칠기, 토기 등이 있었다. 관 밖에도 몇 점의 유물이 출토되었으며, 덧널 윗부분에서도 마구류가 발견되었다.

▲ **고구려 그릇 호우** 기록이 발견되었다는 것은 무덤의 연대를 확정하는 데 큰 도움이 된다.

　무덤의 규모와 유물의 출토를 통해서 본 피장자는 신라 고위급 남자였을 것으로 추정된다. 특히 호우에 새겨진 명문으로 인해 이 무덤의 상한 연대가 결정되었다. 최소 을묘년(415)보다 오래된 것은 아니라는 뜻이다. 피장자는 을묘년 당시 고구려에 인질로 가 있던 복호(卜好)이거나 그 후손 또는 을묘년에 고구려에 사절로 갔던 신라 귀족이었을 것으로 추정된다. 호우에 새겨진 명문으로만 보면 을묘년과 멀지 않은 시기에 조성된 무덤 같지만 함께 출토된 토기의 연대를 측정해 본 결과 415년보다 한참 후대인 6세기 초에 조성된 것으로 추정하고 있다. 복호의 후손이나 고구려와 관련이 깊은 왕족이나 귀족 누군가가 호우를 대물림하여 갖고 있다가 죽어서 무덤에 부장했을 것으로 추정된다.

광개토태왕을 기념하는 호우

호우총에서 출토된 청동 호우의 밑바닥에는 "#乙卯年國岡上廣開土地好太王壺杅十(을묘년국강상광개토지호태왕호우십)"라는 글씨가 양각되어 있다. 무슨 뜻일까?

- # – 우물 井(정)자형은 무슨 뜻인지 해석을 못하고 있다. 호우 뿐만 아니라 삼국시대 유적과 유물에서 같은 문양이 새겨진 것이 종종 발견된다. 제작지, 제작자, 주문처 등을 표시했다고도 하고, 벽사(사악한 기운을 몰아냄)의 의미로 새겼다고도 한다. 고구려인들이 세계 최초 해시태그(#)를 사용한 것은 아닐까?

- 乙卯年(을묘년) – 415년, 광개토태왕이 죽은 지 3년 후가 된다.

- 國岡上廣開土地好太王(국강상광개토지호태왕) – 광개토태왕을 말하는 것으로 국강상은 무덤이 있는 곳을 가리킨다. 고구려는 무덤의 위치에 따라 왕의 사후 이름이 결정되었는데 소수림왕은 소수림에, 미천왕은 아름다운 냇가에, 중천왕은 가운데 냇가에, 서천왕은 서쪽 냇가에, 동천왕은 동쪽 냇가에, 고국원왕은 고국원에 무덤이 있다는 뜻이다. 국강상광개토지호태왕은 국강상에 무덤이 있다는 뜻이 된다. 광개토는 영토를 확장했다는 의미가 담겨 있다. 태왕(太王)은 고구려에서 왕을 칭하던 호칭으로 대왕 또는 황제와 같은 의미가 된다. 고구려에서 태왕이라고 불렀는데 우리는 대왕 또는 한등급 낮춰서 왕이라고 부르는 것은 잘못된 것이다.

- 壺杅(호우) – 두껑이 있는 솥모양의 그릇을 호우라 한다.

■ 十(십) - 열 개를 제작했다는 뜻으로 본다. 한정판이었다는 것이다.
또는 여백을 채우기 위해 뜻을 담지 않고 썼다는 주장도 있다.

광개토태왕이 죽은 지 3년 후 고구려에서는 여러 가지 추모행사가
있었던 것으로 보인다. 삼년상(27개월)이 마무리되고 무덤에 시신을
안장한 지 1년, 또 광개토태왕비가 완성되어 건립되는 시기였던 것으
로 추정된다. 이때 신라에서는 사절단을 파견했을 것이고(내물왕의
아들 복호는 삼촌 실성왕에 의해 인질로 보내져 고구려에 있었다), 그
모든 상황에 동참했을 것이다. 호우에 기록된 글씨체와 광개토태왕비의
글씨체가 같은 것으로 보아 같은 시기에 제작된 것으로 보이며, 마치
한 사람이 쓴 것처럼 비슷하다.

6 | 돌방무덤의 공존

돌무지덧널무덤이 가득한 노서동고분군에 굴식돌방무덤이 공존하고
있다는 사실이 흥미롭다. 고구려의 국내성에는 돌무지무덤(적석총)과
굴식돌방무덤이 공존하고 있다. 백제의 도읍이었던 한성 주변에도 돌무
지무덤과 굴식돌방무덤이 공존하였다. 그러다 도읍을 옮긴 후 돌방무덤
으로 정착되었다. 적석총은 고구려의 전통적인 묘제이고, 돌방무덤은

중국에서 유래된 무덤 조성방식이었다. 중국은 벽돌로 방을 만드는 전축분이었으나, 고구려나 백제는 돌로 만들었다. 신라도 이웃나라처럼 전통묘제인 돌무지덧널무덤과 외래무덤인 굴식돌방무덤이 공존했다는 사실이 이곳에서 밝혀진 것이다.

굴식돌방무덤의 입구는 남쪽에 있다. 입구를 열고 들어가면 낮은 널길이 나온다. 널길 끝에는 무덤을 막아 둔 문이 있다. 문을 열면 내부에 방이 있다. 방의 평면은 정사각형이며, 천장의 높이는 2m 이상 된다. 이 무덤은 살아 있을 때 만들어 둘 수 있다. 미리 만들어 두었다가 주인공이 죽으면 관을 들고 들어가 안치하면 된다. 이 무덤은 합장도 가능하다. 무덤 입구를 열고 들여놓으면 되기 때문이다. 이런 편리한 구조로 인해서 고대인들이 선호했던 매장방법이었지만 도굴에는 무방비였다. 무덤을 파낼 필요 없이 입구만 찾으면 안으로 들어갈 수 있기 때문이다.

소뼈가 발견된 우총(牛塚)

우총은 노서동고분군 서봉황대 옆에 있는데 흔적만 남았다. 이 무덤은 돌무지덧널무덤이 아니라 굴식돌방무덤이었다. 주위에 큰 돌이 몇 개 놓여 있는데 굴식돌방무덤(횡혈식석실분)의 돌방을 덮었던 천장돌이었다. 이 무덤의 발굴 책임자는 데이비드총을 발굴했던 우메하라 스에지와 고이즈미 아키오였는데 발굴보고서를 남기지 않아 자세한 것은 알 수 없다. 1929년 9월 29일자 동아일보에 의하면 데이비드총 발굴이 막대한 지원금에도 불구하고 별다른 성과가 없자 바로 옆에 있는 고분을 발굴조사하고 있다는 기사를 내보내고 있다.

발굴 당시에는 높이 2m의 봉분이 남아 있었다. 무덤의 구조는 굴식돌방무덤으로 무덤방으로 들어가는 널길은 2.6m, 돌방의 천장높이는 2.15m였다. 돌방은 3.95m×3.8m의 정사각형에 가까운 평면이었다. 관을 받치기 위한 판석이 있었으며, 바닥에는 전돌을 깔았던 것으로 확인되었다. 발굴했을 때는 이미 도굴된 상태였다. 단지 석실 내부에서 소뼈가 출토되어 우총이라는 이름을 붙였다.

말뼈가 발견된 마총〔馬塚〕

마총은 노서동고분군에 속하며 봉분의 높이 3.7m, 동서 11m, 남북 14m에 이르는 고분이다. 1929년에 말뼈와 말안장 등이 출토되어서 마총이라는 이름이 붙었는데 발굴조사 기록이 없어서 알 수가 없다. 마총의 공식발굴은 1953년 6월에 실시되었다. 굴식돌방무덤(횡혈식 석실분)으로 이미 도굴되어 출토유물은 없었다. 돌방은 천장높이 3.78m이며, 바닥평면은 3.2m×3m로 정사각형에 가깝다. 벽은 깬돌로 쌓은 후 두터운 회를 발라서 마감했다. 무덤방 입구에는 나무문짝을 달았던 흔적이 있었다.

두 명을 합장한 쌍상총〔雙床塚〕

1953년 발굴조사했다. 우총, 마총과 동일하게 굴식돌방무덤이며 무덤 내부에 시신을 안치하는 관대가 2개가 있어서 쌍상총이라는 이름을 얻었다. 무덤으로 들어가는 돌문에는 귀신문양이 새겨진 1쌍의 청동제 고리가 달려 있었다. 널길(무덤으로 들어가는 통로)은 4m에 이른다. 돌방은 3.5m×3m의 넓이이며 천장의 높이는 4m로 조사되었다. 관대의 머리쪽에는 돌베개가 있고 다리쪽에는 발받침대가 놓여 있었다. 이로 미루어 목관을 안치한 것이 아니라 시신을 그대로 안치한 것으로 추정된다. 출토유물은 굽다리접시, 인화문토기 등 토기 6점과 청동제 귀면무늬가 있는 문고리 1쌍, 청동제 빗장 1개가 있다. 봉분의 서쪽으로 도굴구멍이 있어 중요 부장품은 이미 도굴된 상태였다.

7

천년 왕조의 궁궐

신라 천년의 도읍 경주, 그곳에 휘황찬란한 문화유산이 있어 감탄에 감탄을 더하게 한다. 그렇다면 천년의 왕조를 이끌고 갔던 왕들의 처소이자 행정의 중심이었던 궁궐은 어디에 있었을까? 고도(故都)를 답사할 때면 가장 먼저 만나봐야 하는 곳은 궁궐이다. 한양에서는 경복궁을 비롯한 5대 궁궐, 개경에는 만월대, 평양에는 안학궁 등이 있어 고도 답사의 일번지가 된다. 그런데 신라 천년의 왕조를 유지했던 궁궐이 어디였는지 찾는 이가 드물다. 무려 천년의 시간 동안 궁궐이 었는데도 말이다.

신라의 궁궐은 월성(月城)에 있었다. 더 확장되어 월지와 임해전까지 궁궐이었다. 월성이라 불리는 이곳은 2022년 현재 발굴이 진행 중이다. 발굴이 마무리되면 신라 궁궐의 옛 모습이 어느 정도 윤곽을 드러낼 것으로 보인다. 천년 궁궐을 걷는 즐거움을 누리고 싶다면 월성에 올라가자.

첫 궁궐은 남산자락

박혁거세가 나라를 세웠을 때는 남산 기슭에 궁실을 지었다. 금성이라 불렀다. 아직 제대로 된 나라를 갖추지 못했기 때문에 궁실 또한 변변치 못했다. 남해차차웅, 유례이사금, 석탈해이사금 시대에는 남산

기슭에 있던 궁실을 사용했다.

파사왕 22년(서기 101)에 금성에서 월성으로 옮겨왔다. 이때 월성을 축조하였다고 삼국사기는 기록하고 있다. 파사왕이 궁성을 건축하기 전에 이곳은 석탈해의 터전이었다. 석탈해가 왕이 된 후에도 남산 기슭 금성은 계속 궁실로 사용된 듯하다. 그러나 남산 기슭은 터가 좁았기 때문에 국가를 운영하기엔 적당치 못했다. 그 때문에 파사왕이 월성으로 옮긴 것이다. 파사왕은 직전 왕이었던 석탈해의 터전으로 옮겨온 것이다. 여러 사정을 종합해보면 석탈해가 자신의 터전을 중요하게 사용하면서 다음 왕 때에는 아예 이곳으로 옮겨버린 것으로 보인다. 박씨의 사위로서 왕위를 계승한 석탈해는 다시 박씨에게 왕권이 돌아갔지만, 자신의 터전을 궁궐로 사용할 수 있게 하였다. 얼마 후 왕권은 석씨에게 갔다.

파사왕 이후 월성은 신라 왕들의 주된 생활공간이었다. 그 모양이 초승달처럼 생겨서 월성(月城)이라 불렀다. 규모는 동서 길이 890m, 남북 길이 260m, 바깥 둘레 2,340m로 총면적은 약 200,000㎡ 정도(약 6만평)다. 경복궁의 절반에 조금 못미친다.

오랫동안 사용된 월성은 진흥왕 때 확장을 시도했다. 영토가 확장되고 국가 시스템 역시 규모가 커지게 되면서 궁궐을 더 크게 확장하고자 했던 것이다. 월성 자체를 확장하기는 어렵다. 초승달 모양의 언덕이기 때문이다. 그래서 월성에서 멀지 않은 동북쪽 늪지대를 이용해서 궁궐을 확장하고자 했다. 그러나 백성들의 반발이 만만찮았기에 방향을 돌려 황룡사를 지었다.

삼국통일 전쟁이 한창이던 때에 문무왕은 궁궐 동쪽에 연못을 팠다. 그리고 곧 이어 임해전을 지었다. 임해전과 월지가 어우러지는 멋진 공간이 만들어졌다. 이곳은 나중에 동궁(東宮)으로 활용되었다. 궁궐이 월성을 넘어 확장된 것이다.

월성은 서라벌의 남쪽에 치우쳐 있다. 남천을 건너면 곧 도당산에서 남산으로 이어진다. 월성의 남쪽은 터가 좁다. 그래서 도시는 월성 북쪽으로 펼쳐져 있다. 궁궐은 월성 위에서 도시를 바라보는 구조로 지을 수밖에 없었다. 삼국통일 후 도시는 점차 확장되었고 남천 너머에도 일부의 관아들이 들어서게 되었다.

월성의 북쪽은 서울로 말하자면 육조거리에 해당된다. 각종 관청이 자리하고 있었다. 첨성대 역시 관상감 마당에 서 있던 것이다. 첨성대 주변의 넓은 공터는 공원과 꽃밭으로 꾸며져 있지만, 신라 때에는 큰 규모의 건물이 처마를 맞대고 있었던 행정타운이었다.

석탈해와 월성

탈해는 자신이 살 곳을 찾았다. 높은 곳에 올라 주변을 살피니 서라벌에 초승달 모양의 땅이 있었다. 그러나 그곳은 이미 호공이 살고 있었다. 꾀를 내기로 했다. 호공 몰래 그 집 주변에 숯, 숫돌 등을 묻었다. 얼마 후 호공의 집을 찾았다. 당연하다는 듯이 호공에게 그 집을 내놓을 것을 요구했다. 황당하기론 호공이 더 했다. 옥신각신하며 싸우는 통에 임금(남해왕)도 그 사실을 알게 되었다. 임금 앞에 나아갔다. 이

▲ **월성** 남쪽에는 남천이 자연해자가 된다. 초승달 모양의 자연언덕 위에 신라의 궁궐이 있었다.

정도 문제를 가지고 임금 앞에 나간다는 것은 아직 나라의 규모가 작다는 것을 말한다. 탈해는 호공과 땅의 소유를 두고 다툴 때 증거를 내놓지 않았다. 그럴 생각이 없었다. 호공보다 높은 분의 확증을 받고 싶었던 것이다. 임금이 탈해에게 묻는다. "너의 집이라는 주장이 사실인가? 무엇을 가지고 확증할 수 있는가?" 탈해는 자신이 미리 준비해 둔 술책을 내었다. "우리 조상은 대장간을 운영하였습니다. 뜻하지 않는 일이 생겨 잠시 다른 곳에 가서 살았는데, 돌아와 보니 그곳엔 호공이 살고 있었습니다. 그의 집 주변을 파 보시면 증거가 나올 것입니다." 임금이 파 보라 하였다. 탈해의 말대로 대장간에서 사용하는 숯과 숫돌 등이 나왔다. 호공의 집은 탈해의 차지가 되었다. 임금은 탈해가 총명한 것을 알고 사위로 삼았다. 총명한 것을 알았다는 것은 그가 꾀를 썼다는 것을 알았다는 것이다. 집을 빼앗긴 호공의 기분은 어땠을까? '호공'이라는 인물은 누구인가? 그는 박혁거세왕 때에 마한에 사신으로 간 적이 있었다. 마한 왕의 협박에도 주눅들지 않고 당당하게 신라의 국력을 뽐냈다. 그런 그가 애송이 탈해의 꾀에 속아 넘어갔을까? 그런데 탈해왕 때도 호공이 등장한다. 같은 호공일까?

신라에서는 호(瓠)를 박(朴)이라고 했다.[30] 때문에 호공은 박씨계의 유력자가 아니었을까? 박혁거세와 같은 박씨계열이라서 왕실의 여러 가지 중요 업무를 담당했을 것이다. 이름은 기록되어 있지 않지만 '박씨 성을 가진 누구(公)'란 뜻으로 호공(瓠公)이라 불렀을 것으로 보인다. 아직 중국식 성씨가 정착되기 전이었기 때문에 호공이라는 호칭이 통용

30　박혁거세 신화 참고

되었던 것으로 보인다.

호공이 살던 땅을 석탈해가 빼앗아 살게 되었다. 이로 인해 남해왕의 사위가 되었다. 왕실에 가까이 접근하게 되었다. 교육을 통한 국가 인재 양성의 시대가 아니었기 때문에 타고난 꾀가 성공을 보장해주었다. 아직 골품제도 확립되지 않았다. 외지에서 들어왔다 하더라도 머리가 비상하면 발탁되었다. 기회는 넓었다. 거기다가 탈해는 대장장이 집안이라고 하지 않는가? 다른 시대였으면 천한 신분에 속하겠지만 그때만 해도 철(鐵)은 곧 힘이었다. 탈해는 진짜로 철을 다룰 수 있었는지 아니면 속였는지 알 수 없다. 만약 그가 대장장이의 후손이라고 장담해 놓고 철을 다룰 줄 몰랐다면 사회적으로 매장되었을 것이다.

신라 멸망 후 사용되지 않은 땅

석탈해가 이곳을 탐내서 빼앗았을 때는 성벽이 없는 초승달 모양의 언덕이었다. 파사왕 때에 이곳을 궁궐로 결정한 후 성벽을 쌓아 그 모양을 갖추었다. 그런데 최근에 발굴을 진행한 결과 파사왕 때보다 늦은 4세기 무렵에 성벽이 축성된 것으로 밝혀졌다. 김씨가 왕위를 차지한 내물마립간(재위 356~402) 때에 축성되었을 가능성이 크다는 것이다. 김씨가 왕위를 차지하면서 김씨 왕실의 권위를 높이기 위해 궁성을 본격적으로 축성했을 가능성이 있다. 아니면 내물마립간 때에 가락국(금관가야)과 왜의 침략으로 크게 위험에 처한 적이 있는데, 그 후 궁성을 높고 튼튼하게 축조해 안전을 보장받고자 했을 수도 있다.

그렇다면 『삼국사기』가 기록한 파사왕 때의 축성은 너무 올려잡은 것은 아닌가? 파사왕 때에 석탈해의 터전으로 궁궐을 옮긴 것은 사실로 보아야겠다. 궁궐을 옮겼다면 그 터전을 손보아야 한다. 어느 정도 정비가 진행되었을 것이다. 초승달 모양의 언덕에서 허약한 부분은 돋우어서 높이를 보강했을 것이다. 언덕 아래 또는 언덕 위에 목책을 설치해서 방어력을 높였을 것이다. 훗날 흙과 돌을 다져서 성벽을 건설하면서 기존에 있던 목책은 철거되었고 목책을 박았던 흔적은 사라졌을 것이다.

내물왕 무렵에 축성된 월성(月城)은 흙과 돌을 다져서 쌓아 올린 토석혼축성(土石混築城)이다. 지금도 성벽 위에는 돌들이 무더기로 노출되어 있어 돌을 많이 사용했다는 것을 확인할 수 있다. 제법 높고 가파른 성벽이었다.

신라가 멸망한 후 궁궐은 사라졌다. 성벽도 돌보는 이가 없어서 버려졌다. 이 터전은 나무들의 차지가 되었다. 황성 옛터는 서서히 기억에서 사라지고 서라벌 남쪽에 있는 낮은 언덕으로 인식되었다. 월성 내에는 매우 넓은 터가 있다. 큰 주춧돌이 군데군데 박혀 있어서 큰 건물이 있었음을 알 수 있었다.

본격적인 발굴이 진행되었는데 30cm만 파면 유물이 쏟아져 나왔다. 깊이 팔 필요도 없었다. 이렇게 좋은 터를 신라가 멸망한 후 아무도 사용하지 않았다. 공터로 남겨 두었다. 모종의 암묵적인 동의가 있었던 것은 아닌지 다른 시대에 사용했던 흔적이 없다. 30cm 정도만 파면 유물이 쏟아질 정도로 지하 유물이 보존되었다. 궁궐터는 현재 발굴 중이다. 전체를 발굴하려면 아직도 많은 시간이 필요하다.

월성 밖으로는 해자를 둘렀다. 남쪽으로는 자연 해자인 남천이 흐르며, 북쪽으로는 인공 해자를 팠다. 북쪽 해자는 발굴조사가 완료된 후 원래 모습으로 복원되어 개방되었다. 해자 전체가 복원된 것은 아니지만 대체적인 모습을 확인하는 데 부족함이 없다. 해자의 최대 폭은 45m, 최대 깊이는 1.8m였다. 이 정도 깊이면 성인의 평균 키 이상 되기 때문에 빠지면 죽을 수 있다. 삼국통일 전에는 물을 가두는 것이 아니라 흘려보내는 구조였다. 삼국통일 후 안정기에 접어들자 물을 가두는 연못형태로 변했다. 해자 가장자리로 석축을 가지런히 쌓아 무너지지 않게 했다. 해자는 적을 막는 역할 뿐만 아니라 월성을 아름

▲ **월성** 복원된 해자와 성벽이 어울려 매우 아름답다.

답게 꾸미는 역할도 하게 되었다. 해자 밖으로는 행정타운의 여러 건물이 인접해 있었다. 주춧돌을 복원해 두었다.

해자에서는 많은 유물이 발견되었다. 그중에서 목간[31]이 많이 나왔다. 해자의 바닥은 뻘층이기 때문에 목간이 썩지 않고 남아 있었던 것이다. 또 궁궐 사람들이 식용으로 키웠거나 관상용으로 길렀던 동식물의 흔적도 확인되었다. 소·말·개·멧돼지와 함께 곰·강치·상어·사슴류의 뼈도 발견되었다. 채소류와 과일류도 발견되었다. 궁궐에서 생활했던 사람들의 식생활 일부를 유추해볼 수 있게 되었다.

성벽 바닥에 묻힌 사람

궁궐로 들어가는 문(門)이 있었던 곳은 지금도 통행로로 쓰인다. 통행로로 사용되지는 않았지만 서쪽 성벽에 단절된 구간이 있어 문(門)터로 보고 발굴을 시행하였다. 2016년 본격적인 발굴을 하기 위해 발굴용 구덩이를 파는 과정에 인골이 출토되었다. 5살 전후의 유아 인골이었다. 1년 뒤 인접한 곳에서 남녀 인골 2구가 더 발견되었다. 모두 50대로 남성은 키가 165.9cm, 여성은 153.6cm였다. 성벽을 건설하기 위해서 단단하게 다지는 기초부에서 발견되었다. 시신을 안치하기 위한 특별한 시설은 없었고, 발치에서 토기 4점이 나왔다. 여성은 3~4회 정도 출산한 흔적이 있었다. 치아 상태로 보아 영양상태는 좋지 못했다.

---

31 글을 적은 나뭇조각. 종이가 없던 시대에 문서나 편지, 물건을 구분하는 용도로 쓰였다.

출토된 유물과 영양상태로 보아 높은 계층의 신분은 아니었다. 2021년에는 남녀 인골이 발견된 북동쪽에서 1구의 인골이 더 출토되었다. 성장이 멈춘 키 135cm 여성이었다. 곱은옥 모양의 유리구슬로 엮은 목걸이와 팔찌를 착용하고 있었다. 머리맡에는 토기 2점이 있었고 주변에는 말, 소 등 동물뼈가 묻혀 있었다. 발굴단은 예전에 발굴된 기록을 검토하는 과정에서 1980-90년에도 이미 23구의 인골이 출토된 것을 확인하였다. 그때는 인골을 해석해낼 능력이 없어 제대로 된 연구가 없었다.

혹시 무덤 위에 성벽이 건설된 것은 아닐까 생각되었지만 아니었다. 판축법으로 성벽을 쌓아 올리는 과정에 인골이 묻혔다. 이는 사람을 기둥으로 세우거나 주춧돌 아래에 묻으면 제방이나 건물이 무너지지 않는다는 내용의 고대설화인 인주(人柱)설화 혹은 인신공희(人身供犧)의 흔적이다. 우리나라에서는 특히 성벽을 쌓는 과정에서는 처음 발굴된 사례였다. 월성의 일부를 발굴했을 뿐인데 4구의 시신이 발견되었다. 월성 전체를 발굴한다면 도대체 얼마나 많은 인골이 발견될까? 아름답게 보아 왔던 월성이 아름답지만은 않다는 사실에 모골이 송연해진다. 희생 제물이 되어야 했던 힘없는 백성들을 생각하니 불쌍함에 앞서 슬퍼진다. 지증왕이 순장을 금지 시켰으니 이 또한 금지되었을 것이다. 월성 성벽 아래에서 지증왕의 순장 금지를 다시 생각해보게 된다.

청양루에서 기다린 손님, 월명사

『삼국유사』에는 다음과 같이 기록되어 있다.

경덕왕 19년(760) 4월 초하룻날, 하늘에 해가 둘이 나타나더니, 열흘이 지나도록 사라지지 않았다. 일관(日官)이 왕에게 아뢰었다. "훌륭한 스님을 모셔 산화공덕(散花功德)을 베풀면 물리칠 수 있습니다." 그래서 궁궐 조원전 앞에 단을 깨끗하게 만들고, 왕은 청양루에 나가 인연 있는 스님을 기다렸다. 그때였다. 월명사(月明師)라는 이가 여기 저기 다니다가 마침 남쪽 길을 가고 있었다. 왕은 월명을 불러 단을 열어 기도문을 짓도록 했다. 월명이 아뢰었다. "저는 다만 국선(화랑)의 무리에 속해 있던 사람이라, 향가만 할 뿐 산스크리트 말로 하는 염불은 잘 모릅니다." "이미 인연 있는 승려로 정해졌으니 향가라도 좋다." 왕이 그렇게 말하자, 월명은 〈도솔가〉를 지어 바쳤다.

왕 계신 누각에서 오늘 산화가를 부르네
복사꽃은 푸른 하늘 구름 속에 한 점 꽃으로 날고
그윽이 깊은 마음이 시키는 대로
멀리서 도솔천 큰 부처님 모시고저

요즘 세상에서 이것을 〈산화가〉라고 부르는데 잘못이다. 〈도솔가〉가 맞다. 어쨌든 해 하나가 사라져, 왕이 좋아하며 좋은 차 한 바구니

와 수정 염주 108개를 주었다.[32]

경덕왕 때는 신라 최고의 황금기였다. 성덕대왕신종, 석굴암, 불국사, 월정교와 춘양교 등이 만들어지고 있었다. 그런데 불길한 일들이 자꾸 발생한다. 국가들은 최고의 황금기에 이르면 서서히 내리막을 겪게 된다. 생산력의 한계가 분명했던 시절에 황금기를 누리기 위해서는 백성들의 고혈이 뒷받침되어야 했다. 지배층의 황금기를 받쳐주기 위해서는 백성들의 굶주림이 있었던 것이다. 왕권이 안정적일 때는 그 불안함을 자연스럽게 누르지만, 약간의 허점만 보이면 걷잡을 수 없이 폭발하게 된다. 경덕왕 시절 비록 안정적인 왕권을 누리고 있었지만 불안한 기운이 조금씩 나타나고 있었던 것이다. 왕은 궁궐 밖이 보이는 곳에 앉아 이 불안감을 안정시켜줄 인물을 기다렸다. 화랑은 신문왕 때에 김흠돌의 반란 후 더이상 무력을 소유하지 못했다. 국가가 필요해서 조직했지만 통일 후에는 국가 안정의 걸림돌이 되었던 것이다. 김흠돌의 반란을 겪은 뒤 국가적으로 높임을 받는 존재가 되지 못했다. 화랑으로 활동하다가 뜻이 생겨 승려가 되는 일도 많았던 것이다. 월명사 역시 국선 출신으로 승려가 된 인물이다. 염불은 못해도 향가는 부를 줄 알았다.

---

32 삼국유사, 고운기 역, 홍익출판사

귀정문에서 기다린 손님, 충담

『삼국유사』에는 다음과 같이 기록되어 있다.

경덕왕 24년(765) 삼월 삼짇날 왕이 귀정문 문루 위에 앉아 측근들에게 말했다. "누가 거리에 나가 좋은 스님 한 분을 모셔올 수 있겠느냐?" 그때 마침 큰스님 한 분이 위엄 있게 잘 차려입고 서서히 걸어가고 있었다. 신하들이 그를 데려다가 왕 앞에 보였다. "내가 말하는 좋은 스님이 아니야." 왕은 물리게 하였다. 다시 한 스님이 허름한 옷을 입고 앵통을 진 채 남쪽에서 왔다. 왕은 그를 보고 기뻐하며 다락 위로 불러오게 했다. 그 통 안에 보니 다구(茶具)가 가득했다. "그대는 뉘신가?" "충담이라 하옵니다." "어디 다녀오시는겐가." "저는 매년 3월3일과 9월9일에 차를 달여 남산 삼화령의 미륵세존께 드립니다. 지금 막 마치고 돌아오는 길입니다." "짐에게도 차 한 잔 주실 수 있는가"

충담은 차를 끓여 바쳤다. 차 맛이 특이했고, 찻잔에서는 기이한 향기가 자욱했다. "짐은 일찍이 스님이 기파랑을 찬미한 사뇌가가 그 뜻이 매우 높다고 들었는데, 과연 그러한가?"

"그렇습니다"

"그렇다면 짐을 위해 백성을 평안히 다스릴 노래를 지어주실 수 있는가?"

충담은 곧바로 명을 받들었다. 백성을 편안히 하는 안민가(安民歌)는 이렇다.

임금은 아버지요

신하는 다사로운 어머니

백성은 어린 아이라고

하실진대, 백성이 다사로움을 알도다

구물구물 살아가는 물생(物生)

이들을 먹이고 다스려라

이 땅을 버리고 어디로 가리

하실진대, 이 나라 보전될 것을 알도다

아아, 임금답게 신하답게 백성답게

한다면 나라는 태평하리니

경덕왕은 이미 월명사로부터 향가의 능력을 확인했다. 월명사 또한 겉모습은 보잘 것 없었다. 그가 부른 향가는 미륵부처를 감동시켰고, 나라의 우환을 없앴다. 그 때문에 이번에도 궁궐 서쪽문으로 추정되는 귀정문 문루에 올라 자신의 답답한 심사를 뚫어줄 스님을 초빙했다. 훌륭한 스님이 어떤 분이라는 기준이 이미 섰다. 그러나 신하들은 겉모습만 보고 옷 잘 차려입은 승려를 데리고 왔다. 왕은 더 묻지도 않고 아니라고 한다. 결국 월명사와 비슷한 승려가 왕 앞에 나아왔고, 그가 찬기파랑가(讚耆婆郎歌)를 지은 충담이라는 승려임을 알았다. 충담은 귀정문 문루에 올라 왕에게 차를 한 잔 끓여 바치고 안민가를 지었다. '다움'을 노래한 것이다. 이는 현실이 그렇지 못하는 충고였다. 진골 귀족들의 사치와 승려사회의 방탕함은 백성을 도탄에 밀어 넣고 있었다.

어버이 같은 진골들이 어린 자식같은 백성을 잘 보살피라고 충고하는 것이다. 경덕왕이 그 후 어떻게 했는지 알 수 없지만 신라는 별로 달라지지 않았다. 권력과 경제력을 움켜쥐고 있는 진골들에게 세상은 한없는 극락이었다. 진골이 달라진다는 것은 자신들의 것을 나누는 것이다. 그걸 내려놓을 리 없다.

해자에 빠져 죽은 무광랑

기다란 언덕처럼 보이는 월성의 성벽 아래에는 석축을 두른 해자가 복원되어 있다. 성벽과 해자가 그림처럼 아름답다. 잔잔한 수면에 비친 서라벌의 하늘과 월성이 그림처럼 매혹적이다. 경주에 또 다른 볼거리가 추가되었다. 천년의 역사 속에서 해자와 관련된 이야기가 없을 수 없겠다.

사다함은 초기 화랑에서 출중한 인재였다. 진흥왕의 영토 확장 전쟁에 따라나서며 혁혁한 공을 세웠다. 그는 열다섯 나이로 신라군을 이끌고 대가야 전단문을 깨뜨리고 도설지왕의 항복을 받았다. 대가야를 멸한 후 오천의 포로를 이끌고 위풍당당하게 개선하였다. 나라에서 상으로 내려준 포로는 양민으로 풀어주었다. 거듭 사양한 끝에 알천의 황무지를 조금 받았을 뿐이다. 그의 인물됨을 짐작케 한다. 그러나 그는 곧 죽었다고 하는데 인생사 참으로 알 수 없다. 죽음을 같이하기로 맹약한 벗 무관랑(武官郎)이 궁궐 담장을 넘다가 연못(해자)에 빠져 죽은 것이다. 사다함은 7일 동안 슬퍼하다가 친구를 따라 죽었다고 한다. 무관랑이 왜 궁궐 담장을 몰래 넘었을까 싶고, 그렇다고 친구의 죽음을 슬퍼하다가 함께 죽은 사다함도 이해되지 않는다.

『화랑세기』에는 사랑했던 미실이 다른 남자의 여자가 되자 상실감에 그리되었다는 이야기가 있다. 사다함과 미실은 사랑하는 사이였다. 화랑의 풍월주가 된 사다함은 나라의 부름에 따라 전쟁에 나섰다. 미실은 마음을 담아 〈송출정가 送出征歌〉를 보낸다.

▲ **월성 해자에 빠져 죽은 무관랑** 사다함과 미실의 이루지 못한 사랑 이야기도 전한다.

바람이 분다고 하되 님 앞에 불지 말고

물결이 친다고 하되 님 앞에 치지 말고

빨리 빨리 돌아오라 다시 만나 안고 보고

아흐, 님이여 잡은 손을 차마 몰리라뇨[33]

몇 달 후 전쟁터에서 돌아오니 여인은 다른 남자(세종전군)와 혼인해 궁궐로 들어갔다. 친구와 연인을 동시에 잃은 사다함은 삶의 의욕을 상실했고 결국 허무하게 죽은 것으로 보인다.

석빙고의 과학

월성 북동쪽 성벽 위에는 석빙고가 있다. 빙고(氷庫)는 얼음 저장창고다. 돌을 이용해 만들기도 하고, 나무로 만들기도 한다. 그래서 석빙고와 목빙고라 불렀다. 서울에 있었던 서빙고와 동빙고는 목빙고였다. 목빙고는 사라졌지만 석빙고는 제법 남아 있다. 그래서 석빙고라는 말이 빙고의 대명사가 되었다.

빙고는 겨울에 얼음을 채취해서 저장해두었다가 여름철에 사용하기 위해 만들어졌다. 여름철에 발생할 수 있는 질병을 치료하기 위한 것이 1차 목적이었다. 여름에는 양기(陽氣)가 많아서 생기는 질병이므로 음기(陰氣)로 다스리고자 했던 것이다. 질병 치료 외에도 관에서 주도하는 잔치에 사용하기도 했다. 노인들을 위로하는 경로잔치에 시원한 음식을 대접하기도 했고, 얼음을 상(賞)으로 내리기도 했다.

33 향가기행, 박진환, 학연문화사

▲ **석빙고** 천장을 아치로 틀어 올렸다. 아치와 아치 사이에는 더운 공기가 가두어지고 천장에 뚫린 구멍으로 더운 공기는 배출된다.

빙고는 저장시설이기 때문에 얼음이 녹지 않도록 설계하는 게 중요했다. 조선시대 기록에 보면 여름에 얼음을 사용하고 남았다는 내용이 많다. 때로는 관리 소홀로 예년보다 많이 녹아서 관리자가 처벌받기도 했다. 기계장치 없이 얼음을 녹지 않게 보관했던 원리는 무엇일까?

얼음은 최소 12cm 이상의 두께여야 한다. 얼음 조직이 치밀해야 한다. 얼음 속에 기포가 많지 않아야 한다는 뜻이다. 얼음이 두껍게 얼면 장빙군이 얼음을 채취해서 빙고를 채운다. 가득 채우기보다는 60~70%를 채우는 게 좋다. 얼음과 얼음 사이에는 볏짚을 덮는다. 볏짚은 현대에 사용하는 스티로폼 역할이다.

빙고는 반지하 구조다. 지상에 만들지 않고 땅을 파서 반지하 구조로 하였다. 이는 땅속 온도가 일정한 것에 착안했다. 반지하 구조이기 때문에 문을 열고 들어가면 아래로 내려가는 층계가 있다. 지금도 시골에서 농산물을 저장하기 위해 반지하 구조의 창고를 만들어 사용한다. 빙고의 바닥은 문의 반대 방향으로 기울어져 있다. 얼음이 녹으면 물을 빨리 빼줘야 한다. 물이 고이게 되면 열을 붙잡아 두는 기능이 있어서 얼음이 더 빨리 녹는다.

천장을 보면 돌을 다듬어 아치형으로 하였다. 아치로 만들게 되면 기둥을 세우지 않아도 된다. 기둥이 없으면 내부 공간을 효율적으로 사용할 수 있고, 기둥 때문에 얼음을 녹는 것을 방지할 수 있다. 아치는 일정한 간격을 두고 4~5개 정도(빙고의 규모에 따라) 만든다. 아치와 아치 사이는 긴 장대석으로 덮어 마무리한다. 여름에 얼음을 밖으로 내기 위해 문을 열게 되면 더운 기운이 안으로 들어온다. 반지하 구조라 따뜻한 기운이 밑으로 내려오지 않지만 그렇다고 해서 온도 상승이 없는 것은 아니다. 내부로 들어온 따뜻한 공기는 위로 올라간다. 천장이 밋밋하면 공기는 순환을 하게 된다. 그러면 내부 온도를 높이게 되고 얼음이 녹는다. 따뜻한 공기가 위로 올라가면 아치와 아치 사이에 가둬지게 된다. 가둬진 공기는 천장에 뚫린 구멍으로 배출된다.

밖에서 보면 석빙고는 무덤처럼 보인다. 반지하에다가 지붕에는 흙을 덮고 잔디를 심었다. 잔디는 태양열을 산란시키고, 석빙고 내부로 열이 전달되는 것을 막는다. 지붕 위는 굴뚝 같은 것이 2~3개 설치되어 있다. 내부에서 데워진 열을 빼주는 역할을 한다.

경주 석빙고는 석비(石碑)에 그 내력이 기록되어 있다. 석비와 빙고 입구 이맛돌의 기록에 의하면, 조선 영조 14년(1738) 조명겸이 나무로 된 빙고를 돌로 축조하였다는 것, 4년 뒤에 지금의 위치로 옮겼다는 것이 기록되어 있어 있다. 원래의 석빙고는 현재 위치에서 서쪽으로 100m 지점에 있었다. 경주석빙고는 규모나 기법면에서 뛰어난 걸작으로 평가받고 있다.

2 | 월지

문무왕, 백제가 부러웠다

월지(月池)는 674년 문무왕 때에 조성되었다. 『삼국사기』 신라 문무왕 14년 2월 조에 '궁 안에 연못을 파고 산을 만들어 화초를 심고 진귀한 새와 짐승을 길렀다'라고 하였다. 679년에는 월지 곁에 동궁(東宮)을 건설했다. 궁궐인 월성을 확장한다는 개념으로 만들어진 것이다. 발굴된 기와에 '의봉 4년 개토(儀鳳四年皆土)'라는 기록이 있었다. '의봉 4년 건물을 짓기 위해 땅을 팠다'라는 뜻인데, 의봉 4년이면 당나라 고종(高宗)의 연호이고 679년이 된다. 『삼국사기』에도 문무왕 19년(679년) 동궁을 짓기 시작했다고 기록하였다. 순서로 본다면 월지가 먼저 건설되었고 곧이어 동궁(東宮)이 건축된 것이다.

월지가 축조되었을 때는 당나라를 몰아내는 전쟁이 한창이었다. 문무왕은 통일된 왕국의 위상에 맞는 무언가를 보여주고 싶어했다. 진흥왕이 영토를 확장한 후 새로운 궁궐을 짓고자 했던 것처럼 몇 배나 커진

▲ **월지** 674년 문무왕이 궁궐을 확장하면서 조성하였다. (사진: 문화재청)

왕국의 위상에 월성은 좁았다. 보여지는 것이 중요했던 시대였다. 월지와 임해전은 옛날 진흥왕이 추진하지 못했던 궁궐 확장 사업의 연장이었다.

문무왕은 태자였을 때 백제를 멸망시켰다. 그는 백제 도성이었던 사비에서 의자왕의 항복을 받았다. 사비도성의 우아함을 직접 보았고 경험하였다. 백제 무왕이 조성했던 궁남지는 아늑함과 우아함을 갖췄다. 크고 넓은 궁남지 곁 화지산에는 별궁이 있었다. 별궁에는 궁남지를 조망하는 망해정(望海亭)이 있었다고 하는데 의자왕이 건축했다. 의자왕은 망해정에서 거의 매일 잔치를 열었다.

신라는 당나라와의 긴밀한 관계를 유지하기 위해 당나라에 자주 드나들었는데 이 과정에서 국제적 감각도 습득하였다. 백제와 고구려를 멸하고 한반도의 주인이 된 신라는 자존심 상하지 않을 정도의 위상을 갖출 필요가 있었다. 전쟁 중이었지만 서둘러 월지를 조성하였던 것은 이런 맥락이 숨어 있었던 것이다.

월지는 연못의 이름이다. 월지 서쪽에 있었던 동궁(東宮)을 말할 때는 임해전(臨海殿)이라 한다. 바다에 임한 궁이라는 뜻이다. 백제 망해정에서 착안 된 것으로 볼 수 있다. 월성은 왕의 공간이었고, 임해전은 태자의 공간이었다. 월지는 임해전에 딸린 연못이다. 연못이 있었기 때문에 동궁의 이름을 임해전이라 한 것이다. 동궁은 태자의 공간이다. 그러나 월지가 가진 특별한 의미로 인해 국가 연회에 자주 사용되었다. 결국 태자궁에서 국가 연회가 자주 열린 셈이다.

통일을 이루었고 국력이 신장되었다 해서 연못이 뚝딱 만들어질 수는 없다. 연못이 있는 정원을 조성하는 것은 고도로 숙련된 기술이 필요하다. 물의 흐름을 원활히 해서 물이 썩지 않도록 해야 한다. 연못을 조성해본 경험이 있어야 한다. 월지는 바다를 조성한 것이기 때문에 한 눈에 다 보여서는 안 된다. 가없는 경계를 만들어야 한다. 적당한 굴곡, 열어주고 막아주는 고도의 감각이 필요했다. 미적 신비감도 필요하다. 도교적 상상력도 국제감각 중 하나였다. 근경과 원경을 적절히 활용할 줄 알아야 한다.

백제는 오래전부터 정원 조성의 경험을 갖고 있었다. 익산에 조성된 무왕의 별궁에서 궁원 유적이 발견되었다. 정교하게 조성된 유적은 백제 조경기술을 엿볼 수 있게 했다. 별궁에 이 정도의 정원을 구성했다면 사비도성의 궁궐에는 더 발달된 정원이 조성되었을 것이다. 사비도성 남쪽 무왕이 조성했다는 궁남지는 상상의 세계를 마음껏 연출했다. 현재는 단순한 모습으로 남아 있지만 백제 때에는 규모가 상당했으며 그 모양도 지금과 달랐다고 한다. 화지산 기슭까지 이어진 연못은 화지산 이궁의 그림자를 담을 수 있었다. 백제의 정원 조성 수법은 국제감각에도 전혀 손색이 없었다. 백제는 일본의 부탁으로 일본 궁궐에도 정원을 조성해 주었다는 기록이 있다.

월지의 전체적인 느낌은 일본정원과 비슷하다. 연못과 나무, 섬, 바위를 조화롭게 배치한 면에서 비슷하다. 물론 월지가 일본정원보다 오래된 것이다. 일본 정원의 기원은 백제다. 백제유민들이 일본으로 건너가 정착하면서 일본에 남겨준 유산이다. 월지를 조성하는데 백제인들의 역할이 절대적이었다고 할 수 있다. 물론 백제인들만의 작품은 아니겠지만, 지금까지 발굴 결과를 유추해본다면 백제 조경기술자의 역할이 컸다고 하겠다. 시기적으로 봤을 때 이런 경험을 가진 이들은 백제인들이었다. 이제 삼국의 문화가 하나로 융합되기 시작했다. 이후 신라는 문화적으로 눈부신 성장을 이루어냈다. 융합으로 인한 증폭 효과였다. 월지는 통일 후 민족의 운명을 예견해주는 유적이었다.

완성된 월지는 이후 궁중 연회를 위한 장소로 사용되었다. 연회에 대한 기록, 관리와 수리했다는 기록이 제법 남아 있다. 신라가 사라진 후 월지도 천년 사직의 궁궐과 함께 운명을 다했다. 황량한 도읍지에 있는 유일한 인공연못으로 기러기와 오리가 날아와 둥지를 트는 곳이 되었다. 조선시대 때에는 월지라는 명칭보다는 기러기와 오리가 날아오는 곳이라 하여 '안압지(雁鴨池)'라 불렀다. 그래서 오랫동안 안압지로 불리다가 최근에 와서야 원래의 명칭인 월지로 변경되었다.

신비로운 월지의 구조

임해전에서 월지를 바라보면 반대쪽 호안은 구불구불한 굴곡으로 되어 있다. 반대쪽 호안에서 임해전을 바라보면 가지런히 쌓은 축대가 직선과 직각을 이루며 꺾이는 것을 볼 수 있다. 또 임해전은 구불구불한 호안 석축보다 훨씬 높은 곳에 있다. 임해전을 높은 곳에 건축한 것은 월지를 감상하는 장소가 이곳이기 때문이다.

정자에 앉아 밖을 바라보면 연못과 건너편 숲은 현실 세계가 아닌 이상향이다. 월지는 연못이지만 바다(海)로 인식되었다. 그렇기 때문에 바다처럼 넓어야 했다. 실제로 바다처럼 넓게 만드는 것은 불가능하므로 여러 가지 수법을 사용했다. 정자에 앉아 연못을 바라보면 세 개의 섬과 리아스식 해안으로 인해 전체가 한눈에 조망되지 않으며 그 끝이 보이지 않는다. 세 개의 섬은 연못을 더 넓은 것처럼 보여주는 '평원법(平遠法)'을 위한 설계다. 리아스식 해안처럼 굴곡지게 한 것은 깊은 곳은 더 깊게 보여준 '심원법(深遠法)'이 적용된 것이다. 섬과 리아스식 해안은 관람자의 시야를 막기도 하고, 열어주기도 하면서 신비감을 더해준다. 해안을 따라 자연석이 놓여 있다. 실제로 바다에서 가져온 돌을 조경석으로 이용했다.

물을 공급하는 입수구

입수되는 물은 멀리서 끌어왔다. 시원하게 흘러온 물은 연못으로 유입되기 전에 여과 장치를 거치도록 했다. 화강암을 정치하게 다듬은 석조를 두 단으로 만들어 유입된 물이 잠시 멈추게 하였다. 유입된 물이 석조에 고였다가 일정한 수위가 되면 다음 석조로 넘쳐흐르게 하였는데, 이물질을 걸러주기 위해서다. 흙과 모래, 돌이 물과 함께 연못으로 흘러든다. 나뭇잎과 나뭇가지, 쓰레기들도 떠내려온다. 연못바닥에 쌓이면 썩는다. 수시로 준설을 해야 깨끗한 수질을 유지할 수 있다. 돌과 모래가 첫 번째 석조에서 가라앉고 다음 석조에는 나뭇잎을 비롯해서 비교적 가벼운 것이 가라앉는다. 그리고 난 후 깨끗한 물만 석조를 넘쳐서 연못으로 떨어지게 되어 있다. 윗단에서 아랫단으로 떨어질 때 용의 입으로 쏟아지게 했다. 용머리를 박았던 구멍만 남았다.

석조의 바깥으로도 다듬은 판석을 깔고 유연한 곡선으로 다듬은 석재

▲ **월지에 물을 공급하는 입수구** 정교하게 다듬은 돌을 놓았다. 물을 두 번 걸러서 연못으로 흘러
들게 구조하였다. (사진: 문화재청)

로 경계를 만들었다. 가운데 물을 받는 석조 2개는 통돌을 깎아서 만들었지만, 석조 밖의 시설은 여러 개의 돌을 다듬어 정교하게 맞춤하였다. 비가 많이 와서 유입되는 물이 많으면 더 넓은 석조가 필요해지기 때문에 확장한 것으로 보인다. 어떤 이들은 석조에 발을 담글 수 있는 야외 목욕시설로 보기도 한다.

두 개의 석조를 지나면서 걸러진 물은 폭포가 되어 연못으로 유입된다. 폭포를 구성하는 장소는 넓은 판석으로 쌓아 공음을 유도했다. 물 떨어지는 소리가 더 크게 멀리까지 들리도록 장치한 것이다. 폭포가 되어 떨어지는 물은 산소를 가득 머금게 되어 물고기의 생존을 유리하게 하며, 수질을 깨끗하게 유지하는 중요한 역할을 한다.

신선의 세계, 삼신산과 무산십이봉

월지를 이상향으로 만든 것은 삼신산(三神山)과 무산십이봉(巫山十二峰)이다. 월지가 조성되던 시기는 삼국시대 말에 유행하기 시작한 도교가 정착되던 시점이었다. 도교의 이상향인 삼신산과 무산십이봉은 조선시대에 이르기까지 정원 조성에서 활발하게 사용된 소재였다.

폭포가 되어 떨어진 물은 연못으로 흘러든다. 산소를 가득 머금은 물이 연못으로 흘러드는 첫 지점에 큰 섬이 버티고 있다. 물은 섬을 만나 두 갈래로 흐른다. 연못으로 유입되는 물이 섬을 만나면 부딪치고 갈라지게 되면서 흐름이 빠르게 유도된다. 이렇게 해야 신선한 물이 연못 전체에 빠르고 고르게 전달된다.

물의 흐름을 유도하기 위해 설치된 섬은 세 개가 있다. 섬의 배치도 아무렇게나 하지 않았다. 물의 흐름을 고려하고, 시야를 막고 트는 역할을 하도록 했다. 세 개의 섬은 신선이 산다고 하는 상상의 산인 삼신산(三神山)이다. 봉래산, 방장산, 영주산이다. 연못이 바라보이는 전각에 앉는 순간 이미 신선의 세계의 들어온 것이다. 통상적으로 전각에서 연못을 바라봤을 때 왼쪽이 봉래도, 가운데가 방장도, 오른쪽이 영주도가 된다.

연못 주변에는 무덤처럼 동그랗게 솟은 언덕들이 연이어 있다. '무산십이봉(巫山十二峰)'이다. 이 산은 중국에 실제하는 산이면서 상상의 산이다. 그 산에는 선녀가 산다고 한다. 앞산을 뒷산보다 낮게 만들어 뒷산이 더 높아 보이도록 설계했다. 고원법이라 한다. 『동국여지승람』에 '안압지는 천주사(天柱寺) 북쪽에 있으며 신라 문무왕이 궁궐 안에 못을 파고 돌을 쌓아 가산을 만들었는데 무산십이봉을 본뜬 것이다. 또 화초를 심고 진기한 새와 짐승을 길렀으며 그 서쪽에 임해전 터가 있는데 주춧돌과 섬돌이 밭이랑 사이에 남아 있다'고 기록하였다.

당나라에서는 도교가 유행했다. 고구려에서도 연개소문 시절 도교가 유행했다. 백제에도 신라에도 도교가 소개되었고 고구려만큼은 아니지만 활용되었다. 백제 무왕이 궁남지를 조성하고 가운데 섬을 방장선산이라 하였다. 삼신산과 무산십이봉은 도교의 이상향이다. 불교가 지배하던 시대에 도교의 일면을 월지에서 만날 수 있는 것이다.

연못바닥

못에 물이 가득 찼을 때는 깊이가 1.6미터 정도였다고 한다. 연못에 들어온 물은 원하는 만큼의 수위로 조절할 수 있었다. 출수구에는 돌기둥이 있고 구멍은 상·중·하 세 개가 뚫려 있다. 나무 마개로 막아놓았는데 원하는 수위에 따라 마개를 열거나 막아서 조절할 수 있었다.

연못바닥은 입수구 쪽이 높고 출수구 쪽이 낮다. 물은 높은 곳에서 낮은 곳으로 흐른다. 바닥의 높낮이로 물의 흐름을 유도한 것이다. 성대중(成大中, 1732-1812)이 지은 『청성잡기』에서 '동도(경주)의 7가지 괴이한 일 중에 안압지의 부초(물 위에 뜬 풀)는 연못 수위에 따라 오르내리면서 항상 가라앉지 않는다'고 하였다. 성대중이 안압지를 본 후 이 기록을 남길 당시까지 수위가 조절되었다는 뜻이다.

연못바닥에는 나무로 짠 화분이 있었다. 연뿌리가 번지는 것을 막기 위해서 설치한 것이다. 연꽃을 심으면 연뿌리가 순식간에 연못 전체에 번진다. 그리고 연잎이 수면을 뒤덮어 물을 볼 수 없게 된다. 연못바닥에 화분을 만들어 그 안에 연을 심게 되면 뿌리가 주변으로 번지지 못한다. 경복궁의 경회루와 향원정에도 같은 방법으로 연꽃을 심었다. 원하는 장소에만 꽃을 피우는 효과를 볼 수 있는 것이다. 대단히 치밀하게 계산된 월지였던 것이다.

임해전

임해전은 동궁으로 건축되었다. 월지가 조성된 후 곧바로 임해전을 건축했다. 동궁으로 건축되었지만 국가 중요 연회는 이곳에서 열렸다. 발굴 결과 건물지 26곳이 나왔고 건물과 건물을 연결하는 회랑지가 발굴되었다. 현재는 월지에 붙여서 건축한 3개 동의 건물만 복원되었다. 나머지 건물터는 초석을 확인하고 흙을 덮었다. 잔디를 심고 그 위에 새로 만든 주춧돌을 놓았다. 복원된 건물을 보면 기둥이 매우

▲ **월지의 야경** 낮보다 밤에 더 붐빈다. 신라의 황홀한 밤을 즐기려면 월지의 야경이 제일이다.

촘촘하게 세워져 있다. 지붕을 받치는 기둥을 많이 설치하면 내부 공간이 좁아진다. 기둥을 적게 받쳐야 지붕 밑 공간을 넓게 사용할 수 있다. 기둥을 적게 사용하고도 큰 건물을 지을 수 있는 기술이 아직은 부족했던 것이다.

건물터에는 아주 정교한 시설이 남아 있다. 처마에서 떨어진 빗물이 흘러가는 수로다. 화강암을 다듬어 정교한 수로를 만들었다. 마치 포석정의 시작을 보는 것 같다. 흐르는 물이 한 방울도 땅속으로 스며들지 못할 만큼 정교하게 짜였다. 수로 중간 중간에 약간 넓은 석조도 만들어 두었다. 모래나 나뭇잎을 가라앉히기 위해서다. 빗물이 정화되어 연못으로 흘러들 수 있도록 시설한 것이다. 작은 것 하나를 보면 전체를 짐작할 수 있게 된다. 빗물을 받치는 수로가 이 정도였다면 다른 것은 어땠을 지 상상만 해도 흥분된다.

월지에서 있었던 일

문무왕이 삼국통일 축하연을 베풀었다. 효소왕 6년(697)에는 신하들을 위한 향연을 베풀었다. 헌안왕 4년(860)에 임해전에서 연회를 베풀었다. 연회에 초대된 김응렴은 15살이었다. 왕은 김응렴의 총명함이 마음에 들어 두 딸 중에 하나와 혼인을 시켜 사위로 삼고자 했다. 김응렴은 집으로 돌아와 부모에게 사실을 고하니 부모는 동생이 더 예쁘니 동생을 부인으로 맞으라 했다. 이번에는 흥륜사 스님에게 의견을 물으니 "장녀를 맞이하면 3가지 이익이 있고 차녀를 맞이하면 3가지 손해가 있다"고 조언했다. 김응렴은 장녀를 아내로 맞이했다. 헌안왕이 죽으면서 김응렴을 왕으로 추대하도록 했다. 김응렴이 경문왕이다. '임금님 귀는 당나귀 귀'의 주인공 경문왕이다. 왕이 된 김응렴이 스님을 찾아가 물었다. 3가지 이익이 무엇이었냐고. 이에 **"첫째는 전왕과 왕후의 총애가 깊어졌고, 둘째는 그로 인해 왕이 되었고, 셋째는 큰딸에 이어 작은딸도 왕비로 맞이한 것"**이라고 대답했다. 그러자 왕이 박장대소 했다고 한다. 경문왕은 임해전을 고쳤다. 헌강왕 7년(881) 3월에 임해전에서 잔치를 베풀며 왕이 직접 거문고를 타고 신하들은 시를 지어 바쳤다.

견훤에 의해 경애왕이 죽임을 당하고 56대 경순왕이 즉위했다. 경순왕은 고려왕 왕건을 초빙했다. 역사적으로 국왕이 다른 나라를 간 적이 없었다. 절대로 가서는 안 되는 것이었다. 왕이 곧 국가였던 시절에 왕의 안위는 곧 국가의 안위와 직결되기 때문이다. 왕건은 과감한 결정을 내렸다. 신라를 방문하기로 한 것이다. 군대를 이끌고 갔지만 서라벌 외곽에 주둔시키고 신라인들에게 폐를 끼쳐서는 안 된다는 엄명을 내렸다. 그리고 50명만 데리고 들어갔다. 경순왕은 임해전에서 잔치를 열었다. 왕건은 2월부터 5월까지 서라벌에 머물렀는데, 임해전이 왕건의 처소였을 가능성이 있다. 견훤의 군사는 서라벌에서 온갖 행패를 부렸는데 왕건의 군사들은 신라인들을 예로 대했다. 신라 백성 모두가 감동했다. **"지난번 견훤이 왔을 때는 이리떼를 만난 것 같더니, 고려왕이 오니 어버이를 만난 것 같다"**라며 칭송했다. 경순왕은 민심을 파악하고 있었다. 이제 천년 사직을 더이상 유지할 수 없음을 알았다. 망한 나라의 군주가 제명에 살다간 이가 몇이나 되었을까? 나라는 넘긴다면 그 안위를 어찌 보장받을 수 있겠는가? 그러나 고려에 귀의하면 신라 왕실과 백성의 안위를 보장받을 수 있으리라는 확신을 가졌다.

삼국통일의 위업을 달성하고 그 직후에 왕실의 위엄을 드높일 목적으로 조성한 임해전과 월지는 기울어져 가는 신라 왕실의 최후 그림자를 예감하는 장소가 되고 만 것이다.

월지에서 발견된 귀족들의 생활

월지 발굴은 수질을 깨끗하게 한다는 목적으로 시작했다. 수질정화가 목적이었는데 유물이 쏟아져 나오자 유적발굴로 바뀐 것이다. 1974년 건설회사가 주도하여 물을 빼내고 바닥에 고인 흙을 긁어내는 준설작업을 시작했다. 그러자 연못바닥에서 유물이 쏟아져 나왔다. 또 흙에 묻혀 있던 연못 경계 석축들이 온전한 모습으로 나타났다. 수질 정화가 아닌 정식 발굴로 전환했다. 1975년 3월에 발굴을 시작해서 1976년 12월에 완료되었다. 발굴을 통해서 밝혀진 것은 다음과 같다.

* 연못의 전체 면적: 15,658㎡(4,738평)
* 호안의 총길이: 1,285m / 동서 200m, 남북 180m
* 연못의 수위: 최대 1.6m
* 발굴된 유물: 기와류 5,800점, 그릇류 1,750점, 목제류 1,130점, 금속류 840여 점, 목간 80점, 철기류 690점, 동물뼈 430점, 석제류 60점, 기타 4,290여 점(총 30,000여 점)
* 월지궁(임해전): 건물지 26개소

발굴조사 후 복원이 완료된 것은 1980년이었다. 비교적 성공한 복원으로 평가받고 있다. 3개의 건물을 복원하였고, 호수 건너편에 무산 십이봉을 무리 없이 복원하였다.

월지에서 출토된 유물들은 신라의 왕족, 귀족들의 생활 유물이라는 데 의미가 있다. 신라 무덤에서 수많은 유물이 출토되었지만 이 유물들은 장례용품으로 제작되었을 가능성이 있다. 실생활에서는 어떤 것을 사용했는지 알 수 없었다. 그런데 월지 발굴을 통하여 그것이 충분히 밝혀지게 된 것이다. 신라 멸망 후 언제, 어떻게 임해전이 사라졌는지 알 수 없지만, 못가에 있던 건물들이 그대로 연못으로 쏟아지면서 목재들이 뻘 속에 남아 있었다. 이로 인해 세 동의 건물을 재현하는 데 큰 도움을 되었다.

발굴된 유물들은 신라 왕공귀족들의 호화로운 생활을 유감없이 보여주었다. 건물을 장식했던 화려한 기와와 난간, 난간 장식품, 문고리까지 출토되었다. 맛있는 음식을 담았던 생활용 그릇과 숟가락이 나왔고, 놀이도구인 주사위와 물놀이용 나무배까지 확인되었다. 월지의 뻘 속에는 숱한 보물이 숨어 있었던 것이다.

사라진 주사위 주령구

주령구(酒令具)는 신라인들의 놀이도구로 주사위다. 연못에서 출토된 것인데 참나무로 만들었다. 가로×세로 각 2.5cm 크기의 네모꼴 6면, 긴 변 2.5cm, 짧은 변 0.8cm 크기의 육각형 8면으로 된 것이다. 각 면의 면적은 같다. 전체 14면체로 독특하게 만들어졌다. 14면체의 주사위는 중국 진시황릉 부근에서 발굴된 바 있다. 진시황릉 부근 출토 주사위에는 숫자가 적혀 있었다. 월지에서 출토된 주령구에는 각 면마다 글자를 새겼는데 깨끗한 해서체로 적었다. 1면에만 5글자이고 나머지 13면은 4글자씩 적었다. 술을 마시는 과정에서 벌칙을 주기 위한 도구다. 발굴 후 주령구라는 이름이 붙었다. 주령구(酒令具)라 한 것은 내용이 술자리에서 볼 수 있는 것이었기 때문이다. '술과 관련된 명령을 내리는 도구'라는 뜻이다. 벌칙을 받는 사람은 주사위를 던져서 나오는 면에 적힌 내용을 따라 해야 했다.

[사각형면]

음진대소(飮盡大笑) – 술잔을 비우고 크게 웃기

삼잔일거(三盞一去) – 술 석잔 한번에 마시기

금성작무(禁聲作舞) – 노래 없이 춤추기

자창자음(自唱自飮) – 스스로 노래 부르고 술마시기

중인타비(衆人打鼻) – 여러 사람이 코 때리기

유범공과(有犯空過) – 덤벼드는 사람이 있어도 참기

[육각형면]

임의청가(任意請歌) – 사람을 지목해 노래 청하기

농면공과 (弄面孔過) – 얼굴 간지럽혀도 가만히 있기

추물막방 (醜物莫放) – 더러워도 버리지 않기

▲ **주령구** 월지에서 놀았던 귀족들의 취향을 알게 한다.

자창괴래만(自唱怪來晩) – 스스로 도깨비를 부르는 행동하기

월경일곡(月鏡一曲) – '월경'이라는 노래부르기

공영시가(空詠詩過) – 시 한수 읊기

양잔즉방(兩盞則放) – 두 잔이면 쏟아버리기

곡비즉진(曲臂則盡) – 팔뚝을 구부린 채 다 마시기

현대 한국인들이 노래방에서, 신입생 환영식에서, 회식장소에서
재미있으라고 하는 놀이와 유사하다. 재미있는지는 별개로 하고서 신라
왕공귀족들이 이렇게 놀았다고 하니 우습다. 그런데 월지에서 발굴된
주령구 진품은 없다.

1975년 6월 19일, 주사위가 출토되었을 당시 표면이 검게 칠해져 있었으나 오랫동안 뻘 속에 있었기 때문에 상태가 좋지 않은 편이었다. 그래서 사진 촬영과 실측 등 유물에 대한 조사를 마치고 바로 보존 처리에 들어갔다. (중략) 나무로 만든 것이기 때문에 한꺼번에 강력한 빛으로 건조시키게 되면 뒤틀리게 되므로 서서히 수분을 제거시켜 원형에 아무런 손상이 없도록 처리하는 것이 기본이다. 그래서 특수하게 제작된 전기오븐에 넣고 건조하기로 했다. 물론 자동 전기 조절이 가능하도록 하여 온도가 높아지면 전원이 끊어졌다가 낮아지면 다시 연결되도록 하여 항상 적절한 온도를 유지하도록 해서 처리를 하고자 했다. 그런데 하룻밤 사이에 자동 전기 조절기가 말을 듣지 않아 과열되어 주사위를 재로 만들어버린 것이다.[34]

　　임해전에서 주사위 하나가 더 출토되었다. 정육면체 주사위였다. 우리가 흔히 보는 주사위와 같았다. 점으로 숫자를 표현한 것도 동일했다. 이것은 술자리에 사용되었다기보다는 쌍륙놀이 등에 사용되었을 것으로 보인다.

34　우리발굴이야기, 조유전, 대원사

3 | 김알지의 숲, 계림

월성 북쪽에 있는 계림은 경주 김씨의 시조인 김알지가 나타난 신화의 숲이다. 그가 나타난 이래 지금까지 이 숲은 보존되어왔다. 신화의 숲이라는 사실을 염두에 두고 계림에 들어가 신화(神話)에 귀 기울여 보자. 바람이 들여주는 『삼국사기』와 『삼국유사』는 비슷한 듯 조금 다른 내용을 우리에게 전해준다.

탈해 이사금 9년(서기 65년)의 기록이다. 봄 3월에 왕이 밤에 금성 서쪽의 시림(始林)의 숲에서 닭 우는 소리를 들었다. 날이 새기를 기다려 호공을 보내 살펴보게 하였더니, 금빛이 나는 조그만 궤짝이 나뭇가지에 걸려 있고 흰 닭이 그 아래에서 울고 있었다. 호공이 돌아와서 아뢰자, 사람을 시켜 궤짝을 가져와 열어 보았더니 조그만 사내아기가 그 속에 있었는데, 자태와 용모가 특별히 뛰어났다. 왕이 기뻐하며 좌우의 신하들에게 말하기를 "이는 어찌 하늘이 나에게 귀한 아들을 준 것이 아니겠는가?"하고는 거두어 길렀다. 성장하자 총명하고 지략이 많았다. 이에 알지(閼智)라 이름하고 금궤짝에서 나왔기 때문에 성을 김(金)이라 하였으며, 시림을 바꾸어 계림(鷄林)이라 이름하고 국호(國號)로 삼았다. —『삼국사기』

탈해왕 때였다. 영평 3년 경신년(서기 60년) 8월 4일 밤에 월성의 서쪽 마을을 지나던 호공은 시림 한가운데에 매우 밝은 빛이 비추는 것을 보았다. 자줏빛 구름이 하늘로부터 땅에 드리우는데, 구름 속에 황금 궤짝이 나뭇가지에 걸려 있고, 궤짝에서는 빛이 새어 나왔다. 또한 흰 닭이 나무 아래에서 우는 것이었다. 왕에게 이 사실을 알렸다. 왕이 친히 숲에 와서 궤짝을 열어 보니 어린 사내아이가 누워있다 일어나는데, 마치 혁거세의 옛일과 같았다. 그래서 알지(閼智)라고 이름을 지어주었다. 알지는 이 지방말로 어린아이를 가리킨다. 왕이 알지를 안아서 싣고 궁궐로 돌아올 때, 새와 짐승까지 따라오며 기뻐 뛰었다. 왕은 좋은 날을 가려 태자에 책봉하였지만, 알지는 뒤에 바사에게 양위하고 왕위에 오르지 않았다. 황금 궤짝에서 태어났으므로 성을 김(金)씨로 하였다.   - 『삼국유사』

『삼국사기(三國史記)』를 기록한 김부식은 유학자답게 사실적 내용을 기록하기 위해 노력한다. 신화적 내용을 최대한 배제하고 그럴듯한 내용을 기록하려 한 흔적이 보인다. A→B→C로 전개되는 이야기 구조가 매우 논리적이다. 밤에 닭 울음소리를 듣고 바로 사람을 보내는 것이 아니라 날이 새자 사람을 보냈다. 호공이 그곳을 다녀와 보고하자 그다음 행동을 취한다. 사람을 시켜 궤짝을 가져오게 한다. 왕으로서의 위엄을 갖춘 모습이다. 왕이 현장으로 달려가지 않는다. 왕이 직접 움직이는 것은 체통에 맞지 않는 행동이다. 아이가 발견되자 하늘이 내렸다고 근엄하게 말한다. 신하들이 그 말에 수긍한다.

▲ **계림** 김알지의 신화가 숲에 남아 바람으로 떠돈다.

『삼국유사(三國遺事)』를 기록한 일연 스님은 자유롭다. 어떤 틀에 매이지 않는다. 본인이 수집한 자료와 취재한 이야기를 그대로 옮겨 적는다. 이야기를 가공하지 않고 그대로 기록한다. 본인의 내적 판단(역사관)은 필요하지 않다. 일연 스님이 기록한 내용은 다분히 신화적이다. 호공이 시림을 지나다가 밝은 빛을 발견한다. 그 빛을 따라갔더니 자줏빛 구름이 하늘로부터 땅에 드리우는 것을 본다. 하늘로부터 온 빛과 구름은 천손(天孫)이라는 사실을 말하고 싶은 것이다. 자줏빛은 귀한 사람을 뜻한다. 박혁거세도 자줏빛 알에서 나왔다. 흰 닭이 우는 모습을 그제야 발견한다. 닭 울음소리를 듣고 이곳에 온 것이 아니라 빛을 보고 왔더니 닭이 있었던 것이다. 흰색은 상서로운 색이자 좋은 징조를 말한다. 박혁거세를 발견했을 때도 흰 말이 있었다. 석탈해 왕이 친히 그를 맞이하러 이 숲으로 왔고 친히 궤짝을 열어 보았다. 『삼국사기』에서는 궤짝을 궁으로 가져왔고 신하로 하여금 열어 보게 했다. 다시 『삼국유사』로 돌아가자. 알지를 안고 궁궐로 돌아올 때 새와 짐승이 따라오며 기뻐 뛰었다고 한다. 신화의 기본틀이다. 만물(萬物)이 그의 태어남을 기뻐하였다는 것이다. 고구려 건국신화에도 짐승들이 알을 보호해주는 장면이 등장한다. 하늘의 섭리는 미물조차도 알아보고 기뻐한다는 것이다.

황금꿰짝에서 나왔으므로 성을 김(金)이라 했다. 비슷한 이야기가 가락국기에도 전한다. 김알지보다 20여 년 먼저 나타난 김수로왕이다. 그도 금합에 담긴 황금알에서 나왔다. 그래서 그의 성(姓)도 김(金)이 되었다. 신라는 김씨가 왕위에 오르면서 무덤 내부에 황금유물을 대량으로 껴묻거리 하였다. 김알지로 대표되는 이들은 금(金)을 신성시하는 또는 최고의 보물로 여기는 이들이었다. 금을 귀하게 생각하지 않는 이들이 얼마든지 있었다. 금은 비싼 것이고 보물이라는 개념은 훗날 생긴 것이다. 당시에는 나라마다, 지역마다 생각하는 바가 달랐다. 이로 미루어 본다면 김알지와 김수로왕은 그 출신 계통에 공통점이 있지 않을까 싶다.

2000년의 신화를 간직한 숲 계림은 여전히 울창하다. 왕버들, 느티나무, 회화나무, 단풍나무 등이 숲을 이루고 있다. 나무 밑에는 맥문동이 잔디처럼 자라고 있다. 숲의 입구에는 계림비각이 있는데, 조선 순조 3년(1803)에 건립된 비석이다. 비석의 내용은 '김알지탄강신화'다. 닭 울음소리는 들리지 않지만 여전히 신화의 숲으로 신비감은 살아 있다. 야간에도 조명을 밝혀두기 때문에 탐방이 가능하다. 석탈해왕 또는 호공이 밤 중에 이상한 기운을 느꼈다. 일부러 야간을 택해서 그 숲에 간다면 신화의 시대로 들어가는 기분을 맛볼 수 있을 것이다.

4 │ 월정교와 춘양교

하나를 보면 열을 안다

경주에는 명소가 매우 많다. 신라 천년의 도읍으로써 수많은 유적이 산재해 있는 데다가 일찍이 관광도시로 가꿔진 탓에 요모조모 볼거리가 풍부하다. 신라의 다운타운(월성, 첨성대, 월지 등) 주변에는 계절마다 아름다운 꽃들이 피어나 남녀노소가 즐겨 찾는 곳이 되었다. 계절적 요인 외에도 야경의 명소로도 이름을 떨치고 있다. 원래 유적지는 낮시간에 탐방객이 많은데, 오히려 밤이 되면 극성인 곳이 있다. 월지(月池)─월성(月城)─첨성대(瞻星臺)─계림(鷄林)─월정교(月淨橋)로 이어지는 유적들이다. 이 유적들은 묘하게도 밤(夜)과 관련이 깊다. 달 월(月)자가 들어간 곳, 밤에 하늘을 관측하는 곳, 한밤에 흰 닭이 울어 김알지의 탄생을 알린 곳이다.

남천을 가로지르는 월정교는 새로운 명소가 되었다. 〈경주=수학여행〉이라는 기억만 있는 사람들은 월정교를 알지 못한다. 수학여행 때 월정교를 탐방할 리 없겠지만 이 다리는 2018년에 완공되었으니 수학여행 때 본 사람이 없는 탓이다.

월정교는 기념비적인 유적이다. 신라를 대표하는 궁궐이나, 호화로움이 극치를 이루었던 사찰도 아니다. 그렇다면 다리가 무슨 대단한 것이라고 기념비적인 유적이라 말할까? 작은 것으로 큰 것을 짐작

▲ **복원된 월정교** 통일신라의 화려함이 어느 정도였는지 알려주는 대표적인 유적이다. 월정교를 거닐어야 신라를 제대로 경험하는 것이다.

할 수 있다. 하나(一)를 보면 열(十)을 안다고도 했다. 냇물을 건너는 다리가 이 정도였다면 다른 것은 보나마나이기 때문이다. 월정교 하나만 봐도 통일신라의 문화적 수준과 그 호사스러움이 어느 정도였는지 충분히 알 수 있기 때문이다. 지금은 사라져 터만 남아 있는 궁궐·관아·월지에 딸린 임해전·요석궁·황룡사·분황사·흥륜사 등 이름만 전하는 곳들을 짐작해 볼 수 있기 때문이다. 역사 속에서 월정교는 어떤 다리였을까?『삼국사기』경덕왕 19년(760) 조에 월정교가 처음 등장한다.

　궁궐 남쪽의 문천(蚊川) 위에 월정교(月淨橋)와 춘양교(春陽橋) 두 다리를 놓았다.

　이 엄청난 다리를『삼국사기』는 별거 아니라는 듯이 담담하게 말하고 있다. 복원된 다리를 보는 우리는 그 놀라움에 입을 다물지 못하겠는데 김부식은 별거 아니라는 식으로 기록하였다. 김부식도 이 다리를 보았을 것이다. 그때까지 다리는 멀쩡하게 남아 있었기 때문이다. 그런데 놀라지 않고 있다. 다른 것에 비하면 자랑할만한 것이 아니라는 듯이 '두 다리를 놓았다.'라며 담담하게 마무리하고 있다. 그가 천년 도읍을 거닐었을 때는 황룡사, 분황사 등이 건재했기 때문이다. 거기에 비하면 월정교는 놀랄만한 것이 아니라는 것이다.

신라는 때는 淨(깨끗할 정)자를 썼으나, 고려 때부터 精(정미할 정)으로 바꿔어 지금까지 사용되고 있다. 월정교(月淨橋) 또는 월정교(月精橋)라 불린 이 다리를 세운 시기는 경덕왕 때였다. 이때는 성덕대왕신종이 제작 중이었고, 토함산에는 석굴암이 완공되었다. 불국사는 건축 중이었다. 이와같은 시기에 궁궐 남쪽 남천 위에 두 개의 다리가 놓인 것이다.

신라는 통일 후 정치 · 외교적 안정을 구가하고 있었다. 그 결과 도시는 북천(알천)과 남천(문천) 건너로 확장되었다. 궁궐과 가까운 남천 건너에는 문무왕 때에 창건된 인용사와 각종 관서들이 있었다. 무엇보다 이 냇물을 건너면 화백회의를 열었던 도당산과 남산(南山)의 여러 절과 박혁거세를 모신 신궁에 오르게 된다. 남산은 성스러운 산이었다. 박혁거세는 남산에 있는 나정에서 세상에 나와 왕이 되었다. 첫 궁궐도 그곳에 있었다. 남산은 신라 토속신앙의 터전이었고, 불교가 들어온 이후로 많은 절과 탑이 세워지고 바위마다 불상이 조각되었다. 신라 왕들의 남산 출입은 잦았다. 왕들은 남천을 건너야 했다. 왕을 수행하는 수많은 사람이 함께 건너야 한다. 가마를 타거나 말을 타고 건널 수 있어야 한다. 궁궐에 맞닿아 있는 다리였기에 임금의 출입이 잦을 수밖에 없었다. 다리는 왕의 권위를 돋보이게 해야 한다. 그렇기에 평범한 다리는 안된다.

마름모꼴 교각

강둑에는 튼튼하게 석축을 쌓았고, 강심(江心)에는 4개의 교각을 세웠다. 교각은 돌을 다듬어 조립하였다. 석재와 석재를 붙여 놓을 때는 틈이 벌어지지 않도록 ⋈ 모양의 철심을 박아서 고정시켰다. 여러 개의 돌로 교각을 조립하였기 때문에 물살의 압력을 받게 되면 틈이 벌어지면서 순간적으로 무너질 수 있다. 그러나 ⋈ 모양의 철심이 석재를 붙여주고 있어서 틈이 벌어지지 않는다.

교각은 마름모꼴이며 정교하게 쌓았다. 홍수 때는 교각에 부딪치는 물의 힘이 대단하다. 그래서 마름모꼴로 하였다. 급류는 마름모꼴 교각에 와서 부드럽게 갈라진다. 홍수 때는 물을 따라 떠내려오는 부유물도 많다. 마름모꼴로 만들면 교각에 걸리지 않는다. 교각에 부유물이 걸리면 물의 흐름을 방해하게 되고 이것이 댐의 역할을 해서 물난리가 난다. 대개는 물이 와서 부딪치는 상류 부분만 마름모꼴로 설계하나 월정교는 양쪽 모두를 마름모꼴로 하였다. 완벽한 대칭을 이루고자 했던 의지가 보인다.

교각과 교각 사이 개울바닥에는 흙패임을 방지하기 위한 장치(세굴

방지시설)가 있었다. 교각을 아무리 튼튼하게 건설했다고 하더라도 바닥이 패이면 허물어진다. 신라인들도 이 사실을 알았기 때문에 대비를 했다. 교각과 교각 사이를 깊이 파고 격자 모양으로 나무틀(통나무)을 설치했다. 그리고 그 안에 돌을 채워 넣었다. 나무는 뻘 속에 묻히면 잘 썩지 않는다. 발굴 당시까지도 세굴방지 시설이 그대로 기능을 하고 있었다.

월정교 상판에는 마루를 깔았다. 석조로 하는 것보다 설치하기는 쉬웠다. 교각이 높기 때문에 상판이 물에 젖을 염려는 없다. 그런데 비가 오면 마루가 젖는다. 쉽게 썩을 수 있다. 그래서 기둥을 세우고 지붕을 씌웠다. 지붕이 있는 다리였다. 이탈리아 피렌체의 베키오 다리, 베네치아의 리알토 다리처럼 지붕이 가설된 것이다. 물론 신라의 월정교가 먼저 건설된 것이다. 지붕을 받치는 기둥은 네 줄로 세워졌다. 가운데 칸은 넓게 하여 주 통행로로 삼았다. 좌우 협칸은 가운데 칸에 비해 좁다. 수레나 말이 가운데 칸으로 통행할 때 도보로 건너는 사람들은 협칸으로 피할 수 있도록 했다.

다리의 시작점에는 2층 누각을 세웠다. 남쪽과 북쪽에 2층 누각을 세워 망루 역할도 겸했다. 기단은 이중으로 되어 있으며 기단을 따라 돌난간이 설치되었다. 다리로 들어서는 가운데는 층계가 아닌 경사로로 되어 있다. 말이나 수레를 타고 오를 수 있는 시설이다. 경사로는 다리의 주 통행로와 연결되어 있다. 층계가 시작되는 지점에는 돌기둥 두 개를 세우고 기둥 위에 석사자를 앉혔다. 석조기둥 중에는 옛날 것을 그대로 사용한 것도 있다. 석사자는 상상으로 만든 것이 아니라 발굴된 것이 있어서 재현하였다.

제대로 복원된 것일까?

과연 멋지고 훌륭한 다리다. 이 놀랍도록 환상적인 다리는 경덕왕 때의 것을 그대로 복원한 것일까? 설마 저 정도였을까? 심하게 과장한 것은 아닐까? 무엇을 근거로 이렇게 복원한 것인가? 다리 주변에는 도저히 믿지 못하겠다는 사람들의 수군거림이 들린다.

결론적으로 말하면 고고학적 발굴과 세심한 고증을 거친 후에 복원되었다. 허무맹랑한 복원이 아니라는 것이다. 발굴과 고증을 했다고 하더라도 모두 다 밝혀진 것은 아니었다. 단청은 어떻게 칠했었는지, 누각은 단층이었는지 중층이었는지는 알 수 없다. 밝혀지지 않은 부분은 다른 나라의 사례를 참고하였다. 『삼국사기』 원성왕 때의 기록을 보자.

14년(798) 봄 3월에 궁궐 남쪽 누교(樓橋)에 화재가 났고, 망덕사의 두 탑이 부딪쳤다.

궁궐 남쪽에는 두 개의 다리가 있었다. 경덕왕 때 축조한 월정교와 춘양교였다. 어떤 다리에 화재가 났는지는 모른다. 화재가 난 다리를 누교(樓橋)라 표현하고 있다. 누각이 가설된 다리였다는 것이다. 목조로 건축된 것이기 때문에 화재가 발생한 것이다. 석조다리에 화재가 발생할 리가 없다. 발굴 결과를 보아도 불탄 목재와 그을린 기와들이 많이 발견되었다. 원성왕 때 불탄 다리는 당대에 재건되었다. 발굴로 찾아낸 불탄 목재 또는 기와는 이 다리가 완전히 사라졌던 마지막 화재였을 것으로 추정된다. 언제 소실된 것인지 모르나 분명한 것은 월정교가 목재로 되어 있었다는 것이다. 심지어 기와를 받쳐주는 목재도 발견되었고, 아름다운 무늬를 수놓은 암막새와 수막새도 다량 발견되었다. 그렇기 때문에 월정교는 목조로 되어 있었으며, 기와로 지붕을 덮은 교량이었음을 알 수 있었다. 수많은 대못도 발견되었다. 석재에는 못을 박지 않는다. 목재였기 때문에 대못이 출토된 것이다.

발굴을 통해서 〈교각은 돌을 쌓아 만들었고 상판은 목조로 가설〉했

▲ 월정교 내부의 모습

음을 충분히 밝혀낼 수 있었다. 서울 청계천에 놓였던 수표교[35]는 전체가 석조로 되어 있는데, 다리 상판을 보면 목조로 마루를 깔듯이 되어 있다. 석조다리의 기원이 먼 옛날 목조다리에 있었음을 짐작하게 하는 것이다.

고려시대 김극기의 시(詩)에 '월성 남쪽의 홍교(虹橋) 그림자 문천에 거꾸로 비치었네'라는 구절이 있다. 교각과 교각 사이가 무지개 모양이었다는 것이다. 이것이 사실이라면 지금과는 많이 다른 모습이었을 듯싶다. 그러나 발굴과정에 홍예를 구성하였던 석재가 전혀 나오지 않았다. 홍예로 된 다리였다면 석재가 하나라도 발견되었을 것이다. 김극기가 보았던 다리는 다른 곳이 아닌가 싶다.

월정교는 언제 소실되었을까? 고려 충렬왕 6년(1280년)에 경주 유수 노경론이 중수했다는 기록이 있다. 중수했다는 것은 고쳤다는 뜻이니 적어도 이 시기까지 520여 년간 건재했다는 말이다. 그러나 그 후 기록이 없어 언제 불에 타 무너졌는지 알 수 없다.

문화재 조사가 시작되었을 때는 강독에 쌓았던 석축과 교각의 바닥만 남아 있었다. 1975년 실측조사가 진행되었으며, 1986년에 본격적인 발굴을 하여 강바닥에서 불탄 기와와 목재로 된 부재를 다수 찾아내었다.

재건된 월정교 현판은 최치원의 글씨(북쪽 문루)와 김생의 글씨(남쪽 문루)로 되어 있다. 김생은 신라의 대표적인 명필이며, 최치원은 명문장가이다.

---

35 서울 장충단공원에 있음

월정교에서 있었던 일

태종 무열왕 때의 일이다. 원효는 당나라 유학길에 나섰다가 깨달은 바가 있어 중도 포기하고 서라벌로 돌아왔다. 원효는 이때부터 기행(奇行)을 하였다. "누가 자루없는 도끼를 내어준다면, 내가 하늘을 고일 기둥을 찍을텐데"라며 알 수 없는 노래를 하고 다녔다. 아무도 그 뜻을 알지 못했으나 태종은 알았다. "아마 여인을 얻어 훌륭한 인물을 낳으려는 것이다. 나라에 큰 인물이 있다면 큰 복이 아니겠는가?"라고 하며 원효의 뜻을 헤아렸다. 원효와 태종의 수준이 비슷한 것일까? 도끼는 자루가 있었다. 자루 없는 도끼라 한 것은 남편이 있었으나 현재는 없는 여인을 말한다. 내가 자루가 되어 하늘을 고일 기둥을 찍어내겠다는 의지가 담긴 노래다. 요석궁에는 홀로된 공주가 살고 있었다. 요석궁 관리에게 명하여 원효를 찾아오게 하였다. 원효는 문천교 위에서 관리를 만나 짐짓 실수인 척 물에 떨어졌다. 옷이 푹 젖었기에 요석궁으로 들여보내 옷을 말리면서 며칠 묵게 하였더니 공주에게 태기가 있었다. 그리하여 원효와 요석공주 사이에 설총이 태어났다.

지금의 월정교는 통일신라 경덕왕 때에 건축된 것이다. 원효 스님이 건너다 빠졌다는 문천교는 월정교와 위치만 비슷할 뿐 다리의 규모와 모양은 달랐다. 『삼국유사』는 원효스님이 건넌 다리를 유교(榆橋)라 소개하였다. 유교는 '느릅나무 다리'라는 뜻이다. 다리 위에서 떨어져도 다치지 않을 정도의 높이였다. 옛날 시골에 가면 나무다리가 제법 많았다. 홍수가 나면 유실되었다가 물이 줄어들면 다시 놓이는 다리였다. 느릅나무로 만든 유교도 비슷한 구조였을 것으로 짐작된다.

요석궁은 월정교의 북쪽이면서 경주향교 남쪽 지점에 있었다. 경주향교는 신라가 멸망한 후에 생긴 것이니 요석궁의 일부를 잠식했으리라 생각된다. 경주향교 내부에는 신라 때에 우물이 있고, 주춧돌을 비롯한 여러 석조물이 향교를 짓는 데 재활용되었다.

효불효교라 불리는 춘양교

월정교에서 살펴본『삼국사기』경덕왕 19년(760)의 기록을 다시 보자.

궁궐 남쪽의 문천(蚊川) 위에 월정교(月淨橋)와 춘양교(春陽橋)의 두 다리를 놓았다.

문천(남천)에 있었던 월정교는 복원되어 떠들썩하다. 그럼 춘양교는 어디에 있었을까? 월정교에서 남천을 조금만 거슬러 올라가면 춘양교의 흔적을 볼 수 있다. 경주박물관 뒤 남천에 해당된다. 발굴은 마무리되었고, 월정교보다 더 많은 출토유물이 있어서 정밀한 복원이 가능하다고 한다. 출토된 석재들은 남쪽에 따로 모아두었다.

다리의 길이는 월정교보다 짧으나, 폭은 더 넓었고 높이는 더 높았다. 월정교처럼 강둑을 정교한 석축으로 마무리하였고, 교각은 3곳에 설치했다. 교각 축조방식과 세굴방지시설은 월정교와 동일하였다. 이곳은 하류의 월정교보다 냇물의 폭이 좁고 대신 강둑이 더 높다. 따라서 교각의 길이는 짧지만 높이와 넓이를 더 크게 한 것으로 보인다.

▲ 남천에 남아 있는 춘양교의 흔적

　궁궐에서 남산으로 들어가는 주요 통로에 춘양교와 월정교가 설치되었다. 두 다리는 위치와 모양이 대칭으로 보였기에 이름도 대칭으로 불렸다. 춘양교라는 정식 이름이 있음에도 '일정교(日精橋)'라는 별칭이 붙었다.

　춘양교는 '효불효교'라고도 불린다. 『신증동국여지승람』에 전하는 이야기를 들어보자.

　옛날 아들 7형제를 둔 과부가 있었다. 그녀는 남천 건너에 사는 남자와 사랑을 나누고 있었다. 아이들이 잠든 밤에 냇물을 건너 남자가 사는 집으로 갔다. 이 사실을 안 아들들이 "어머니가 밤에 물을 건너다니니 자식 된 자의 마음이 편안할 수 있겠는가"하며 어머니를 위해 다리를 놓아 주었다. 아들들이 다리를 놓아 주었다는 사실을 안 어머니는 부끄럽게 여겨 행실을 고쳤다.

그럼 효불효교(孝不孝橋)라는 뜻은 무엇일까? 어머니에게는 효(孝), 돌아가신 아버지에게는 불효(不孝)라는 뜻이다. 과연 아들들이 놓은 돌다리는 어머니에게 효(孝)였을까? 일곱형제가 놓은 다리라 하여 '칠성교(七星橋)'라고도 불렀다.

월정교에는 원효와 요석공주의 이야기가 정절과 상관없이 전해오고, 일정교에는 일부종사를 중시하던 유교적 관념이 전해온다. '월정교와 일정교', 그 이름만큼 대칭적인 이야기가 있어 무심히 흐르는 남천을 바라볼 뿐이다.

춘양교를 효불효교라고 부르고 있으나 조선 영조 때 작성된 '동여비고'라는 지도에는 일정교와 효불효교를 다른 다리로 표시하였다. 춘양교에서 멀지 않은 상류에도 사람들이 건너다니던 작은 다리가 있었다. 이 다리가 효불효교일 가능성이 있지 않을까 싶다.

5 첨성대

첨성대에 대한 왈가왈부

신라의 궁궐인 월성의 북쪽에 첨성대가 있다. 그 독특한 모양으로 인해 유명해졌는데 지금은 야경 명소로 더 유명해졌다. 그러나 우리가 느끼는 유명세에 비해서 첨성대에 관한 옛기록은 매우 빈약

▲ **첨성대** 과연 무엇을 위한 시설인가?

하다.

별기(別記)에는 이 선덕여왕 시대에 돌을 다듬어 첨성대를 쌓았다고 한다.[36]

사람이 속으로부터 오르내리면서 별자리를 관측했다.[37]

이것이 첨성대에 관한 기록의 전부다. 『삼국유사』는 누가 쌓았는지만 알려주었고, 용도가 무엇인지 기록하지 않았다. 조선 중종 때의 기록

---

36 삼국유사, 김원중 옮김, 민음사
37 신증동국여지승람

인 『신증동국여지승람』에 이르러서야 별자리를 관측하였다고 알려준다. 『신증동국여지승람』은 통치에 활용하기 위해 작성한 지리서이다.

지역의 자연지리·인문지리를 상세히 기록하였다. 경주부에 대해 기록하면서 경주에 대한 자료를 모았을 것이다. 구전되던 이야기도 수집했다. 그 후에 첨성대를 위와 같이 기록한 것이다. 이로 인해서 첨성대는 천문관측 시설이라는 것이 통설로 굳어졌다.

그러나 그 생김의 독특함, 오르내리는 불편함 등으로 천문관측 시설이 아니라는 반론이 심심찮게 등장하였다. 누구나 첨성대 앞에서 고개 갸웃하며 가졌던 생각, 느꼈던 의심이었다. '첨성대는 하늘을 관측하기 위한 것'이라는 확신에 찬 설명에 반하는 몇 가지 주장을 살펴보자.

첨성대는 천문관측소 상징물이다

유홍준 교수는 『나의문화유산답사기』에서 '만약 지금 서울 서대문에 있는 국립기상대 건물 앞마당에 천문기상관측의 상징물을 하나 세운다고 하면 어떤 형태의 조형물이 될까? 설계자들은 이 시대의 천문지식을 최대한 상징해보려고 고심할 것이다. 신라사람들이 다다른 결론은 곧 첨성대의 구조였다.'라고 설명하였다. 그러면서 신라인들이 창안한 이 상징물은 제기(祭器)의 받침대 모양에서 유래했다고 덧붙였다. 첨성대의 모양은 제기의 받침대(기대)처럼 하늘을 받치는 모양이라는 것이다. 하늘을 관측하는 천문대 마당에 세울 최적의 상징물이라고 한다. 천원지방(天圓地方:하늘은 둥글고, 땅은 네모나다) 사상에 근거해 땅과 닿은 기단은 네모난 모양, 하늘로 올라간 몸체는 둥글게 했다는 것이다. 그렇다면 꼭대기에 우물 정(井)자로 놓은 네모난 돌은 어떻게 설명해야 할까? 천장을 완전히 밀폐하지 않고 한쪽에 구멍을 낸 이유는 무엇일까? 몸체 중간에 난 창문은 무슨 용도일까?

불교의 수미산을 상징한다

불교적 우주관에서 세계의 중심에 있다는 상상의 산을 수미산이라 한다. 이 산의 중턱에 사천왕의 하늘이 있고 그 위에 도리천, 범천, 제석천 등이 층층이 하늘을 이루고 있다. 맨 위에는 부처의 세계가 있다. 불교적 우주관을 어떤 상징물로 나타냈다는 설명이다. 그러나 선덕여왕 때 신라 불교는 그 깊이가 얕아서 수미산을 상징화해낼 만큼의 수준은 아니었다. 불교는 민중들 속으로 파고들지 못했고 왕공귀족 등 일부 계층에만 환영받던 상태였다. 원효 스님이 불교 대중화를 막 시작하고 있었을 뿐이다. 불교를 생활화하고 점차 그 깊이와 넓이를 이해하면서 내면에서 소화해내야 나타날 수 있는 것이 상징화이다. 내재적으로 소화가 되지 않을 때는 원래의 것을 모방하거나 똑같이 따라하는 수준에 머물게 된다. 첨성대가 수미산을 상징화한 것이라면 대단한 이미지 축약이 되는 셈이다. 저것을 보았을 때 산이라는 생각을 할 수 없을 정도이니 말이다.

첨성대는 태양의 움직임을 관측하는 기준이다

기단석의 방향은 정확하게 동서남북이며 꼭대기 정(井)자석은 동서남북을 정확하게 반 갈라 8방위에 놓았다[38]. 창문은 정남으로 향했으며

---

38 꼭대기 정자석이 떨어졌었는데 다시 올려놓을 때 그 방위가 틀어졌다고 한다.

태양의 길이와 그림자로 춘분·추분·동지·하지를 정확하게 알 수 있다. 경주 사람들이 첨성대를 보면 동서남북을 알 수 있었고, 창문에서 태양의 길이를 확인하면 절기를 확인할 수 있었다는 것이다. 여기에 더해서 첨성대는 도시 계획의 기준점 역할을 했다고 주장한다. 일찍이 도시는 방리제를 도입하여 바둑판식으로 구성되었다. 어떤 기준점이 필요했는데 첨성대가 그 역할을 했다는 것이다. 이 주장은 충분한 근거가 있다. 실제로 방향의 기준점이 될 수 있다. 그렇다고 해서 이것이 첨성대를 쌓은 주목적은 아니다. 첨성대를 쌓을 때 이왕이면 동서남북 방향으로 기단을 설정했고, 창문을 통과하는 햇살을 길이를 통해 절기를 가늠할 수 있게 한 것이다.

첨성대가 있는 곳은 누구나 접근이 가능한 도로변이 아니다. 이것을 보고 동서남북을 가늠하려면 오며가며 쉽게 접근할 수 있어야 한다. 그러나 첨성대는 행정타운 내에 있었던 시설이었다. 조선의 세종대왕은 앙부일구를 만들고 사람들의 통행이 많은 운종가(종로) 혜정교에 하나, 종묘 앞에 하나를 두어 언제나 시간을 살펴볼 수 있도록 했다. 첨성대는 이와 달랐다.

천문수학서인『주비산경(周髀算經)』을 종합하여 상징화한 것

〈둥글게 쌓은 돌의 개수가 366개이므로 1년의 날수와 같다. 원형의 몸체와 정상에 있는 정자형 부분을 합치면 28층단이 되며, 이것은 하늘의 기본 별자리 28수와 같다. 원형부만 봤을 때 창문 아래가 12단, 창문 위가 12단이다. 이는 12달을 상징하며, 합하여 24절기를 말한다.〉

반론을 제기해보자. 둥근 몸체를 구성하는 돌의 개수가 366개라서 일 년의 날수와 같다고 한다. 365개 아닌 이유는 무엇인가? 이건 비슷하니 이해하고 넘어가자. 둥근 몸체를 이루는 돌의 층단이 모두 27단인데, 여기에 꼭대기 정(井)자형 부분을 합해서 28단이라 한 것은 억지스럽다. 정자형 부분이 두 단으로 되어 있는데 이것을 한 단으로 취급한 이유는 무엇인가? 또 기단부를 뺀 이유는 무엇인가? 창문의 아랫부분 12단, 창문의 윗부분 12단만 따로 떼어서 12달, 24절기라고 한 것도 억지스럽다. 창문 높이의 3단은 무엇이라고 설명할 것인가? 어떤 이들은 원통부분이 27단인 것을 보고 선덕여왕이 27대 왕이라는 것을 상징한다고 말하기도 한다.

첨성대는 우물을 상징한다

하늘에서 내려다보면 우물처럼 보인다는 것이다. 실제로 정상부에 우물 정(井)자 모양의 마감석이 있다. 옛날 사람들에게 우물은 하늘과 통하는 통로로 인식되었다. 박혁거세와 그의 부인 알영이 우물 곁에서 발견되었다. 김유신 장군의 집터라고 알려진 재매정에 가면 우물이 있는데 그 안을 들여다보면 첨성대와 비슷하다. 그러나 첨성대와 우물이 형태에서 비슷하긴 하지만 우물을 상징한다고 하기엔 부족한 점이 있다. 우물은 하늘에서 내려다봤을 때 속이 시원하게 뚫린 모양이어야 한다. 그런데 첨성대에는 천장이 가설되어 있다. 천장의 한쪽에 한 사람 정도만 드나들 구멍도 있다. 우물이라고 하기엔 그 모양이 어색하다.

첨성대에 대한 몇 가지 주장들을 살펴보았다. 모든 주장이 그럴듯하면서 약점을 갖고 있다. 이렇게 생각하면 어떨까?

『삼국유사』에는 선덕여왕 때에 첨성대를 쌓았다고 하였다. 왜, 무엇을 위해 쌓았는지는 알려주지 않았다. 너무 당연해서 그랬을까? 아니면 일연스님도 그 이유를 몰라서 쌓은 사실만 기록했을까? 그런데 조선시대에 와서 사람들이 오르내리며 하늘을 관측했다고 확신에 찬 설명을 하고 있다. 조선시대에 사람들이 오르내리며 하늘을 관측하고 있었던 것은 아니다. 『신증동국여지승람』에서 경주 지역을 소개할 때 첨성대가 있음을 말하면서 그것이 무엇이었다고 설명하고 있는 것이다. 지리지를 작성할 때 경주 지역에 살고 있던 주민들의 의견을 청취한 것이다. 주민들의 입에서 입으로 전해지던 내용이었던 것이다.

조선 세종 때에 제작된 '측우기' 실물은 하나도 남지 않았다. 그럼에도 세종 때에 '측우기'를 제작했다는 것은 사실로 인정받고 있다. 그것은 그 후에 '강우량'을 측정한 기록이 비약적으로 증가하기 때문이다. 선덕여왕 때에 첨성대를 쌓은 후 천문관측 기록이 비약적으로 증가한 것은 아니나 이전보다 증가한 것은 사실이다. 이는 신라 당대의 기록이 남아 있지 않고 후대에 그것을 축약한 역사서만 있기 때문일 것이다. 조선시대의 경우 당대의 기록이 남았지만, 『삼국사기』나 『삼국유사』는 수백 년 후에 기록된 축약본이기 때문이다. 첨성대를 쌓은 후 천문관측 기록이 증가한 것은 사실이다.

선덕여왕 때 하늘을 관측하기 위한 첨성대를 쌓기로 했을 때 관련 전문가들이 모여 수많은 토론을 했을 것이다. 그들이 심사숙고 끝에 다다른 결론이 지금의 첨성대 모양이었다. 〈하늘을 관측하는 곳이니 하늘을 받치는 모양(제기모양)〉, 〈하늘을 관측하는 곳이니 일 년의 날수·절기·방위를 적용〉, 〈불교적 우주관과 전통적 우주관 적용〉 등이 모두 고려되었을 것이다. 어느 한 가지로만 해석하기보다는 종합적인 시각으로 바라보는 것이 당대 지식인들의 시각이 아닐까 한다. 고대로 갈수록 상징물의 형태는 기묘하다. 그래서 후대인들은 그 상징성을 풀이해내는 데 어려움을 겪는다. 스톤헨지가 왜 그런 모양인지 아직 모르고 있는 것처럼 말이다.

모르는 이가 없을 정도로 유명한 첨성대는 풀지 못한 숙제처럼 우리에게 놓여 있다. 그렇기 때문에 첨성대 앞에 서면 상상력이 더 자극된다. 정답 앞에선 다른 생각을 할 수 없지만 첨성대 앞에서는 다른 생각을 해도 된다. 당대에 신라인들은 무슨 생각으로 이곳에 저런 모양의 대(臺)를 쌓았을까? 그렇기에 첨성대는 수학여행의 필수코스가 되어야 한다.

어떻게 오르내렸을까?

첨성대가 하늘을 관측하는 곳이 맞다면 어떻게 오르내렸을까? 첨성대 창틀에는 홈이 패여 있다. 사다리를 걸쳤던 흔적이다. 첨성대 내부는 어떻게 생겼을까? 창문 아래에는 흙+자갈+모래가 가득 차 있다. 사다리를 타고 창문으로 들어가면 내부는 흙으로 채워져 있어서 편안하게 설 수 있다. 들어가서 위를 쳐다보면 장대석이 가로질러 있다. 외부에서 보면 첨성대 몸체에 돌출된 돌이 있는데 안으로 가로지른 장대석이다.

▲ **첨성대 창문** 아래 창틀에 사다리를 걸쳤던 홈이 있다.
내부에는 창문 아래까지 흙이 채워져 있다.

장대석에 사다리를 걸친다. 사다리를 타고 올라가면 윗부분 장대석을
받침대 삼아 걸쳐 놓은 사다리가 하나 더 있다. 사다리는 갈지(之)자
모양으로 걸쳐 있는 셈이다. 이 사다리로 올라가면 천장으로 난 구멍
으로 들어갈 수 있다. 다락방에 올라갈 때처럼 문을 밀고 올라가서 내
려놓으면 평평한 마루가 된다. 지붕 위는 마루를 깔았으며 두세 사람
이 관측할 수 있는 공간이 있다. 충분하다는 기준은 모호하지만 하늘
을 관측하기에 크게 불편하지 않다는 뜻이다.

첨성대의 위치에 대해

첨성대가 자리한 곳은 신라의 왕궁 앞이었다. 관측된 내용을 왕에게
직보할 수 있는 위치였다. 천문을 관측하는 것은 취미생활이 아니었다.
왕궁 앞 중요한 터전에 첨성대를 마련한 것은 그만큼 중요하였기 때문
이다. 첨성대의 위치 설정에 대해 알아보자.

하늘이 넓게 보이는 곳

첨성대 마당에 서면 경주 일대의 하늘이 아주 넓게 보인다. 저 멀리 있는 산들이 눈높이보다 아래로 내려온다. 하늘을 관측하기에 최적의 장소였다. 지금은 인공 불빛이 많아서 별을 관측하기 어렵다. 1등성 별 몇 개만 육안(肉眼)으로 관측가능하다. 그러나 불과 50년 전만 해도 우리나라 어디서나 쏟아질 듯한 별을 볼 수 있었다. 신라 때로 돌아가면 더 했을 것이다. 해가 떨어지고 나면 하늘엔 총총한 별빛이 가득했을 것이다. 별을 관측하기 위해 멀리 갈 필요가 없었다.

첨성대가 하늘을 관측하는 곳이 맞다면 굳이 저 높이로 쌓아야 했을까? 마당에 천문관측 기구(혼천의 등)를 설치하고 관측해도 불편하지 않았을 것이다. 그런데 왜 저 높이까지 올라가야 했을까? 관측자의

▲ 첨성대 주변에 서면 하늘이 매우 넓게 보인다. 눈에 걸리는 부분이 적다. 주변 건물의 지붕보다는 높아야 했기에 첨성대의 높이가 정해졌다.

눈높이보다 높은 건물이 있다면 하늘의 일부가 가려진다. 첨성대 주변에 여러 건물이 있었다. 국가 관서 건물이기 때문에 건물 자체가 크고 높았을 것이다. 첨성대 주변 건물의 지붕 때문에 하늘의 일부가 가려진다. 그러므로 지붕보다 높은 곳에 올라가야 했다. 그것이 첨성대의 높이다.

군왕은 정확한 때를 알아 백성에게 전해주어야 한다

천명(天命)을 받아 나라를 다스린다는 지배 논리를 만든 지배자는 하늘의 명을 알아야 했다. 군왕은 하늘의 때를 알아 백성들에게 알려주어야 하는 막중한 임무가 있었다. 농사가 삶의 전부였던 옛날에는 하늘의 시(時)와 때를 아는 것이 매우 중요했다. 지금은 과학의 발달로 정확한 달력과 시계가 있어 언제든지 시와 때를 알 수 있지만, 옛날에는 하늘의 규칙적인 움직임을 알아내서 거기에 맞춰서 생활해야 했다. 태양은 항상 모양이 같아서 규칙적인 변화를 알아내기 힘들었다. 또 눈으로 태양을 관찰하는 것은 눈부심이 심해서 지속하기 힘들다. 그러나 밤하늘에 나타나는 달(月)과 별(星)은 육안으로 관찰하는 데 불편함이 없다. 또 달과 별은 일정한 규칙에 따라 변하는 특징을 갖고 있다. 봄·여름·가을·겨울에 나타나는 별자리가 달랐다. 저녁·밤·새벽에 따라 별의 위치는 달라졌다. 달(月)은 매일 그 모양과 떠오르는 시간이 달라졌다. 오랜 관찰의 결과 일정한 규칙을 감지할 수 있었고, 이를 기준 삼아 날(日)과 달(月)을 정하게 되었다. 계절도 정했다. 기준이 마련되니 씨를 뿌리고, 가꾸고, 수확하는 정확한 때를 알게 되었다.

그러나 정확한 것은 아니었기에 끊임없이 연구하여 정확한 시와 때를 만들어야 했다. 지속적인 관측이 필요했던 이유였고 궁궐 가까운 곳에 설치한 이유였다.

하늘에 나타나는 다양한 현상들을 통치에 활용하기 위해서다

하늘의 명을 받아 이 땅을 대리해서 다스리는 군왕은 하늘에 나타나는 일정한 문양을 그 명령의 표징으로 삼았다. 혜성이 떨어지면 큰 인물이 태어날 징조, 별똥이 떨어지면 누군가 죽을 징조로 생각했다. 자연재해가 길어지면 군왕은 감선철악(減膳撤樂)[39]을 행해야 했다. 하늘의 노여움을 풀어야 했기 때문이다. 일식과 월식, 해무리, 달무리 등 하늘에 나타나는 현상들을 알아내는 천문(天文)은 제왕의 학문이었다. 옛사람들은 하늘에서 벌어지는 특이한 현상을 인간사와 연결시켜 해석했다. 하늘에는 다양한 현상이 수시로 나타난다. 군왕이 이 사실을 아무렇지 않게 취급한다면 어떤 무리는 이를 정치적으로 악용한다. 선덕여왕 때 비담의 무리가 반란을 일으켰다. 그들은 명활산성에 진을 쳤고, 선덕여왕을 지지하는 세력은 월성에 주둔하고 있었다. 대치가 길어지고 있을 때 월성 방향으로 별똥이 떨어졌다. 비담의 군대는 자신들의 승리를 확신하였고 사기는 하늘을 찌를 듯하였다. 반면 여왕의 군대는 패배를 감지하였다. 그때 김유신은 불을 붙인 연을 하늘로 날렸다. 멀리서 그 모습을 본 비담의 군대는 사기가 저하되었고 결국 패하고 말았다. 요즘 같으면 하늘의 한 현상으로 보겠지만, 옛날에는 하늘의 경고로

---

39 근신하는 의미에서 임금의 밥상에 음식 가짓수를 줄이고 음악을 폐하던 일

받아들였다. 그러므로 천문을 관측하는 것은 통치를 위한 중요한 행위가 되었다. 그래서 궁궐 가까운 곳에 천문관측 시설을 두었던 것이다.

다른 나라의 첨성대

선덕여왕 때에 쌓은 첨성대는 우리나라 최초의 천문대이고 그 독특한 모양으로 인해 유명해졌다. 천문학은 제왕의 학(學)이라 했다. 다른 왕조라고 해서 왜 천문대가 없었겠는가? 신라 첨성대가 너무 유명해서 다른 천문대가 주목을 받지 못한 것일 뿐이다.

신라에는 누각전(漏刻典), 고구려는 일자(日者), 백제는 일관부(日官府)라는 관청이 있어 천체 관측업무를 담당했다. 고구려의 수도였던 평양에 고구려의 첨성대가 있었다는 기록이 '세종실록지리지'에 있고, 북한에서 고구려 첨성대를 발굴했다. 백제의 첨성대는 기록으로는 확인되지 않는다. 그러나 일본과의 천문역법 교류 사실이 있는 것으로 봐서 첨성대가 있었을 가능성은 크다. 고려는 궁궐인 만월대 서쪽에 천체 관측업무를 위한 첨성당(瞻星堂)이 있었다. 첨성당에 있었던 관측시설이 지금도 남아 있다. 석조기둥 다섯 개를 세우고 그 위를 다듬은 돌로 평평하게 깔았는데 큰 탁자처럼 생겼다. 조선은 개국초에 해당 관청을 서운관이라 부르다가 후에 관상감으로 개칭했다. 관상감은 창덕궁 서쪽에 있었다. 지금도 창덕궁 서쪽인 현대사옥 마당에는 천문관측시설이 남아 있다. 돌을 다듬어 쌓아 올렸는데 첨성대처럼 둥근 모양이 아니라 네모난 형태다. 꼭대기로 올라가기 위한 층계도 설치되어 있다. 언덕

위에 있으므로 주변의 방해를 받지 않고 천문을 관측할 수 있었을 것이다. 창경궁 내 세자의 교육공간이었던 시민당 마당에도 관천대가 있다. 그리 높은 편은 아니지만 관측기구를 올려놓고 하늘을 관측하기엔 부족함 없었다.

　각 나라에서 설치한 관측시설을 지금의 눈으로 보면 구조가 불편하다. 그러나 당대 사람들이 생각한 가장 합리적인 또는 가장 상징적인 시설이었다. 첨성대 역시 불편하지만 그것이 품고 있는 상징성도 중요했기에 그와같은 모양을 선택한 것이다.

▲ **창경궁의 관천대** 세자의 교육공간에 있다. 천문학은 제왕의 학문이었기 때문에 세자 때부터 교육을 받았다.

경주-천년의 여운

8

불교, 신라를 휘어잡다

1 │ 불교가 필요한 이유

경주박물관에 가면 이차돈순교비가 있다. 육각형의 비면에 원고지 처럼 가로세로 줄을 쳐 칸을 나눈 후 글을 새겼다. 한 면에는 순교장면을 새겼다. 이차돈의 목을 베자 흰 피가 하늘로 솟구치고, 솟구친 피는 꽃이 되어 떨어진다. 그의 머리는 아래에 떨어져 있다. 신라가 불교를 수용하기까지 얼마나 많은 어려움이 있었는지 이 비석이 전해준다.

묵호자 불교를 전하다

고구려는 소수림왕 2년(372)에 불교를 공인했다. 백제는 침류왕이 즉위하던 해(384)에 불교를 공인했다. 두 나라 모두 불교를 공인하는 데 큰 어려움이 없었다. 신라는 법흥왕 15년(528)에야 불교가 공인되었다. 고구려와 백제보다 무려 150년이나 늦었다. 불교가 처음 전해진 때는 눌지왕 때였다. 고구려 사신을 따라왔던 묵호자에 의해서 전해졌다. 소지마립간 때 아도라는 승려가 신라로 왔으나 숨어서 전해야만 했다. 신라는 여전히 불교 수용에 소극적이었다. 삼국의 치열한 경쟁을 고려했을 때 늦어도 한참 늦었다. 그 이유가 무엇일까?

고구려와 백제에 비해 미약했던 신라는 고구려의 도움을 받으면서 주변국의 침략을 막아내고 있었다. 도움을 받았으니 반대급부로 고구려의 간섭을 피할 수 없었다. 그래서 실성왕은 고구려에 인질로 가 있다가 돌아와 왕이 되었다. 실성왕은 내물왕의 아들 복호를 인질로 보냈다. 신라왕실은 고구려와 빈번한 교류를 통해 불교의 중요성을 알았을 것이다. 그들은 불교가 국가 발전에 어떤 도움을 주는지 알고 있었다. 왕실 내부에서는 불교를 이미 수용한 것으로 보인다. 『삼국유사』 사금갑(射琴匣:거문고 갑을 쏴라) 이야기는 소지마립간 때에 기록이다. 내전(內殿)에서 분향 수도하는 승려와 비빈이 은밀히 간통을 저지르고 있었다는 내용이다. 내전은 왕의 가족들이 생활하는 공간이다. 왕실은 이미 불교를 신봉하고 있었던 것이다. 그러나 사회 분위기가 불교를 받아들일 만큼 절박하거나 무르익지 않았다. 같은 소지왕 때 아도가 불교를 전하기 위해서 왔으나 숨어서 전해야만 했다. 강력한 왕권으로 반대 세력을 누르기에는 왕의 힘은 미약했다. 기존에 지켜오던 신앙체계를 버리기에는 꺼림칙했다. 그러나 신라는 성장하고 있었고 기존의 신앙체계는 서서히 한계에 봉착하고 있었다.

지금까지 신라가 신봉하고 있던 부족적 전통신앙, 시조 신화들은 왕실 또는 귀족들의 권위만 높여줄 뿐이지 현실세계와 미래세계에 대한 합당한 해석이 없었다. 논리적인 교리도 없었다. 모두에게 통용되는 이야기가 아닌 부족 내에서만 통하는 신화일 뿐이었다. 사람들의 인지수준이 높아지면서 신화는 허무맹랑한 이야기로 취급되기 시작했다.

불교가 공인되기 이전에는 각 지역의 주민들은 조상신이나 자신들이 사는 지역의 산천신(山川神) 등을 섬기고 있었으므로 비록 신라라는 국가의 주민으로서 한 나라를 이루고 살고 있었지만 신앙 면에서는

▲ 사금갑 이야기를 전하고 있는 남산자락의 서출지

일체감을 갖지 못하는 형편이었다. 왕실의 조상을 숭배하는 신궁(神宮)이 설치되고 그에 대한 신앙이 국가적으로 강조되었다 해도 이는 어디까지나 현실적으로 가장 힘있는 정치세력집단인 왕실의 조상이라는 한계를 가진 것으로, 결코 모든 신라인의 조상으로 인식되기는 어려운 일이었다.[40]

국가가 팽창하고 사람들의 인지 수준이 높아지면 신화(神話)로는 통제하기 어렵게 된다. 좀 더 논리적이고 고등적인 지식체계를 가진 학문이나 종교가 필요해진다. 문자로 되어 있는 경전도 필요해진다. 이때 동아시아에는 유교와 불교가 그 역할을 하였다. 유교는 현실정치

40 천년의 왕국 신라, 김기흥, 창비

방법론에서 유용했지만 백성들의 정신적, 종교적 영역을 감당하기에는 부족했다. 성리학이 나타난 후에야 신앙적 영역까지 확대되었지만 고려시대까지만 해도 유교는 학문의 한 분야일 뿐이었다. 눈앞에 벌어지는 현상에 대한 설명이 필요하다. 심지어 그 설명이 현상에 머물러서는 안 된다. 미래에까지 나아가야 한다. 그럴듯한 이야기를 해야 한다. 매우 논리적이고 체계적인 교리가 있어서 누구나 이해 가능해야 한다. 누구의 조상이어도 안된다. 누구와도 관련이 없는 제3의 신(神)적 존재여야 하며 모두가 사심 없이 바라볼 수 있어야 한다.

불교는 한층 세련된 철학적 논리체계와 석가모니라는 뚜렷한 인격신의 존재에 대해 다양한 신들이 등장하여 보여주는 사실감 등에서 종래의 소박하고 막연한 신앙체계를 압도할 수 있었던 것이다. 더구나 부처님과 불교 경전에 등장하는 여러 신들은 왕실이나 귀족 나아가 백성들과도 혈연·지연적으로 전혀 관련이 없었으므로 아무도 배타적으로 독점할 수 없는 객관적인 신앙의 대상이라는 장점을 갖고 있었다.[41]

불교에서는 이렇게 말한다. 〈현생(現生)은 전생(前生)의 결과다. 그러므로 현생에 주어진 다르마(소명, 의무)에 충실해야 한다. 그렇지 않으면 내생을 보장받지 못한다〉 불교는 현상을 설명한다. 현재의 모습은 전생의 결과라는 것이다. 전생에 내가 살았던 삶의 결과가 현생으로

41 위의 책

주어졌다는 것이다. 그러므로 주어진 현생의 삶을 잘 살아내고 선업(善業)을 쌓아 내생(來生)에 더 나은 삶을 얻으라는 것이다. 미래에 대한 희망을 제시한다. 현생을 거부하는 것은 전생에 지은 죄과를 부정하는 것이며 그리된다면 내생은 더 비참해질 것이라는 논리다. 불교는 현상을 논리적으로 설명하고 있으면서 미래에 대한 이야기도 한다. 과거에는 현생의 삶이 내세에도 이어진다고 했다. 그래서 순장을 시켰다. 현생에서 왕을 받들던 이들은 죽은 후에도 왕을 받드는 존재가 된다.

신라는 왜 늦었을까?

고구려와 백제가 불교를 일찍 수용할 수 있었던 것은 왕권(王權)이 신권(臣權)을 능가하고 있었기 때문이다. 고구려는 중앙집권제 국가를 이룬 지 오래되었고, 백제도 근초고왕, 근구수왕을 지나면서 이전에 없던 전성기를 달리고 있었다. 왕이 결정하면 신하들은 묵묵히 복종할 수밖에 없는 권력구조였다. 그런데 신라는 달랐다. 왕이 화백회의를 능가할 힘을 가지고 있지 못했다. 왕은 화백회의에서 N분의 1정도의 지분을 가졌을 뿐이다. 물론 화백회의 자체도 왕실의 최고위층으로 이루어졌지만 말이다. 훗날 왕권이 강화되자 왕은 화백회의 참석하지 않았다. 불교를 수용하면 화백회의는 그 힘을 잃을 것이다. 현재 임금은 전생에 왕이 될 업을 쌓았고, 귀족은 귀족이 될 업을 쌓은 것이다. 귀족이 왕을 넘보면 주어진 다르마를 역행하는 것이다. 내생을 보장받지 못한다. 지금까지 왕은 화백회의의 일원이었다. 그런데 불교를 수용하게 되면 화백회의를 능가하는 존재가 되는 것이다.

신라가 불교를 늦게 수용한 것은 그만큼 절실하지 않았다는 뜻도 된다. 아직 소국이었다. 무덤을 크게 만들어 자신들의 힘을 과시하면 통제가 되는 국가였다. 그러나 자비마립간-소지마립간-지증마립간 시기를 지나며 발전과 팽창을 거듭하기 시작했다. 고구려의 간섭도 벗어나 백제와 동맹을 맺는 수준에 이르렀다. 이제 기존의 시조 신화로 통제하던 수준에서 벗어나야 했다. 불교 수용에 대한 간절함이 강하게 나타나고 있었다. 그러나 어느 누구도 말을 꺼내지 못한다. 새로운 종교, 이념을 수용하는 것은 기득권 전체를 흔들 수 있는 것이기 때문이다.

현대 사회가 직면한 문제는 빈부격차가 극심하다는 것이다. 역사적으로 빈부격차가 심할 때 나라는 망했다. 망하지 않기 위해서 이 문제를 다루어야 하며, 해결해야 한다. 그런데 빈부격차를 해결하려면 가진 자의 양보를 전제로 한다. 경제권력, 언론권력, 정치권력을 쥔 자들은 입을 다문다. 자신들도 가진 자들이기 때문이다. 세금을 통해 해결하려고 하면 자신들이 가진 힘으로 여론조작을 서슴지 않는다. 결국 자신들이 망하는 길로 가고 있다는 것을 알지 못하고 말이다. 역사는 언제나 경고한다. 변해야 할 때 변하지 않으면 망한다는 것을 말이다. 신라는 기득권의 반대를 물리치기 위해 한 사람의 희생이 따랐다. 박이차돈이었다.

이차돈 사건의 전말

법흥왕은 고심을 거듭하고 있었다. 지증왕에 의해 나라 이름도 사로국에서 신라(新羅)로 바뀌었다. 최고 수장의 명칭도 마립간에서 왕(王)으로 변경했다. 국제적 호칭이었다. 국제적 감각을 조금씩 갖추기 시작한 것이다. 그런데 신앙체계만큼은 국제적 수준이 아니었다. 법흥왕의 오랜 근심을 알아챈 이차돈이 아뢰었다. 이차돈의 나이는 22살이었으며, 낮은 벼슬에 있었다. 그의 성은 박(朴)씨였고, 왕실의 한 갈래였다.

"신이 듣건대 옛날 사람은 나무꾼에게도 계책을 물었다고 합니다. 큰 죄를 무릅쓰고라도 여쭙고자 합니다."
"네가 할 만한 일이 아니다."
이차돈이 말했다.
"나라를 위해 몸을 바치는 것은 신하의 큰 절개고, 임금을 위해 목숨을 다하는 것은 백성의 곧은 의리입니다. 거짓된 말을 전한 죄로 신을 형벌에 처하여 목을 베시면 만백성이 모두 복종하여 감히 하교를 어기지 못할 것입니다."[42]

이차돈은 왕명이라며 천경림을 베어 절을 짓기 시작했다. 신라에는 옛날부터 내려오던 신령한 장소가 있었다. 계림(鷄林)이 대표적인 곳이고 천경림(天鏡林)도 그런 곳이었다. 성황림과 같은 곳이었다. 천경림의 나무가 베어지자 사람들은 술렁거리기 시작했다. 신이 노해서 재앙을

---

42 삼국유사, 김원중 옮김, 민음사

▲ **이차돈순교비** 경주박물관에 있다.

내리지 않을까? 어쩌려고 저러는 것일까? 그런데 이차돈은 왕명이라며 막무가내다. 귀족들은 왕에게 달려갔다. 정말 왕의 명령이었냐고 따진다. 법흥왕은 아무것도 모르고 있었던 것처럼 '무슨 말이냐'고 되묻는다. 그리고 이차돈을 잡아 오라 명한다. 이차돈이 끌려왔다. 왕은 노여워하면서 왕명을 거짓으로 전한 것을 꾸짖고 처형해버렸다. 목을 베는 순간 흰 피가 하늘로 솟구쳤고, 솟구친 피는 꽃이 되어 떨어졌다고 한다. 흰 피가 솟았고 꽃이 되어 떨어졌다는 설정은 훗날 불교적으로 윤색한 것이리라. 불자(佛者)들이 들으면 경을 칠 일이지만 범인(凡人)들은 그렇게 받아들 수밖에 없다.

이 사건의 전말은 무엇일까? 무엇을 말하고자 했던 것일까? 이차돈은 자신의 목을 베면 흰 피가 솟을 것이라 알고 있었던 것일까? 그것이 기적이 되어 반대자들이 입을 다물 것이라 생각했던 것일까? 이차돈이 왕에게 말한 바가 있었다. 그 속에 이차돈 사건의 전말이 숨어 있다.

거짓된 말을 전한 죄로 신을 형벌에 처하여 목을 베시면 만백성이 모두 복종하여 감히 하교를 어기지 못할 것입니다.

법흥왕은 왕명을 거짓으로 전한 죄를 물어 이차돈을 처형했다. 이차돈이 죽은 이유는 왕명을 빙자하여 천경림을 베어낸 것이다. 왕명을 거짓으로 전한 것이 죽음의 이유다. '왕명은 거짓으로 전하면 안 되는 것이자 어겨서도 안 된다'는 것을 보여준 것이다. 왕명의 무거움을 이차돈의 목을 뱀으로써 보여주었다. 앞으로 누구든지, 그가 귀족이라 할지라도 왕명을 거짓으로 전하거나 거부하면 가차 없이 목을 베어버리겠다는 단호함을 보여준 것이다. 법흥왕과 이차돈은 목숨을 건 약속을 한 것이었다. 목을 베자 흰 피가 솟구쳤다는 이야기가 아니라 진실은 왕명의 무거움이다. 법흥왕은 이차돈을 처형한 얼마 후 '국가를 위해 불교를 수용할 것'을 전격적으로 발표한다. 누구도 반대할 수 없었다.

불교, 국가 업그레이드의 기회

불교의 수용은 종교의 수용만 의미하지 않는다. 불교를 수용하게 되면 경전이 들어온다. 경전은 문자로 된 것이어서 문자 해독 능력을 요구한다. 따라서 문자 해독 능력이 생기며, 이두식 한자를 사용하던 수준에서 벗어나 제대로 된 한문을 사용할 수 있게 된다. 경전을 편찬하기 위한 여러 노력들이 곁들여지면서 인쇄술의 발전도 기대할 수 있다. 세계 최초의 목판인쇄물인 《무구정광대다라니경》이나, 세계최초의 금속활자본 《직지심체요절》도 불교 관련 유물이다.

불교가 들어오면 불상이 들어온다. 불상은 조각을 해야 한다. 환조와 부조로 조각한다. 조각의 재료는 나무, 청동, 철, 흙 등 다양하다. 상상의 신이 아닌 외부에서 들어온 신이다. 아무렇게나 조각할 수는 없다. 중국에 가서 부처가 어떻게 생겼는지 봐야 한다. 또 불교를 전하기 위해 왔던 이들이 들고 온 작은 불상들을 봐야 한다. 그래서 초기 불상들은 중국에서 전래 된 모습을 닮았다. 불상을 조각하는 방법도 배워야 한다. 심지어 인도까지 다녀오면 더 좋다. 조각술의 국제적 감각을 익힐 수 있다. 지금까지 인체를 조각한 예가 많지 않았는데,

불상을 조각하면서 익숙해졌다.

불교가 들어오면 회화도 들어온다. 교리를 그림으로 표현해서 문자를 읽지 못하는 이들에게 전한다. 불상과 마찬가지로 중국이나 인도까지 다녀와 불화를 그리는 기법을 익혀야 했다. 회화술이 비약적으로 발전하게 된다.

불교가 들어오면 사찰을 건축하게 된다. 지금까지 없던 여러 층으로 된 탑도 세워야 한다. 대규모 건축이 사찰에서 행해지게 된다. 백제가 일본에 불교를 전하자 일본은 기와로 된 집을 처음 지었다. 일본에 불교가 전해지기 전에는 기와집이 없었다.

불교 수용이 가져다주는 가장 큰 효과는 민심의 통합이다. 하나의 신과 하나의 가르침을 받들게 되면 생각을 통일할 수 있다. 또 왕을 정점으로 신앙을 일체화하면 국가 지휘체계가 잘 정리된다. 삼국에 들어온 불교는 왕이 곧 부처라는 왕즉불(王卽佛) 사상이었다. 왕의 입장에서 이것보다 더 좋은 것이 있었을까? 왕실의 주도로 불교를 수용하고자 했던 것도 이것 때문이었다.

늦었지만 가장 발전

고구려에는 불교 유적이 드물다. 일찍이 불교를 수용했지만 불교만을 국교로 삼지 않았다. 고구려는 개방적인 국가였다. 국경을 맞대고 있는 나라들이 많았다. 다양한 문화를 접촉할 수 있었기 때문에 불교가 아닌 다른 사상도 얼마든지 유입되었다. 따라서 불교와 관련된 유적이 집중적으로 나타나지 않는 이유가 된다.

백제는 불교를 일찍 수용했지만 간절히 원하지 않았던 것으로 보인다. 한성백제 때에 불교 관련 기록이 그다지 많지 않은 이유다. 웅진으로 도읍을 옮긴 시기도 불교가 그다지 성하지 못했다. 그러다가 성왕때에 이르면 불교 관련 기록들이 쏟아진다. 백제의 도읍인 사비 곳곳에 절들이 세워졌다. 그래서 백제를 일러 '절과 탑이 매우 많은 나라'라 하였다.

　　신라는 법흥왕 때에 불교를 수용한 후 미친 듯이 정력을 쏟아부었다. 이차돈이 절을 건축하고자 했던 천경림에 흥륜사(興輪寺)를 세웠다. 신라 왕실은 불법의 수레바퀴를 돌려 세상을 정복해가는 전륜성왕이라는 설이 만들어졌다. 이제 신라 왕실은 석가모니와 같은 집안이며 일반 귀족들과는 뼈대가 다른 집단이 되었다. 성골(聖骨) 의식이 형성된 것이다. 아직 불교에 대한 깊이 있는 철학적 이해는 없었지만, 현실정치에 필요한 요소를 쏙쏙 뽑아서 사용하기 시작한 것이다.

　　불법(佛法)의 수레바퀴를 돌려 천하를 정복해가는 전륜성왕이 있다. 전륜성왕은 금륜(金輪)·은륜(銀輪)·동륜(銅輪)·철륜(鐵輪)이 있다고 한다. 진흥왕은 첫째 아들을 동륜(銅輪), 둘째 아들을 사륜(鐵輪:훗날 진지왕)이라 했다. 즉 법흥왕은 금륜, 자신은 은륜이라 여기면서 아들들까지 합하여 전륜성왕 개념을 완성한 것이다. 곧 신라 왕실은 불교를 일으켜 천하를 통일할 왕실이라는 것이다. 인도의 아쇼카왕처럼 말이다. 실제로 불교를 수용한 이후 신라는 눈부신 발전을 하였다. 법흥왕은 가락국을 완전히 아울렀고, 진흥왕은 백제, 고구려와의 싸움에서 승전을 거듭하고 있었다. 이런 위세는 전륜성왕 개념을 더욱 확고하게 하였다. 여세를 몰아 진흥왕은 황룡사를 건축했다. 3만 평이 넘는 엄청난 대공사였다.

불교를 가장 늦게 수용했지만, 그것을 정치, 문화적으로 가장 잘 활용한 것은 신라였다. 그 후 이 땅에 불교가 깊이 뿌리 내리는 데 큰 역할을 하였고, 한국 문화를 이끄는 데도 매우 중요한 역할을 하였다. 서라벌에는 '절은 하늘의 별처럼 많았고, 탑은 기러기 줄지어 나는 듯' 했다.

칠처가람 이야기

『삼국유사』에는 다음과 같은 이야기가 전한다.

아도는 고구려 사람으로 어머니는 고도녕이다. 조위(曹魏) 사람 아굴마가 고구려의 사신으로 왔다가 고도녕과 사통(私通)하고는 돌아갔는데, 이 때문에 임신하게 되었다. 어머니는 아도가 다섯 살이 되었을 때 출가 시켰다. 아도는 열여섯 살 때, 위(魏)나라로 가서 아굴마를 만나고 승려 현창의 문하에서 불법을 배웠다. 열아홉 살이 되어 어머니에게 돌아와 문안하자 어머니가 말했다.

'이 나라는 지금 불법을 모르지만, 앞으로 3000여 달이 지나면 계림에 성왕(聖王)이 나타나 불교를 크게 일으킬 것이다. 그곳 도읍에는 가람을 세울 자리가 일곱 군데 있다. 첫째는 금교 동쪽 천경림(天鏡林:흥륜사), 둘째는 삼천기(三川歧:영흥사로 흥륜사와 동시에 개설했다), 셋째는 용궁 남쪽(황룡사), 넷째는 용궁 북쪽(분황사), 다섯째는 사천미

(영묘사), 여섯째는 신유림(神遊林:사천왕사)이고, 일곱째는 서청전(婿
請田, 담엄사)이니, 모두 전불(前佛) 때의 절터며 법수가 오래 흐르는
땅이다. 네가 그곳에 돌아가 대교를 전파하면 마땅히 이 땅에서 불교의
개조가 되리라.'

　신라는 불교를 수용한 후 눈부신 발전을 이루었다. 고구려와 백제를
압도하였고 가야국을 차례로 멸망시켰다. 짧은 시간에 이룬 역사적
경험들은 신라인들에게 부처에 대한 신심을 더 촉발시켰다. 그렇다고
하더라도 기존에 믿어온 토착신앙을 쉽게 무너뜨리지 못했다. 신라인들
의 특별한 경험에 의해 신성한 땅으로 여겨온 곳이 있었다. 천경림,
삼천기, 용궁남쪽, 용궁북쪽, 사천미, 신유림, 서청전이라는 곳이다.
천경림, 신유림은 울창한 성황림으로 보인다. 삼천기는 냇물이 세 갈래
로 갈라지는 곳, 용궁은 늪지대, 사천미는 형산강 자락, 서청전은 어느
밭을 말하는 듯하다. 이런 곳을 건들면 동티난다고 한다. 함부로 손대
기가 살짝 두려운 곳들이다. 자신의 경험은 아니지만 대대로 신성하다
고 여겨온 곳들이었다.
　막연한 두려움에 손대기 싫어하던 곳을 과감히 헐었다. 그리고 절을
세웠다. 부처가 기존의 신보다 압도적으로 강력하다는 것을 선포한
것이다. 왕실이 주도해서 세운 절들이다. 그곳을 헐어낸다 해도 부처가
지켜줄 것이라는 믿음이 더 컸던 것이다. 디지털시대에도 시골 당산
나무는 여전히 제삿밥을 먹는다. 아무리 불교가 들어왔고 그 후에 눈
부신 발전을 거듭했다 하더라도 기존에 믿어오던 신앙을 허물어뜨리

기는 힘든 것이다. 신들의 정주처를 허물면 혹 재앙이 닥치지 않을까 하는 근심이 생겨난다. 마땅한 이유를 제시해야 했다. 그래서 만들어 낸 것이 '부처님 이전에 이미 절이 있었던 곳'이라는 소문이다. 전불(前佛)시대 칠처가람인 것이다. 사람들이 그것을 몰라 엉뚱한 신을 모시고 있었을 뿐이라는 것이다. 이제 원래의 자리로 돌아가는 것이니 부처가 복을 주면 주었지 화(禍)는 생기지 않는다는 설득이 있었던 것이다. 신라는 불교를 참으로 잘 이용하였다.

2 | 신라의 상징 황룡사

진흥왕의 꿈

20세의 젊은 왕이자 신라를 최고의 전성기에 올려놓았던 진흥왕. 젊고 자신감에 넘치던 왕은 영토가 확장된 만큼 왕실의 권위도 높이고 싶었다. 지금까지 지내던 월성은 왕국의 위상에 비해서 좁았다. 월성의 동북쪽 너른 터를 골라 궁궐을 확장하기로 결정했다. 백성들이 살던 터전을 밀어내기엔 부담이 있었기에 습지를 택했다. 사람이 살 수 없는 땅인 습지를 택해 궁궐을 짓기로 한 것이다. 그러나 이곳은 용왕의 터전이었다. 물이 고여 있고 버드나무가 숲을 이루고 갈대가 우거졌던 신앙의 터전이었다. 이곳이 용궁이었음이 『삼국유사』에 기록되어 있다. 아도

▲ **황룡사터** 칠처가람의 하나로 용궁이라 여겨지던 곳이다.

가 신라에 불교를 전하기 전 그의 어머니가 신라에 대해 알려준다.[43]

이와 같은 이야기는 훗날에 만들어진 것이 틀림없다. 신라가 불교를 수용하고, 그것을 국가 이념으로 널리 사용할 때 만들어졌다. 왕실이 석가모니와 같은 크샤트리아 계급이며, 그 왕실이 다스리는 땅이 신성하다는 것을 강조하는 것이다. 이야기를 만든 사람들은 신라인이었다. 그들은 황룡사와 분황사 사이에 용궁이 있다고 생각했다. 실제로 이 일대를 발굴했더니 습지였다는 사실이 밝혀졌다. 황룡사와 분황사가 세워지기 전에 있었던 습지를 용궁이라 믿었던 것이다.

그런데 진흥왕이 이곳의 물을 빼내고 궁궐을 짓는다는 것이다. 백제와 고구려를 궁지로 밀어 넣던 추진력은 궁궐 건축에서도 발휘되었다.

---

43 칠처가람 참고

그러나 백성들의 걱정이 이만저만이 아니었다. 용왕의 터전을 밀어내다니. 재앙이 닥치지 않을까? 쉽게 받아들이기 어렵다. 백성들은 반복된 전쟁으로 지쳤다. 그런데 이 와중에 궁궐을 확장하다니. 양심도 없지.

그런데 어디서 나온 것인지 알 수 없지만, 물을 퍼내는 습지에서 용이 나타났다는 소문이 돌았다. 불안심리는 소문을 증폭시켰다. 용처럼 생긴 잉어가 나왔을 것이다. 그것도 누런 잉어. 용처럼 생긴 잉어의 출현은 입에서 입으로 전해지면서 '황룡(黃龍)의 출현'으로 변했다. 용궁이 틀림없다는 근거 없는 믿음이 확신으로 변했다. 용을 쫓아냈으니 이제 재앙만 남았다.

백성들의 수근거림은 총명한 진흥왕의 귀에도 들어갔을 것이다. 진퇴양난이다. 이를 어찌 해결할까? 그만두자니 체면이 손상될 것이고, 계속 밀어붙이자니 백성들의 원망과 불안을 잠재우기 힘들 것 같다. 그렇다면, 용왕조차도 경배한다는 부처의 집을 짓자. 이름도 황룡사(黃龍寺)로 짓자. 『삼국유사』에는 이렇게 전한다.

신라 제24대 진흥왕 즉위 14년(553) 2월, 용궁 남쪽에 대궐을 지으려고 하는데 그 땅에서 황룡이 나타났다. 그래서 대신 절을 짓고 황룡사(皇龍寺)라 했다.

황룡(黃龍:누런 빛깔의 용)이 나타났기에 황룡사(黃龍寺)가 되어야 하는데, 절충해서 황룡사(皇龍寺)라 하였다. 임금 황(皇)+용 용(龍)을 넣어서 진흥왕의 체면을 살려 주었다.

황룡사의 건축은 이렇게 시작되었다. 황룡의 출현은 늪지를 매립하는 과정에 생겨난 것이기에 아직 어떤 건물도 짓지 않은 상태였다. 사찰로 변경하는 것은 어렵지 않았다. 서라벌에서도 가장 좋은 자리였다. 궁궐과 가까우니 왕실 사찰로 손색이 없었다. 진흥왕이 추진하고 선덕여왕이 마무리한 황룡사는 왕실과 국가의 안녕을 빌어주던 호국사찰(護國寺刹)이었다. 고려말 몽골병들에게 불태워지기 전까지 호국사찰의 역할을 해내고 있었다.

규모는 크지만 단순한 황룡사

3만 평에 달하는 엄청난 대지에 지어진 대사찰 황룡사. 절이 깔고 앉은 대규모 땅에 비해서 건축은 그리 복잡하지 않았다. 절은 남향(南向)을 하였다. 외곽을 두른 담장은 남문을 통해 들어갈 수 있다. 남문을 통과하면 중문이 보인다. 중문은 절의 핵심으로 들어가는 문이다. 중문을 들어서면 하늘을 찌를 듯 압도하는 구층목탑(九層木塔)이 서 있다. 목탑 뒤에는 금당이 있다. 목탑으로 인해 금당이 잘 보이지 않는다. 압도적인 스케일의 이 공간은 답답한 느낌도 없지 않다. 그러나 그것이 중요한 것이 아니다. 건축적 안목보다는 신라의 힘과 권위를 보여주는 데 초점이 맞춰졌기 때문이다. 금당(金堂)은 가운데 금당을 중심으로 동금당, 서금당이 나란히 있었다. 특이한 구조라 할 수 있다. 금당 뒤에는 강당이 있다. 강당 역시 3채의 건물이 나란히 있었다. 절은 남문(南門)-중문(中門)-탑(塔)-금당(金堂)-강당(講堂)이 일직선으로 배치되었다. 중문-

탑-금당-강당은 회랑(回廊)이 감싸고 있었다. 회랑으로 감싸인 공간은 묵직하고 엄숙한 분위기를 연출하였다.

이 시기의 절들은 대부분 비슷한 구조였다. 분황사, 감은사, 원원사 등 확인 가능한 사찰들은 모두 문(門)-탑(塔)-금당(金堂)-강당(講堂)이라는 단순한 구조를 하고 있었다. 삼국통일 무렵이 되면 쌍탑이 출현하여 살짝 변화를 주었다. 그렇다고 하더라도 이 단순한 구조는 고려시대까지 계승되었다. 그런데 황룡사에서는 약간 다른 점을 보여준다. 금당 셋, 강당 셋이라는 구조다. 같은 시기 백제의 미륵사도 비슷한 구조를 보여 주었다. 왜 금당을 셋을 두고, 강당을 셋을 두었는지 확인되지 않았다.

하나의 사찰에서는 한 분 부처를 모셨다. 부처가 다르면 가르침도 다르다. 가르침이 다르면 경전도 다르다. 경전이 다르면 종파가 다르다. 하나의 사찰은 한 종파를 표방하기에 한 분 부처만 모셨던 것이다. 비로자나불의 가르침을 모아 놓은 것이 화엄경이며 비로자나불은 화엄종의 부처다. 아마타불은 무량수경이며 정토종의 부처다. 하나의 절은 하나의 종파를 표방하기에 절이 아무리 크다 해도 법당은 하나였다. 대규모의 절이라 하더라도 사찰의 구조가 단순한 것은 이런 교리적 이유 때문이었다.

훗날 여러 교파가 통합과 분열을 반복하면서 한 사찰에 여러 부처를 모시게 되었다. 통합하되 상대를 배척하는 것이 아니라 흔쾌히 수용한 것이다. 두 개의 다른 종파 사찰이 통합되면 두 분의 부처를 모셨다. 하나의 법당에 두 분의 부처를 모시는 것이 아니라 두 개의 법당을 짓고 각각 모셨던 것이다. 한 부처는 하나의 세계를 갖는다. 즉 비로자나불은 연화장의 세계, 석가모니불은 사바세계, 아미타불은 극락세계의 주인이다. 교파가 서로 통합되어 하나의 사찰에 여러 부처를 모시게 되었다 하더라도 각각의 세계는 지켜줘야 했기 때문이다. 대웅전에는 석가모니불, 극락전에는 아미타불, 비로전에는 비로자나불이 모셔지게 된 것이다. 대웅전에 세 분의 부처가 있다고 하더라도 주불은 석가모니불이다. 나머지 부처는 협시불이라 한다.

황룡사가 창건되던 당시에 법당은 예불 장소가 아니었다. 부처의 사리를 봉안한 탑이 실질적인 신앙의 중심이었다. 승려의 설법을 듣는 장소는 강당이었다. 법당은 불상을 모시는 상징적인 공간이었다. 법당에 들어갈 수 있었던 이들도 한정적이었다. 승려와 왕공귀족들 중심으로 법당 안에 들어갔다.

국가보물 장륙존상

황룡사 금당터에는 주춧돌 외에 많은 돌이 놓여 있다. 금당의 가운데 놓인 둥글게 홈이 패여 있는 돌은 본존불과 협시보살상을 세웠던 받침대였다. 부처와 보살은 연꽃을 대좌로 삼는다. 둥근 홈은 연꽃대좌를 고정시켰던 흔적이다. 부처는 연꽃대좌 위에 서 있었다. 청동으로 만들고 금물을 입힌 연꽃대좌는 이 돌을 덮고 있었다. 연꽃대좌는 부처가 넘어지지 않도록 하는 버팀목 역할을 해야 한다.

청동연꽃대좌가 둥글게 패인 홈에 고정되어 있지만, 더 단단하게 고정되도록 아래로 촉을 만들어 꽂을 수 있게 하였다. 대좌 앞에도 촉이

▲ 황룡사 금당터에 남아 있는 장륙존상 받침대

두 개 있어서 꽂았다. 둥근 홈 뒤에 있는 네모난 구멍은 광배(아우라)를 꽂았던 구멍이었다. 구멍을 보고 상상해보는 것도 재미있다.

황룡사 금당의 부처를 장륙존상이라 했다. 이 장륙존상은 진흥왕 때에 만들었으며 신라 3대 보물 중 하나였다. 대단히 장대했던 것으로 놀라움의 대상이었다. 장륙상이란 부처의 크기를 이르는 말이다. 1장 6척을 줄여서 '장륙'이라 한 것이다. 부처의 크기가 1장 6척이었다는 뜻이다. 1장은 3m에 해당한다. 1척은 30cm이니 6척은 1m 80cm에 해당한다. 황룡사 장륙존상은〈3m+1.8m=4.8m〉정도 되는 부처였다. (당시 길이를 재는 자는 고구려의 자인 고려척이었으므로 1척의 크기를 35cm로 계산하기도 한다. 그러면 5m가 훌쩍 넘는 거대한 부처가 있었던 셈이다) 본존불이 5m였다면 좌우에 협시하고 있는 보살상은 대략 4m 정도 된다. 거대한 세 분의 불보살을 바라보는 신라인들은 규모의 힘에 압도되었고, 그것을 이루어냈다는 자부심에 한껏 들떴을 것이다. 얼마나 자부심이 높았던지 다음과 같은 이야기가 『삼국유사』에 전한다.

기축년(569)에 이르러 주위에 담을 쌓고 17년 만에 마쳤다. 얼마 있지 않아 바다 남쪽에 큰 배 한 척이 하곡현의 사포에 이르러 정박하였다. 살펴보니 쪽지에 글이 적혀있기를, "서천축국 아육왕(아쇼카)이 황철 5만 7천 근과 황금 3만 분을 모아 석가삼존상을 만들려 하였지만, 이루지 못하고 배에 실어 바다로 띄워 보내노라. 인연 있는 나라, 거기 가서 장륙존상이 이루어지기를 축원한다"하고, 한 부처님과 두 보살상의 모양을 함께 실어 놓았다. (중략) 갑오년(574) 3월에 장륙존상을 만드는데 대번에 마쳤다. 무게가 3만 5천 7근이고, 들어간 황금이 1만 1백 36분이었다. 그리고 황룡사에 잘 모셨다.

장륙존상을 만드는 재료가 인도에서 왔다는 것이다. 심지어 전륜성왕으로 존경해마지 않는 아쇼카왕이 만들다가 실패해 배에 실어 보낸 것이란다. 그런데 신라에서 이 대역사를 단번에 이루었다고 한다. 신라의 자신감이 하늘을 찌른다. 아쇼카왕은 기원전 232년 무렵에 죽은 것으로 되어 있다. 아쇼카가 죽던 해에 배에 실어 보냈다면 900년이나 바다에 떠돌다가 신라에 닿았다는 것이 된다. 신라인들은 아쇼카의 생몰년을 몰랐을 것이다. 그저 불교를 일으킨 성스러운 인물로 알고

있을 뿐이었고, 불법(佛法)의 수레바퀴를 돌려 세상을 정복해가는 전륜
성왕의 표상이었다. 신라 왕실은 그런 전륜성왕임을 자임하고 나선
상황이었다. 배가 900년이나 바다를 떠도는 것도 가능하지 않을뿐더
러 엄청난 무게의 청동을 싣고서야.

재료를 신라 내에서 조달하기 힘들었기에 중국이나 바다 건너 어느
곳에서 가져왔을 것이다. 신라가 서해바다를 확보한 상황에서 어렵지
않았을 터이다. 중국에서 가져왔다고 하더라도 이왕이면 부처의 나라
천축국에서 왔다고 하면 더 신령스럽지 않겠는가?

장륙존상과 보살상이 법당의 가운데 삼존상으로 버티고 선 가운데,
좌우로는 부처의 십대제자가 다섯 명씩 서 있고, 그 앞에는 문수보살,
보현보살, 범천, 제석천이 있었을 것이다. 석굴암 전실로 들어가면
범천과 제석천, 문수보살과 보현보살, 그리고 십대제자가 나열되어
있다. 황룡사 금당터에는 이곳에 모셔졌던 불보살상들의 상상도가 작은
사진으로 설명되어 있다. 이것만으로는 그 구조를 이해하기 어렵다면
황룡사역사문화관으로 가 보자. 법당 내부에 모셔졌던 불보살상들을
그림으로 설명해 놓았으니 좋은 참고가 된다.

백제인 아비지와 구층목탑

황룡사는 미완성인 상태로 사용되었다. 탑은 건립되지 않았다. 진흥
왕이 승하하고 진지왕, 진평왕 그리고 선덕여왕까지 이르렀다. 당나라
에서 유학 중이던 승려 자장은 대화지(大和池)에서 신인(神人)을 만났다.

자장은 진골출신이다. 신라가 놓인 사정을 누구보다 잘 알고 있었고 왕실의 일원이었다. 그러니 그의 얼굴은 늘 어두웠다. 신인은 왜 근심하는지 물었고, 자장은 신라가 놓인 상황을 설명했다. 그러자 신인이 이렇게 말한다.

"그대의 나라는 여자가 왕 노릇을 하고 있어서, 덕은 있으되 위엄을 갖추지 못했기 때문에 이웃 나라들이 건드리는 것이오. 빨리 당신 나라로 돌아가야 하오."

"돌아가 무엇을 해야 합니까?"

"황룡사의 호법룡은 내 큰아들이오. 석가모니의 명령을 받아 거기가 절을 지키고 있소. 본국에 돌아가거든 절 가운데 구층탑을 지으시오. 이웃 나라들이 항복해 오고, 구한(九韓)이 조공을 바칠 것이며, 왕실이 영원히 평안할 것이오."[44]

자장은 돌아와 사실을 아뢰었다. 신인을 만나기 전에 만났던 문수보살은 '신라 왕실은 크샤트리아 계급'이라고 알려줬다. 석가모니와 같은 집안이라는 뜻이다. 그런데 신인은 '여자가 왕 노릇하고 있어서 문제'라고 한다. 이것을 전해들은 선덕여왕의 기분은 어땠을까?

구층탑을 세워야 주변국이 복종해올 것이라는 조언을 보태면서. 자장이 가져온 9층목탑 설계안은 신라가 가진 기술로는 불가능한 것이었다. 조심스럽지만 백제의 기술자를 초청해야 가능할 것이라는 의견이

---

44 삼국유사, 고운기 역, 홍익출판사

▲ **황룡사 구층목탑터** 가운데 큰 돌은 심초석이다. 심초석 아래에 사리봉안 장치가 있었다.
현재의 기준으로 보자면 탑은 무려 22층 높이였다.

있었다. 백제는 의자왕 재위 초기였다. 의자왕의 아버지였던 무왕은
익산에 대규모의 미륵사를 창건하고 그곳에 거대한 목탑과 석탑을 완공
했다. 그것도 단기간에 이루었다. 황룡사는 창건된 지 오래되었지만,
탑을 세우지 않았기 때문에 미완성인 채로 오랜 시간이 지났다.

백제 미륵사에 대한 소문은 주변국에서 이미 알고 있었다. 거대함
과 휘황함이 놀라움을 금치 못하게 만들었다. 큰 목탑과 동서 석탑은
이제까지 보지 못했던 모양에 세련미까지 갖추었다. 황룡사에 필적할
규모였으나 모든 것을 일사천리로 이루어낸 백제의 기술력에 찬탄을
아끼지 않았다. 한편, 거대 사원을 건축하기 위한 결단은 누가 더 제대
로 또는 잘 섬기는지에 대한 경쟁이었다. 어쨌든 보물과 비단을 가지고
백제의 아비지(阿非知)라는 이름난 기술자를 초청하였다. 아비지에
대해서는 자세한 기록은 없지만 미륵사 건립에도 어느 정도 관여했을

것으로 추정된다. 경쟁국임에도 불구하고 아비지를 신라국으로 보낸 백제의 배포가 크다고 하겠다. 아비지는 목탑을 건립하는데 재능을 아끼지 않았다. 기단을 만들고 주춧돌을 놓고, 목재를 알맞게 다듬었다. 이제 조립하여 층을 올리면 된다.

처음에 절에 기둥을 세우던 날이었다. 아비지의 꿈에 자기 나라 백제가 멸망하는 모습이 나타났다. 그는 의아한 마음으로 일손을 멈추었다. 그러자 갑자기 온 땅이 진동하며 어두컴컴해지는 가운데 홀연히 한 노스님과 장사가 나타나 금전문에서 나와 그 기둥을 세우고는 사라져 보이지 않는 것이었다. 이에 마음을 고쳐먹고 탑 짓는 일을 마무리 지었다.[45]

결국 황룡사구층목탑은 완공되었다. 643년에 시작하여 3년 만인 645년에 완공되었다. 상륜부가 42척이고 탑신이 183척이었다. 당시 탑을 만들 때 사용한 자가 고구려 자인 고려척(高麗尺)이었으므로 1척의 길이를 35cm로 계산하면 탑의 높이는 대략 78.75m에 이른다. 아파트 한 층의 높이를 3m로 계산한다면 상륜부까지 26층이 넘는다. 상륜부를 빼고도 22층에 이를 정도로 대단한 높이를 가졌다. 층마다 사람이 올라갈 수 있었다. 꼭대기 층까지 올라가서 서라벌 전체를 조망할 수 있었다.

웅장하게 솟아오른 구층목탑은 서라벌 어디서나 볼 수 있었다. 삼국이 심각하게 쟁탈하고 있는 상황에서 서라벌로 숨어든 간자들과 무역을

45 위의 책

위해 찾아온 상인들에 의해 이 소식이 백제와 고구려, 당나라에까지 전해졌다. 여왕이라 신라를 결속시키지 못할 것이라는 업신여김은 곧 사라졌다. 강력한 지도력이 없다면 어찌 이런 대사업을 끝낼 수 있었을까? 신라 내부에서도 여왕의 강력한 추진력에 안도의 숨을 쉬었다.

모든 작업을 지휘한 이는 이간 용춘(龍春)이었으며 2백 명의 기술자를 지휘했다고 한다. 이간 용춘은 김용춘을 말하며 김춘추의 아버지다. 김용춘의 아버지는 진흥왕의 아들인 진지왕이었다. 진지왕은 4년 만에 폐위되었는데 나라를 제대로 돌보지 않는다는 이유였다. 그리고 진평왕이 등극했다. 진평왕은 진지왕의 형이었던 동륜태자의 아들이었다. 진지왕 입장에서는 조카가 된다.

진평왕에게는 딸이 둘 있었다. (셋이라는 설도 있지만) 진평왕의 첫째 딸 덕만은 선덕여왕이 되었다. 둘째 딸 천명은 김용춘과 혼인하였다. 진지왕을 폐위시킨 진평왕, 그런데 진지왕의 아들이었던 김용춘은 오히려 진평왕의 사위가 되었다. 어쩌면 원수가 될 수 있었을 것이다. 그러나 혼인을 통해 두 세력이 통합되었던 것이다. 김용춘은 선덕여왕의 최측근이 되었고 그의 아들 김춘추 역시 선덕여왕의 강력한 지지자가 되었다.

어렵게 완공된 탑에는 각 층마다 신라 주변국의 국명이 적혀 있었다. 이는 자장의 말에서 기원한다. 탑을 건립하게 되면 이웃의 침범을 막고 구한이 조공해올 것이라는 조언이 있었기 때문이다.

신라 제27대에는 여왕이 임금이 되자 비록 도는 있어도 위엄이 없어,

구한이 침범해 왔다. 용궁의 남쪽 황룡사에 9층탑을 건립하여 이웃나라로부터 당하는 재앙을 잠재울 수 있었다. 제1층은 일본, 제2층은 중화, 제3층은 오월, 제4층은 탁라, 제5층은 응유, 제6층은 말갈, 제7층은 단국, 제8층은 여적, 제9층은 예맥이다.[46]

　신라를 가장 괴롭힌 백제와 고구려를 기록하지 않았다고 하는데 사실일까? 사실 5층의 응유는 백제를 말한다. 백제를 낮춰 부르던 말이다. 6층의 말갈과 9층의 예맥은 고구려 영역에 속한 족속들이다. 이는 곧 고구려를 표현한 것이라고 할 수 있다. 지금이야 고구려, 백제, 신라를 우리의 역사 테두리 안에 두고 한민족이라 하지만, 당시에도 그랬을까? 이들은 한번도 같은 국가였던 적이 없었다. 그러므로 자국의 안전을 위협하는 적국이었을 뿐이다. 같은 민족이라는 생각에 두 나라의 국명을 뺐을 리 없다. 뺐다면 통일 후 또는 고려시대에 뺐을 것이다.

　목탑터를 살펴보자. 평면은 정사각형이다. 법당이라면 직사각형이다. 정사각형의 평면은 이곳이 목탑자리라는 것을 알려주는 확실한 근거가 된다. 또 주춧돌이 매우 촘촘하게 놓였다. 아파트 20층 높이를 가졌던 목탑은 하늘로 솟아 있어서 밑으로 누르는 하중이 대단하였다. 그렇기 때문에 기둥을 촘촘히 놓아서 무게를 받아줘야 한다.

　목탑터 가운데 놓인 큰 바위를 '심초석'이라 한다. 목탑을 만들기 위해서는 가운데 기둥(心柱)을 높이 세우고, 다른 기둥들과 연결하면서 층을 만든다. 심주가 중심을 잡아주는 역할을 하는 것이다. 심주를

46　위의 책

받쳐주는 돌을 심초석이라 한다. 목탑은 심초석 아래에 사리를 봉안한다. 황룡사의 경우는 심초석 아래 놓인 반석에 사리공(사리를 넣는 구멍)을 두었다. 탑은 사리를 봉안하기 위해 세우는 것이니, 사리봉안 장치가 가장 중요하다. 그러므로 가운데 기둥 즉 중심 아래에 사리를 봉안한 것이다. 이 가운데 기둥은 우주의 중심인 수미산을 상징한다고도 한다.

웅장한 탑의 무게를 받쳐야 할 기단은 대충할 수 없다. 4m 넘게 땅을 파고 판축법을 이용하여 흙을 다져 넣었다. 기단이 꺼져서 탑이 무너질 수 있으니 가장 정성들여야 할 부분이었다.

황룡사구층목탑은 황룡사와 함께 사라졌다. 완공 후 여러 차례 벼락을 맞고 화재를 당했지만 그때마다 재건되었다. 그러나 몽골군의 침략으로 황룡사와 함께 전소된 후 다시 건립되지 못했다. 그 후로 수백 년 동안 흔적만 전해왔고 기억에서 사라져 갔다.

황룡사 대종

신라 제35대 경덕대왕 때인 천보 13년은 갑오년(754)인데 황룡사에 종을 만들었다. 길이가 한 길 세 치, 두께가 아홉 치, 들어간 무게가 49만 7천 581근이었다. 시주는 효정이왕의 삼모부인(三毛夫人), 기술 책임자는 이상댁(里上宅)의 하전(下典)이었다. (당나라) 숙종 때 다시 종을 만들었는데 길이가 여섯 자 여덟 치였다.[47]

---

47 위의 책

황룡사는 사찰의 규모만큼 종도 컸다. 재료의 양(量)만 따진다면 성덕대왕신종의 4배였다. 성덕대왕신종에 들어간 황동이 12만 근이었다. 성덕대왕신종과 비교해서 상상해보면 엄청난 규모였음이 틀림없다. 물론 크기로만 비교할 수는 없을 것이다. 더 큰 만큼 더 두꺼웠을 것이다.

그런데 (당나라) 숙종(756-762) 때 이 종을 녹여서 작은 종을 여러 개 만들었다고 한다. 큰 종을 완성하자마자 왜 녹였을까? 깨졌던 것일까? 비슷한 시기에 만들어진 성덕대왕신종은 지금까지 멀쩡히 남아 있다. 급하게 녹여야 했던 이유는 무엇이었을까?

성덕대왕신종보다 4배나 큰 종인 황룡사 대종은 단번에 제작되었다. 성덕대왕신종도 비슷한 시기에 제작되었다. 그런데 황룡사 대종보다 작은 성덕대왕신종을 제작하는데 최소 7년, 최대 30년이 소요되었다. 도대체 무엇이 문제였을까?

황룡사대종은 회전형법이라는 제작 방법을 쓴 것으로 추정된다. 성덕대왕신종은 밀랍법으로 제작되었다. 여러 단계에 걸쳐 제작하는 회전형법은 실패할 확률이 적은 반면, 한번에 제작해야 해야 하는 밀랍법은 실패할 확률이 높았다. 제작 방법의 차이가 결정적이었다. 현재 우리나라에서 가장 오래된 종인 상원사종은 크기는 작지만 밀랍법으로 제작(725년)되었고, 그 소리는 회전형법 종과는 확연한 차이를 보여주었다.

좋은 소리를 얻기 위한 갈망 때문에 황룡사 대종은 녹여져 작은 종으로 다시 제작되었던 것이다. 다시 제작된 종은 밀랍법을 사용하였다. 남천우 선생의 주장에 의하면 밀랍법으로 만든 종은 소리가 월등히

우수하므로 기존에 회전형법으로 제작된 종은 녹여질 수밖에 없었다는 것이다. 황룡사종 역시 이렇게 녹여져 작은 종으로 제작되었다.

몽골병이 침입하여 황룡사를 불태우고 이곳에 있던 종을 가져가려다 동해바다에 빠뜨렸다는 전설의 종은 다시 제작된 작은 종이었다. 작은 종이라고 하지만 처음 것보다는 작다는 뜻이다. 몽골병들이 익숙하지 않은 바다를 이용하는 것도 그렇고, 아직 불교를 제대로 이해하지 못했던 몽골이 불교의 유물을 귀하게 여겨 가져간다는 설정도 앞뒤가 맞지 않는다. 몽골은 후대에 불교를 받아들이는데, 티벳불교를 신봉하였다. 황룡사종을 가져갔다는 전설은 아마 '왜(倭)'가 아닐까 생각된다. 대왕암이 있는 그 바다에 수장되었다고 하는데, 가끔은 다이버들이 보았다는 신문기사도 심심찮게 등장한다.

황룡사터 발굴비사

황룡사터는 당시 민가와 논밭으로 경작되고 있었고, 9층목탑터는 탑의 중심기둥을 받치는 소위 심초석(건물의 중심기둥을 세우는 주춧돌) 위로 민가 담장을 쌓아서 폐허가 된 것보다 오히려 민가에 의해 날로 훼손되고 있었으나 그런대로 남아 있는 모습은 이해하기 쉬웠다.[48]

1962년 황룡사터는 사적 제6호로 지정되었다. 국가에서 문화재로 지정한 것이다. 일단 훼손을 막았다. 1964년 황룡사 목탑터만이라도 보존 대책을 세우기 위해 민가를 사들이고 보존을 위한 대책을 서둘

48 발굴이야기, 조유전, 대원사

렀다. 그런데 그해 12월 17일 심초석 한쪽을 들고 사리장치를 도굴하는 사건이 발생하고 말았다. 마치 담장을 치워주기를 기다렸다는 듯이 순식간에 벌어지고 말았다. 도굴꾼은 이 문화재를 들고 과감하게도 동국대학교의 황수영 교수에게 감정을 의뢰했다. 확실한 증거가 없는 상태에서 도굴꾼들이 들고 온 문화재를 감정할 수밖에 없었다.

이같은 불행한 찰나에 필자(황수영)는 서울에서 이 사리구의 민간 매도에 본의 아닌 관여를 하게 되었는바 그것은 매입자로부터 필자에게 감정의 의뢰가 있었기 때문이다. 그리하여 필자는 생애를 통하여 최대의 사리구를 처음 상대하는 두려움과 그같은 긴급 수습책의 가부에 대한 저주가 교착함을 아니 느낄 수 없었다. 그때 이같이 약탈된 품목을 일람하고 먼저 그 출처가 경주임을 알 수 있었고 혹시 황룡사가 아닐까 하는 의구가 앞서기도 하였었다.[49]

이들의 도굴 행위는 완전범죄처럼 보였다. 그런데 1966년 불국사 석가탑을 도굴하려다 실패하여 검거되었다. 그리고 그들이 가진 도굴품들이 압수되었는데, 압수물품에 황룡사구층목탑 사리장치가 있었다. 이 사리장치는 국립경주박물관에 전시되어 있다.

---

49 위의 책

솔거의 금당벽화

신라의 화가 솔거의 생몰년은 알 수 없다. 그가 그린 늙은 소나무 그림인 '노송도'가 황룡사 금당 외벽에 있었다. 얼마나 사실적으로 그렸던지 새들이 나무에 앉으려다 부딪쳐 떨어졌다고 한다. 관념적 그림이 아닌 극사실주의 작품이었다. 신비한 그림이었기 때문이라고 우긴다면 달리 할 말은 없다. 새들이 속을 정도로 똑같았다고 보는 게 더합리적이지 않을까? 극사실적인 그림은 사진인지 그림인지 자세히 들여다봐도 구별 못하는 경우가 있다. 솔거의 그림은 극사실적이었고 신비로웠다. 세월이 흘러 그림이 낡자 그 절의 중이 덧칠한 후에 더이상 새들이 날아오지 않았다.

솔거의 그림은 황룡사와 분황사, 지리산 단속사에 있었다고 한다. 황룡사는 진흥왕, 분황사는 선덕여왕, 단속사는 경덕왕 7년(748 or 763)에 창건되었다. 솔거가 지리산 단속사에 유마거사상을 그리려면 8세기에 태어나야 한다. 분황사에서 희명이라는 여인이 아이의 눈을 위해 기도했다는 이야기는 경덕왕 때다.(분황사 참고) 그러므로 솔거는 경덕왕 때 인물로 추측해볼 수 있겠다. 경덕왕 때는 신라 문화의 극성기였다. 솔거라는 화가가 탄생할 수 있는 문화적 성숙도가 조성되어 있었다.

3 | 향기로운 황제의 사찰 분황사

부처의 가호를 바라는 절박함

분황사(芬皇寺)는 '향기로운 황제의 절'이라는 뜻이다. 향기롭다는 말은 주로 여성에게 쓰이는 단어다. '향기로운 황제'는 선덕여왕을 말한다. 같은 뜻으로 왕분사(王芬寺)라고도 했다. 분황사는 선덕여왕의 강력한 의지로 창건되었다. 선왕이었던 진평왕의 삼년상을 마치자 바로 창건되었다.

황룡사구층목탑에서도 언급되었지만 선덕여왕은 즉위부터 많은 문제를 안고 출발하였다. 진흥왕의 팽창정책이 낳은 반대급부가 나타나고 있었다. 영원한 제국은 없는 것이다. 최절정기 후에는 후유증이 찾아온다. 백제, 고구려와 맺은 앙숙 관계는 세 나라가 물고 물리는 전쟁 상태로 들어가게 했다. 절체절명의 시기에 여왕이 등장한 것이다. 진평왕에게는 아들이 없었으므로 큰딸인 덕만이 왕위에 오르게 되었다. 아들이 없으면 화백회의를 통해서 서열이 가장 높은 왕족이 왕위에 오르면 아무런 문제가 되지 않았다. 그런데 여왕이 등장한 것이다. 안팎으로 심각한 도전에 직면한 선덕여왕은 여자가 왕이 되어도 부처의 가호를 받는 데 아무 문제가 없음을 보여주고 싶었다. 분황사 창건은 그렇게 시작된 것이다. 여왕의 적극적인 창건 의지이자 난국을 정면 돌파하겠다는 다짐이었다. 아직 황룡사가 완공되기 전이었지만, 자신의 절을 짓고자 마음먹은 것이다.

특이한 분황사의 구조

분황사는 진흥왕이 창건한 황룡사와 남북으로 담장을 맞대고 있다.
분황사의 북쪽에는 북천(알천)이 있고 남쪽으로는 황룡사가 있다. 황룡
사가 워낙 큰 절이다 보니 분황사는 작은 규모처럼 보인다. 또 현재
남아 있는 절의 모습이 워낙 왜소하다 보니 그렇게 보이기도 한다. 그
러나 분황사는 대규모의 사찰이었다.

분황사는 특이한 구조의 절이었다. 당시 사찰의 기본구조인 일탑
(一塔)일금당(一金堂)의 틀을 깨버렸다. 분황사보다 먼저 창건된 황룡
사가 이미 그 구조를 깨긴 했지만, 그것과는 또 다른 형태의 절이었다.
금당이 세 개 있는 것은 황룡사와 같으나 금당의 배치가 品자 모양이
었다. 북쪽에 법당 하나, 동서(東西)에 법당을 마주 보도록 배치했다.
금당의 배치를 보면 고구려와 많이 닮았다. 고구려의 경우 탑을 기준으
로 금당이 品자 모양으로 배치되었다. 분황사는 전체적으로 고구려와
비슷한 것 같지만 탑이 있어야 할 자리에 우물이 있다. 동쪽과 서쪽에
배치된 금당보다 더 남쪽에 유명한 모전석탑이 있다. 균형미로만 따진
다면 세 개의 법당이 만들어내는 마당에 탑이 있어야 더 조화롭다. 뭔가
어색하지만 그렇게 창건되었다. 확인되지 않았지만 무슨 이유가 있었
을 것이다. 굳이 우물을 마당 가운데 두어야 할 이유가 있었을까? 우물
은 다른 곳에 두어도 되지 않았을까?

분황사의 강당은 확인되지 않았다. 당시의 절에서 강당은 매우 중요했다. 절에서 이루어지는 대부분의 행사는 강당에서 했기 때문이다. 아마 금당의 북쪽에 있었을 것이다.

주춧돌만 남은 법당

지금 분황사의 법당은 서향(西向)이다. 선덕여왕이 창건했던 분황사는 남향(南向)이었다. 品자로 배치되었던 세 개의 법당 모두가 남쪽으로 문을 낸 특이한 경우였다. 보통은 문을 마당 방향으로 낸다. 品자형 건물들은 마당에 있는 우물 방향으로 문을 내야 제대로 된 건축물이 된다. 그런데 모두 다 남쪽으로 냈다. 그 이유는 밝혀지지 않았다.

선덕여왕이 창건했던 법당 위에 규모와 방향을 달리하면서 지금의 법당이 있다. 지금의 법당은 규모가 매우 작다. 법당 주위를 둘러보면 일정한 간격으로 주춧돌이 땅에 박혀 있음을 확인할 수 있다. 법당의 규모가 얼마나 컸었는지, 주춧돌만으로도 충분히 가늠할 수 있다.

지금의 법당이 서향인 이유는 무엇일까? 지금의 법당에는 약사불이 모셔져 있다. 약사불은 병을 치유하는 부처다. 그는 동방유리광세계의 주인이다. 약사불의 방향은 동쪽이다. 그 때문에 동쪽에서 서쪽을 바라보는 구조로 된 것이다.

▲ **분황사에 남아 있는 법당의 주춧돌** 주춧돌은 분황사가 엄청난 규모였음을 알려주는 흔적이다.

분황사 모전석탑

　분황사탑은 교과서에도 사진이 실릴 만큼 유명한 탑이다. 이 탑은 '모전석탑'이라는 이름을 덧달고 있다. 모전석탑이란 돌을 벽돌처럼 다듬어서 쌓은 탑을 말한다. 벽돌탑처럼 보이지만 돌탑이다. 분황사 모전석탑은 안산암을 벽돌처럼 다듬어서 쌓았다. 쌓는 방식은 벽돌을 쌓는 것과 같다.

　분황사탑은 황룡사구층목탑보다 먼저 건축되었다. 분황사탑도 처음에는 구층탑이었다(7층이었다는 주장도 있다). 전탑(塼塔)은 목탑(木塔)이나 석탑(石塔)과 달라서 잘 무너진다. 벽돌과 벽돌 사이에 강력한 접착력이 있는 재료(회 or 시멘트)를 사용하지 않고 그냥 얹어 놓았기 때문이다. 비가 오면 벽돌 틈새로 물이 스며들고 겨울이 되면 얼어서 부풀어 오르게 된다. 얼었다가 녹기를 반복하면서 어느 순간 순식간에 무너지는 현상이 발생한다. 봄이 되면 축대가 갑자기 무너지는 것과 같다. 안동 법흥동전탑은 층마다 기와를 올려서 물이 스며드는 것을 막기도 했다. 또 회를 발라서 벽돌을 붙이더라도 조그마한 틈새로 물이 스며들어 고여 있다가 문제를 발생시킨다. 우리나라 기후 환경에서는 벽돌탑이 유용한 방법은 아니었던 것이다. 그러나 삼국시대 승려들이 중국에 가서 보고 경험한 것은 벽돌탑이었다. 이들은 고국으로 돌아와 벽돌탑을 세우고자 했던 것이다.

분황사탑 역시 세월을 견디지 못하고 무너졌는데 그때마다 깨진 돌을 제거하여서 층이 점차 낮아졌다. 다른 돌을 다듬어 끼워 넣으면 되는데 여의치 않으니 벽돌 수를 줄여서 다시 쌓는 것이다. 임진왜란 때에 왜군이 훼손한 탑을 전쟁 후에 수리한다고 손을 댔다가 더 무너졌고, 일제강점기에 3층으로 마무리했다고 한다.

2층과 3층 사이에서 돌로 만든 사리감이 나왔고, 그 안에서 여러 공양물이 출토되었다. 〈녹유사리병파편〉〈은합과 사리5과〉〈금·은바늘(각각 2점)〉〈바늘통〉〈곡옥〉〈수정옥〉〈금제귀걸이〉〈방울〉〈금제장신구〉〈가위〉〈족집개〉〈아열대서식 조개껍대기〉 등 많은 유물이 나왔다. 특히 상평오수전(常平五銖錢:중국 북제, 550-577)이 나와서 공양구를 넣은 시기를 짐작할 수 있게 하였다. 여성용품으로 볼 수 있는 〈바늘·바늘통·가위·장신구〉 등이 출토되어 선덕여왕의 공양품으로 짐작하고 있다.

탑의 기단은 탑의 몸에 비해 넓다. 조금 넓은 정도가 아니라 과하게 넓다. 각 모서리마다 사자가 앉아 있다. 동쪽에 배치된 사자를 물개라고도 하는데, 불교에서는 사자가 상징으로 많이 사용되니 사자로 보는 것이 옳겠다. 기단의 아랫부분은 자연석으로 쌓고 제일 윗단에는 다듬은 장대석을 올렸는데, 자연석과 장대석이 만나는 부분을 그렝이법을 사용하여 서로 맞물리게 했다. 이렇게 하면 꽉 물려서 오랫동안 버틸 수 있다.

탑의 1층 4면에는 돌로 만든 문이 있다. 문설주에는 석상이 부조되어 있다. 고부조를 하여 환조처럼 보이기도 한다. 돌로 문짝을 만들어서 달았다. 석상의 모습은 동서남북이 다르고, 조각 기술도 달라서 각 방향마다 다른 조각가가 만들었을 것으로 짐작된다. 조각된 신상은 금강역사(인왕상), 사천왕으로 보인다.

▲ **분황사모전석탑** 현존하는 신라탑 중에서 가장 오래된 탑이다. 돌을 벽돌처럼 다듬어 쌓았기 때문에 모전석탑이라 부른다.

벽돌(모전)로 층을 구성하려면 몸체를 쌓은 후 조금씩 내쌓기를 하다가, 어느 정도 지붕의 모습이 갖추어지면 들여쌓기를 해야 한다. 너무 길게 내쌓으면 무너지니 무턱대고 길게 내쌓기 하면 안 된다. 그래서 전탑의 추녀선은 짧다. 각 층의 지붕을 옆에서 바라보면 추녀마루와 처마선이 마름모의 기울기를 보여준다. 이 기울기는 신라석탑의 기본 특징으로 자리 잡는다.

삼룡변어정, 용궁의 변신

분황사는 특이하게도 탑과 법당 사이에 우물이 있다. 우물의 바깥 돌은 통돌을 깎아 만들었는데, 바깥은 8각으로 다듬고 안쪽은 원형으로 뚫었다. 통돌을 둥글게 구멍 내어 우물 돌로 사용하였다. 우물 안에는 돌을 가지런하게 쌓아 올렸다. 밖에 놓인 우물 돌을 어루만지면 선덕여왕 당대의 숨결이 느껴지는 것 같아 신비롭다. 이 우물과 관련된 이야기가 『삼국유사』에 전한다.

왕(원성왕)이 즉위한 지 11년째인 을해년(795)이었다. 당나라 사신이 서울에 왔다가 보름을 머물다 돌아갔다. 그런 다음 하루는 두 여자가 궁 안에 들어와 아뢰었다.

"저희는 동지(東池)와 청지(靑池)에 있는 두 용(龍)의 부인입니다. 당나라 사신이 하서국(河西國) 사람 둘을 데려와서, 우리 남편 두 용과 분황사 우물 용 등 세 용에게 주문을 걸어, 작은 물고기로 바꾼 다음 통에 넣고 돌아갔습니다. 바라건대 폐하께서는 두 사람을 붙잡아 주소서. 우리 남편들은 나라를 지키는 용입니다."

왕은 쫓아가 하양관에 이르러 손수 잔치를 베풀면서 하서국 두 사람에게 말하였다.

"너희들은 어찌하여 우리 용 세 마리를 잡아 여기까지 이르렀느냐? 만약 사실대로 이르지 않으면 극형에 처할 것이야."

그러자 물고기 세 마리를 꺼내 바쳤다. 세 곳에 풀어주니 물살을 한길 남짓 뛰기면서 기뻐 뛰며 갔다. 당나라 사람들이 왕의 명석함에 탄복하였다.

일찍이 분황사는 용궁의 북쪽 자리라 하였다. 황룡사는 용궁을 허물고 지은 절이다. 그 용궁을 완전히 없앤 것이 아니라, 이곳으로 옮겨 온 것이다. 品자로 배치된 법당의 마당에는 탑이 있어야 하는데, 우물이 있는 이유가 여기에 있지 않을까?

▲ **삼룡변어정** 탑이 있어야 할 자리에 우물이 있다.

신라는 이렇게 전통과 불교가 대립이 아니라 공존하는 방법을 택했다. 대립과 배척이 아니라 공존할 수 있었던 넉넉함이 1,000년을 존립할 수 있게 한 중요한 요인이 아니었을까? 유능하다면 적국인 백제의 장인이라도 초청할 수 있었던 적극성까지 갖추었으니 민족문화의 전형을 이룰 수 있지 않았을까? 골품제를 완고하게 고집하지 않았더라면 신라는 좀 더 긴 역사를 가졌을지도 모른다.

솔거의 관음보살도

솔거는 황룡사 금당 외벽에 노송도를 그린 화가로 유명하다. 그는 황룡사에만 그림을 남긴 것이 아니다. 분황사에는 관음보살도, 지리산 단속사에는 유마거사상을 그린 것으로도 알려져 있다. 『삼국유사』는 이런 이야기를 전한다.

경덕왕 때였다. 한기리에 사는 희명이라는 여자의 아이가 다섯 살이었는데, 갑자기 눈이 멀었다. 어미는 아이를 안고 분황사 왼쪽 전각의 북쪽 벽에 그려진 천수대비 앞으로 갔다. 노래를 지어 아이에게 기도하였더니 드디어 눈이 떠졌다. 그 노래를 이렇다.

무릎이 헐도록 두 손바닥 모아
천수관음 앞에 빌고 빌어 두노라
일천 개 손, 일천 개 눈
하나를 놓아, 하나를 덜어

둘 없는 내라
한 개사 적이 헐어 주실려는가
아, 나에게 끼치신다면
어디에 쓸 자비라고 큰고

여인이 부른 노래는 향가로 전해진다. 균여대사가 '세상 모든 사람
이 즐기는 도구'라고 한 것처럼 당시 사람들은 향가를 즐겨 불렀다.
요즘 사람들이 유행가 부르듯이 향가를 불렀던 것이다. 희명이라는
여인이 마음을 다해 향가를 지어 부처에게 바쳤던 것이다. 일연은 향가
에 대해서 이렇게 말한다. **'신라 사람들은 향가를 숭상한 지가 오래되
었으며, 천지귀신을 감동시킨 적이 한두 번이 아니었다.'** 눈이 멀어버린
딸을 안고 부처 앞으로 달려온 어미의 마음은 어미가 되어 본 사람이
라면 누구나 공감할 터이다. 딸이 눈을 뜬 것이 부처의 공덕인지, 향가
의 신이함인지 또는 향가의 신이함이 부처를 움직였는지 알 수 없다.
그러나 여인이 이곳으로 달려왔던 것은 솔거가 그렸을 관음보살상이
영험하다고 알려졌기 때문이다.

솔거의 그림이 왼쪽 건물 북쪽 벽이라고 했다. 분황사의 금당 배치
가 品으로 되어 있었다고 하니, 서쪽 건물 북쪽 외벽일 가능성이 있다.
솔거의 그림이 전하지 않아 아쉽지만 신라에 그와 같은 인물이 있었
다는 것만으로도 우리 역사는 풍요롭다. 왕과 신하, 승려 중심의 역사
서술에서 예술가 열전을 쓸 수 있다면 얼마나 더 풍성한 역사가 될 것
인가?

자장이 머물며 불교를 정비하다

당나라 유학에서 돌아온 자장은 선덕여왕에게 황룡사구층목탑 건립을 건의했다. 그리고 그는 분황사에 머물렀다. 나라에서는 그에게 대국통(大國統)이라는 직책을 맡겼다. 당나라에 가서 불교를 제대로 배워온 것이다. 불교의 교리뿐만 아니라 교단조직, 승려의 생활 전반에 대한 것을 배웠다. 신라는 불교를 신앙으로 받들었지만 불교에 대한 깊은 이해를 바탕으로 한 것은 아니었다. 불교를 이용해서 왕실의 신성함을 강조했고, 국가적 위기로부터 민심을 하나로 모으는 역할에 치중했을 뿐이었다. 부처의 가르침에 대한 철학적 이해는 없이 지금 왕실에 필요한 부분만 요점 정리하듯이 사용한 것이다. 승려들조차도 승려가 무엇을 해야 하는지 이해하지 못하고 있었다. 승려의 수행 등에 대한 전반적인 이해가 부족했다. 이제 신라 사회는 불교를 배척하는 세력도 존재하지 않았다. 법흥왕이 불교를 수용하고 다음 왕이었던 진흥왕이 신라를 최고의 반열에 올려놓았다. 이 모든 것은 불교를 수용한 결과라는 사실을 의심치 않았기 때문이다. 그러므로 불교가 더 깊이 뿌리 내리기 위해서는 불교 그 자체에 집중해야 했다. 겉모습만 흉내 내서는 오래가지 못하리라는 것은 자명한 것이었다. 승려가 되는 과정이 매우 쉬웠고, 승려가 되어서도 세속의 삶과 다르지 않았다. 무늬만 승려였던 웃지 못할 현실을 개혁하는 일이 자장에게 주어진 것이다. 대국통 자장은 분황사에 머물며 계율을 정리하고 승려가 지켜야 할 율법 지식을 전수했다.

조정에서 의논하여 말했다.

"불교가 동방으로 들어온 지 비록 오래되었으나, 불법을 유지하고 받드는 규범이 없으니 잘 만들어진 이치가 아니면 바로잡을 수가 없다."

왕이 칙서를 내려 자장을 대국통으로 삼고 승려의 모든 규범을 승통 (僧統)에게 위임하여 주관하게 했다.

자장은 이런 좋은 기회를 얻자 용기가 솟아나 널리 전파하고자 했다. (중략) 보름마다 계율을 설법했으며, 겨울과 봄에는 이들을 모아 시험을 실시하여 (중략) 순사(巡使)를 보내 두루 서울 바깥의 사찰을 조사하여 승려의 과실을 경계하게 하고 불경과 불상을 잘 관리하는 것을 영원한 법식으로 삼으니, 한 시대에 불법을 보호함이 이때 성해졌다.[50]

첫 새벽 원효(元曉)

모전석탑 옆에는 비석 받침대가 하나 있다. 쇠사슬로 둘러놓아 중요한 유물이라는 것을 눈치껏 알게 되는데, 대부분 관람객은 자세히 살펴보지 않는다. 그런데 한 번 더 꼼꼼히 보면 받침대에 글자가 새겨져 있는 것을 확인할 수 있다. '此和諍國師之碑跡(차화쟁국사지비적) 이곳은 화쟁국사의 비가 있던 곳이다' 추사 김정희의 글씨다. 천하의 명필이 아닌가? 조금만 꼼꼼히 살피면 그의 글씨를 직접 볼 수 있는 즐거움이

---

50 삼국유사, 김원중 옮김, 민음사

있는 것이다. 추사는 금석학의 대가답게 수많은 비석을 고증해내고, 보존하는 일에 앞장섰다. 추사도 비석 자체를 확인하지 못했는지 비석이 있던 자리(跡)라고 했다.

화쟁국사는 원효(617-686)를 말한다. 1101년(숙종 6)에 왕명으로 원효에게 시호가 내려졌다. **"원효와 의상은 동방의 성인인데 비문이나 시호가 없어 그 덕이 알려지지 않으니 매우 안타깝다."** 원효에게 '大聖和諍國師 대성화쟁국사'라는 시호를 내렸다. 그 후 그를 기리는 나라 안 사적을 정비하게 하였다. 분황사에 원효의 비를 세운 것은 고려 명종이었다. 분황사에 그의 비(碑)를 세운 이유는 원효가 출가한 곳이자, 말년을 보낸 곳이었기 때문이다. 원효의 흔적이 가장 확실하고 강렬한 곳이라 할 수 있다.

▲ **원효의 비석이 있었던 자리** 추사 김정희의 글씨가 새겨져 있다.

분황사에서 말년을 보내고 있을 때 아들 설총이 옆에서 지켰다. 아비와 아들이 어떻게 생활했는지 자세히 알 수 없다. 다만 원효가 입적하자 화장하여 그 재를 가지고 아버지의 소상을 만들었다고 한다. 소상을 법당에 모시고 매일 찾아뵈었는데, 문을 열고 들어가면 소상이 고개를 돌려 아들을 바라보았다고 한다. 일연스님이 삼국유사를 저술할 때까지도 소상은 있었다고 한다. 원효의 소상은 흥륜사 금당에도 있었다. 흥륜사 금당에는 신라의 십성(十聖)이 소상으로 모셔졌다고 하는데, 그중에 원효가 있었다.

나라 안 곳곳에 원효의 흔적이 있다. 원효대사가 창건했다는 사찰이 곳곳에 있다. 창건설뿐만 아니라 원효의 신비한 이야기가 파편처럼 흩어져 있는 것은 그의 왕성한 활동을 말하기도 하지만, 그의 명성을 빌려서 높아지고 싶은 마음에 끌어다 붙이는 경우도 있다. 특히 사찰 창건설은 믿을 수 없는 게 너무나 많다. '전설의 고향'식 이야기도 많다. 심지어 춘원 이광수는 원효의 파계를 가져다 자신의 친일행위를 변명하기도 했다. 원효가 얼마나 유명했으면, 얼마나 뛰어났으면 친일파였던 이광수조차 인용했을까? 세상에는 너무 커서 보이지 않는 것, 너무 커서 들리지 않는 것이 있다고 한다. 원효가 그런 사람이었다.

원효는 의상대사와 중국 유학길에 올랐다가 해골에 담긴 물을 마신 후 깨우친 바가 있어 서라벌로 돌아왔다. 이 이야기는 여러 가지 설이 있다. 그러나 핵심은 모두 같다. 편안함과 불편함, 행운과 불행, 부처와 중생 등 모든 것은 마음에 달렸다는 것이다. 높은 산에 오르면 멀리, 넓게 보이는 법. 깨우친 원효에게 자잘한 것은 거추장스러울 뿐. 그런 원효를 세상은 이해하지 못했다. 원효는 자신만의 방법으로 세상을 향해 수많은 화두를 던졌다. 미친놈 취급하는 자, 관심도 없는 자, 어쩌다 알아듣는 자 등 다양했다.

하루는 이런 노래를 불렀다. "누가 자루 빠진 도끼를 줄까, 하늘을 바칠 기둥을 자를 테인데" 알아듣는 이가 있을까 싶지만, 태종(김춘추)이 알았다. 도끼는 원래 자루가 있는 법, 그런데 자루가 없어졌단다. 이는 남편이 죽은 과부를 말한다. 그 과부와 동침하여 하늘을 바칠 기둥을 만들려 한다. 하늘을 바칠 인재, 신라에 그런 인재가 필요하다. 결국 요석공주와 동침하여 아들 설총을 낳았다.[51] 설총은 신라의 큰 인재가 되었다.

설총은 나면서 영리하고 밝아 경전과 역사에 널리 통해, 신라 열 분 현인 가운데 한 사람이 되었다. 우리말을 가지고 중국과 우리나라의 세상 풍물과 이름을 통하게 하였으며, 육경(六經)과 문학을 뜻풀이 하였다. 지금 우리나라에서 경전을 배우고 익히는 자들이 전수하여 끊이지 않고 있다.[52]

묘하다. 아비 원효는 불교의 거목이 되었고, 설총은 유학자들이 존경해마지 않는 문묘 배향자가 되었다. 원효와 설총은 조선시대에 유불(儒佛)이 원수처럼 될 줄 알았을까?

---

51 월정교 편 참고
52 삼국유사, 고운기 역, 홍익출판사

원효는 스스로 소성거사라 부르며 세상 속으로, 백성들의 세상인 저 밑으로 내려갔다. 광대들이 갖고 다니는 박을 하나 얻어 노래를 부르며 다녔다. 일연은 원효에 대해서 이렇게 말한다.

노래로 불교에 귀의하게 하기를 뽕나무 농사짓는 늙은이며 독 짓는 옹기장이에다 원숭이 무리들까지 모두 부처님의 이름을 알고 나무아미타불을 외우게 되었으니, 원효의 교화가 크다.[53]

원효의 가장 큰 업적은 설총을 낳아 준 것도 아니요, 해골의 물을 마신 후 깨달은 것도 아니다. 그의 진정한 업적은 불교를 대중화시킨 것이다. '원효(元曉)' 그 이름의 뜻은 '첫새벽'이다. 불교의 첫새벽을 열었다. 법흥왕과 이차돈은 불교를 이 땅에 들여온 역할, 원효는 뿌리 내리게 한 역할을 한 것이다.

불교가 이 땅에 들어온 지 100년이 넘었건만 대중들은 여전히 깜깜한 밤중에 놓여 있었다. 원효가 열어준 새벽은 불교의 대중화였다. 지배층만을 위한 불교, 지식층만을 위한 불교는 진정한 불교가 아니라는 것을 알았다. 경전을 읽고 엄격한 계율에 의한 실천수행을 하면 극락왕생하고, 내생에 더 복을 받을 것이라는 가르침은 교학불교다. 경전을 읽지 못하면 어쩔 것인가? 그러면 극락은 먼 것인가? 현재의 지배질서는 전생의 결과라는 것이다. 이것은 자신에게 주어진 '의무'다.

---

53 위의 책

이것을 거부하면 다음 생은 더 추락할 것이다. 심지어 신라 왕실은 석가족이라고까지 했다. 계율의 실천은 곧 현재 삶의 순종이었다. 지배층에게는 매우 안정적인 논리였다. 그 때문에 교학불교는 귀족불교가될 수밖에 없다.

원효는 모든 것이 '마음(心)'에 있으니 '지극한 마음'으로 '나무아미타불(南無阿彌陀佛, 아미타불에게 귀의합니다)'을 염송하면 된다고말한다. 그러면 극락왕생한다는 것이다. 경전을 읽고 실천 수행하지않더라도 마음을 다해 염불하면 된다는 것이다. 얼마나 쉬운가? 재산이 없어서 절에 희사하지 못한다 해도 극락왕생의 문이 닫히지 않았다는 것이다. 그러니 뽕나무 농사짓는 늙은이, 옹기장이, 원숭이무리까지도 부처의 이름을 알게 되었다. 만약 원효의 이런 가르침이 없었다면 불교가 이 땅에 뿌리를 내릴 수 있었을까?

그렇다고 원효는 기이한 행적만 있었던 것이 아니다. 원효의 기이한행적들은 사람들 입맛에 좋을 뿐, 그의 모든 것을 말해주는 것은 아니다.원효는 불교 사상사에도 큰 지분을 차지하고 있다. 그는 중국 유학을포기했지만, 오히려 그의 사상은 중국을 변화시킬 만큼 놀라웠다. 그는수많은 저술을 남겼다. 100여 종, 240여 권의 저술을 남겼다. 모든것이 전하지 않지만 전하는 것만 해도 놀라운 것들이다.『대승기신론소』,『금강삼매경소』,『화엄경소』,『십문화쟁론』 등이 유명하다.「不出戶 知天下(불출호 지천하)」란 노자의 말과 같이 그는 문밖을 나가지 않고도능히 세계를 알고 있었던 것이다. 기이한 행적을 보이며 전국을 돌아다녀서 언제 연구하고 책을 썼을까 싶지만 원효는 우리가 아는 그 이상의 인물이었다. 억지로 짜내는 것이 아니라 흘러넘쳐서 담기만 해도 훌륭한 저술이 되었던 것이다.

가장 오래된 분황사 당간지주

분황사 남쪽 담장 밖, 황룡사 가는 길에 당간지주가 있다. 당간지주는 절의 대문밖에 세우던 것이다. 남향을 한 절이었기 때문에 당간지주도 남쪽에 있는 것이다. 황룡사 당간지주라는 주장도 있는데, 터무니없는 소리다. 당간지주는 절 뒷문에 세우지 않는다. 그렇기 때문에 이 당간지주는 분황사의 것이다. 당간지주가 서 있는 곳이 분황사의 남쪽 경계가 되었을 것이다.

당간지주는 당간(기둥)을 바치던 받침대다. 국기 게양대를 생각하면 된다. 긴 장대를 세우고 국기를 매단다. 장대가 넘어지지 않도록 받침대를 만드는데 그것이 지주다. 깃발을 당, 깃대를 간, 받침대를 지주라 한다.

깃발인 당은 절의 위치, 행사내용, 교파 등을 표현하는 다양한 방법에 사용되었다. 당간은 웬만한 전신주보다 높았다. 어떤 것은 전신주의 2배나 되었다. 당간에 휘날리는 깃발은 어디서나 볼 수 있었다. 고층건물이 없던 시절엔 가장 높은 것이 탑과 당간이었다. 멀리서도 분황사에 무슨 행사를 하는지 쉽게 분간할 수 있었던 것이다.

우리나라의 당간지주는 82기나 된다. 주로 고려 중기 이전의 사찰들에 남아 있다. 당간지주가 있다면 그 절은 역사가 매우 깊다는 것을 말한다. 연구에 의하면 언제부터 당간을 세우기 시작했는지 알 수 없지만, 분황사 당간지주는 남아 있는 82기 중에서 가장 오래된 것이라 한다.

분황사 당간지주에는 당간을 고정하기 위한 동그란 구멍이 세 개 뚫렸다. 굵고 긴 기둥(속이 빈 원통형)을 세우기 위해서는 받침대에 고정해야 한다. 이 세 개의 구멍은 기둥을 고정시키는 막대기를 가로지르기 위한 것이다. 당간을 밑에서 받쳐주는 돌은 거북 모양으로 하였다. 거북 모양의 받침돌에는 물이 빠지도록 홈을 파 놓았다. 내부에 물이 차면 녹이 슬거나, 썩기 때문에 물을 빼주는 것이다. 거북의 등에

▲ **분황사 당간지주** 당간지주는 대문밖에 세우던 것이다.

무거운 기둥을 올려놓는데, 받치는 부분에는 사각의 홈을 팠다. 보통 당간지주의 받침부분에는 둥근 홈이 있는데 이곳에는 사각 모양으로 다듬어져 있어 특이한 것이 된다. 당간이 사각기둥었는지 아니면 기둥 안쪽의 촉이 사각 모양이었는지 알 수가 없다.

분황사 우물의 돌부처

분황사 뒤에서 큰 우물이 발굴되었다. 발굴 결과 우물 속에서 머리가 없는 돌부처가 많이 출토되었다. 우물 속에서 불상이 발굴된 이유는 무엇일까? 불상의 머리는 어디에 있을까? 도대체 무슨 일이 있었던 것일까?

경주박물관에는 머리만 있는 불상, 몸통만 있는 불상, 코가 뭉개진 불상 등 다양하게 훼손된 불상이 있다. 국립중앙박물관에 있는 경천사십층석탑에는 많은 부처가 부조되어 있다. 그런데 이 불상들도 머리만 깨졌다. 사람이 올라갈 수 있는 곳까지 깨졌다. 머리만 깨진 것으로 봐서 의도적인 훼손이라는 것을 짐작할 수 있다. 불교가 국교였던 고려시대엔 엄두도 내지 못했을 일이다. 그렇다면 조선시대에 벌어진 일이다. 수준 낮은 유학자들의 소행일 가능성이 높다. 이념에 전도된 자들이 떼로 몰려다니면서 파괴행위를 서슴지 않았다. 법당 안 높은 대좌에 모셔진 부처를 밀어서 떨어뜨리면 목이 부러진다. 머리는 다른 곳에 버리고 몸통은 우물 속에다 넣어 버린 것이다. 이 시기에 마을과 가까운 곳에 있는 절들은 불태워졌다. 산속에 있는 절들만 남았다.

높은 경지에 있는 유학자는 이런 짓을 하지 않는다. 그들은 오히려 승려들과 깊은 사귐을 가졌다. 새털처럼 가벼운 이념 너머에 더 큰 것을 볼 수 있는 눈이 있기 때문이다. 책을 한 권 읽은 사람이 제일 용감하다고 한다. 세상을 다 아는 것처럼 행동한다. 더 많은 책을 읽고 세상 경험이 좀 더 풍부해지면 내가 알고 있는 것은 극히 작은 부분이라는 것을 알게 된다. 어찌 그때만의 이야기라 할 수 있을까? 지금도 어디서나 벌어지는 일이다. 서구화, 국제화를 외치면서 우리 것은 버려야 할 구습처럼 취급했던 때가 불과 30~40년 전이다. 심지어 영어를 공용어로 사용해야 한다는 주장도 서슴지 않았던 자들도 있었다.

4 | 사천왕사터

문두루비법으로 물리친 당나라

신라는 당나라의 힘을 빌려 백제와 고구려를 멸망시켰다. 그런데 당나라는 협약을 깨고 한반도 전체를 삼킬 과욕을 부렸다. 이에 신라는 숨돌릴 겨를없이 당나라를 몰아내는 전쟁에 돌입했다. 강경책과 온건책을 번갈아 써가며 결국에는 한반도 남쪽에서 당나라를 몰아내었다. 그 과정에 사천왕사가 창건되었다.

『삼국유사』에는 사천왕사 창건에 대한 사연이 상세하게 기록되어 있다. 당나라가 50만 대군을 훈련시켜 신라를 침공하려 하였다. 이때 당나라에 있던 김인문(문무왕의 동생)은 의상대사를 불러 이 소식을 고국에 전하기를 부탁했다. 이에 대사는 공부를 중도에 그만두고 급히 귀국해야 했다.

왕(문무왕)은 매우 두려워하며 신하들을 모아 놓고 당나라 군사를 막을 방법을 물었다. 각간 김천존이 아뢰었다.

"요즘 명랑법사가 용궁에 들어가 비법을 전수받고 왔다고 하니, 조서로 그에게 물어보십시오."

명랑법사가 아뢰었다.

"낭산 남쪽에 신유림(神遊林)이 있는데, 그곳에 사천왕사(四天王寺)를 세우고 도량을 열면 됩니다."

사천왕사를 짓기도 전에 당나라 군사가 들이닥쳤다. 위급하게 되자 명랑법사는 곱게 물들인 비단으로 임시 절을 만들라 했다. 다섯 방위의 신상도 임시로 만들었다. 유가종의 승려 12명이 명랑법사와 함께 문두루의 은밀한 비법을 펼쳤다. 이에 당나라 군대의 배가 모두 침몰했다. 그 후에 제대로 절을 짓고 사천왕사라 했다. 671년에도 당나라에서 3만 명이 군대를 일으켰다. 그렇지만 같은 비법을 펼쳤더니 마찬가지로 모두 침몰했다.

무협지같은 이 사건은 사실이 아니다. 이런 사건이 실제로 벌어졌는지는 어디에서도 확인되지 않았다. 이것이 실제 역사라면 대단히 중요한 내용이다. 이렇게 중요한 사건을 정사인 『삼국사기』는 기록하지 않았다. 중국 사서도 마찬가지다. 수만 명의 군사가 전멸했는데 기록하지 않았다. 이 사건은 숨길 수는 없는 큰 것이다. 실제로 벌어졌다면

▲ 낭산 남쪽에 있는 사천왕사터 (사진: 문화재청)

중국 사서 어딘가에는 기록되었을 것이다. 『삼국유사』의 사천왕사 창건 기록은 후대에 신비화시켜서 만들어진 것으로 봐야 한다.

사천왕은 불법(佛法)을 수호하는 역할을 한다. 그래서 절 입구에 사천왕문(四天王門)을 두었다. 사천왕이 있는 곳은 수미산이다. 수미산은 불교의 우주관에 따라 세계의 중심에 있다는 상상의 산이다. 그 중턱에 사천왕천(四天王天)이 있다. 그들은 사방(四方)에 머물면서 수미산을 호위한다. 동방에는 지국천왕, 북방 다문천왕, 남방 증장천왕, 서방 광목천왕이 담당하고 있다. 사천왕의 방위가 바뀌는 경우가 있지만 네 방위를 수호한다는 것은 틀림없다. 부처의 세계를 수호해야 하기에 이들의 얼굴은 험상궂으며 갑옷을 입고 무기를 들고 있다.

신라는 스스로 '부처의 나라'라고 생각했다. 고구려, 백제보다 불교를 늦게 수용했지만 결국 승리자가 되었다. 신라 땅 자체가 부처의 보호 아래 있다는 확신이 생겼다. 부처의 세계를 사천왕이 지켜주는 것처럼 불국토인 신라도 사천왕이 지킨다는 확신이 생긴 것이다. 그러므로 사천왕사는 호국사찰이다. 당나라군의 침략으로부터 사천왕이 지켜주었다는 이야기는 신라인에게는 당연한 것으로 여겨졌을 것이다.

사천왕사의 역사

문무왕 19년(679)에 사천왕사가 완성되었다. 신라의 호국사찰로 당당히 들어선 것이다. 호국사찰인 만큼 그 격이 매우 높았다. 사천왕사전(四天王寺典)이라는 부서를 따로 두어서 절에 관한 일을 도맡아 처리하게 하였다. 절의 건물을 신축하거나 수리할 때, 국가 안녕을 기원

▲ **사천왕사** 쌍목탑자리와 법당이 있고, 뒤에는 종루와 경루터가 있다.

하는 행사를 할 때 부족한 부분이 없도록 했다. 부서의 책임자는 진골

귀족이 맡도록 했으니 그 격이 상당히 높았음을 알 수 있다.

　신라 뿐만 아니라 고려시대에도 사천왕사는 호국사찰의 기능을 하였

다. 고려 태조 19년(936)에 사천왕사를 다시 일으켰으며, 문종 28년

(1074)에도 절을 일신하고 문두루의 도장을 사천왕사에 설치했다고

한다. 사천왕사는 명랑법사 이래로 여전히 밀교[54] 사찰로 기능하고 있음을 확인해 주는 기록인 것이다. 조선 태조 4년(1395)에 사천왕사에서 법회를 열었다. 조선 중종 때의 지리서인 『신증동국여지승람』에 "사천왕사는 낭산 남쪽 기슭에 있다."고 기록하였다. 이때까지도 사천왕사가 건재했음을 알려주고 있다. 그러나 언제 폐사되었는지 알 수 없다. 우리나라 사찰에 큰 화가 미친 것은 임진왜란이었다. 사천왕사도 이때 폐사되었을 가능성이 높다.

최초의 쌍탑가람

사천왕사는 우리나라 절 중에서 최초로 탑을 두 개 세우는 쌍탑가람이다. 사천왕사가 세워지기 전까지는 법당 앞에 탑을 하나 세웠다. 황룡사에는 구층목탑, 분황사에는 9층모전석탑이 하나씩 있었다. 통일 직후 세워진 이 절은 쌍탑을 세운 최초의 절이 되었다. 탑은 목탑이었다. 사천왕사의 남쪽에 있었던 망덕사에도 목조쌍탑이 있었다. 석탑을 쌍으로 세운 최초의 절은 감은사였다.

왜 두 개의 탑을 세우게 되었을까? 탑은 사리를 봉안하기 위해 세우는 것이다. 석가모니의 유골을 봉안한 무덤인 것이다. 그러므로 탑은 불교 신앙의 핵심이다. 석가모니의 유골이 있으니 더 중요한 것이 무엇이겠는가? 법당 안에 있는 불상은 돌이나 청동, 흙으로 만든 형상이

---

54 붓다의 깨달음을 주문, 다라니, 도상, 만다라, 의례 등을 통해 드러낸 불교. 무슨 뜻인지 모르지만 염불을 외는 것은 밀교의 방법이다. 중생이 이해 가능하도록 가르치는 것을 현교라 한다. 우리나라는 현교가 주류를 이루고 있다.

다. 그것이 부처는 아니다. 석가모니의 유골은 석가모니 그 자체인 것이다. 그러니 탑이야말로 신앙의 핵심이 될 수밖에 없었다. 절 문을 들어서면 정면에 탑이 보였고, 신도들은 탑을 돌면서 기도하고 탑 앞에서 절을 하곤 했다.

그런데 석가모니의 유골은 무한한 것이 아니었다. 어디서나 구할 수 있는 것도 아니었다. 점차 석가모니의 진신사리를 구하기 힘들어졌다. 사리가 없으니 탑을 세울 수 없었다. 그런데 사람들의 인식 속에서 탑은 절의 상징이었다. 절에는 반드시 탑이 있어야 한다고 생각하게 되었다. 탑을 세우지 않는 것은 완결되지 않은 절과 같았다. 탑을 세우긴 해야 하는데 사리가 없으니 곤란하다.

어느 누가 이런 말을 한다. 진신사리만 사리라 할 수 없다. 부처를 상징하는 것이면 모두가 사리가 될 수 있다. 가르침을 기록한 경전, 그분의 형상을 묘사한 불상도 사리가 될 수 있다고 말이다. 그래서 탑을 세울 때 진신사리 대신 경전, 소탑(小塔), 불상, 심지어 작은 구슬을 사리 대용으로 넣었다. 훗날 이런 것들을 '법신사리(法身舍利)'라 불렀다.

이제 탑에는 진신사리가 없다. 법신사리만 있다. 신앙의 중심이 탑에서 불상으로 옮겨졌다. 불상은 법당에 모셔졌다. 그런데 절의 중문(中門)을 열고 들어왔더니 탑이 법당을 가리고 있다. 핵심인 법당 또는 법당 안에 모셔진 부처가 가장 먼저 보여야 한다. 마당 가운데 있던 탑을 한쪽으로 빗겨 세우자. 그러면 문을 열자마자 법당이 보일 것이다. 그랬더니 균형이 맞지 않는다. 그렇다면 반대편 빈공간에도 동일한 탑을 세우자. 쌍탑을 세우니 균형이 맞다. 예상치 못한 건축적 리듬감 또는 안정감이 나타났다. 쌍탑과 법당이 삼각형 구도를 가진 것이다. 문-탑-금당-강당의 일직선 구조일 때는 엄격성과 획일성이 있었다. 차렷 자세 같았다. 그런데 마당의 동서에 선 탑과 금당이 이루는 삼각형 구도는 안정감과 리듬감을 동시에 주었다. 열중쉬어 자세가 된 것이다. 사천왕사에서 새로운 사찰 건축의 모델이 탄생한 것이다.

사천왕사의 구조

사천왕사 남쪽에 당간지주가 있다. 받침대인 두 개의 돌기둥에는 각각 3개의 구멍이 뚫려 있다. 위와 아래 구멍은 네모, 가운데 구멍은 둥글게 하였다. 이 구멍은 당간을 세웠을 때 기둥이 넘어지지 않도록 나무를 가로지르는 구멍이다. 조금 더 들어가면 중문터가 있다. 중문(中門)이라 함은 절을 둘러싸는 담장이 있었을 것으로 보기 때문이다. 이 담장을 통과하는 문을 남문(南門)이라 한다. 남문을 통과하면 중문이 있다. 당간지주는 남문밖에 세우는 것이다. 중문 좌우로 회랑의 흔적이 있다. 절의 핵심을 둘러싸는 회랑이 있었다. 중문을 들어서면 정면에 법당이 보이고 좌우에 목탑이 있었다. 지금은 흔적만 남았다. 탑은 쌍탑(雙塔)이었다. 비가 오는 날이면 중문을 들어와 회랑을 따라 법당까지 갈 수 있었다. 법당 뒤로 돌아가면 종루(鐘樓)와 경루(經樓)가 좌우에 있었다. 마치 쌍탑처럼 있었다. 종루와 경루는 종과 경전을 보관하던 곳이다. 요즘 절에서는 볼 수 없는 것이다. 황룡사터에는 종루와 경루가 9층목탑 앞쪽 좌우에 있었다. 사천왕사는 법당 뒤 강당 앞에 두었다. 쌍탑가람이 되면서 앞에 두지 못하고 뒤로 옮긴 듯하다. 종루와 경루를 지나면 강당이 있다. 강당은 좌우에 작은 건물을 붙여서 지었다.

사천왕사는 문–탑–금당–강당이라는 구조를 가지고 있다. 기존의 절과 같은 구조였다. 그런데 탑이 쌍탑으로 변했다. 새로운 시도가 시작된 것이다. 문과 법당, 강당은 회랑으로 연결되어 있었다. 회랑은 절을 단단하게 하며, 엄숙한 분위기를 조성한다. 회랑으로 둘러싸인 공간은 외부와 차단되면서 성역(聖域)의 분위기를 한껏 돋우어준다.

귀부 두 개

남문 밖에는 두 기의 비석이 있었다. 지금은 비석을 받치던 귀부만 남아 있는데 이 마저도 머리가 깨졌다. 귀부의 조각 수준이 뛰어나 범상치 않은 기운을 내뿜는다. 사천왕사가 세워지던 무렵까지 귀부 위에 세운 비석은 태종무열왕릉비, 김인문묘비가 전부였다. 승려들의 행적

▲ **사천왕사터에 남아 있는 귀부** 문무왕비와 신문왕비가 있었을 것으로 추정된다.

을 기록한 비석이 세워지기 전이었다. 그렇기 때문에 사천왕사 비석은 왕의 행적을 기록한 비석이었을 것으로 추정된다. 실제로 이곳에서 문무대왕비가 발견되었다. 정조 20년(1796) 경주부윤을 지낸 홍양호(1724-1802)가 사천왕사에서 문무왕비의 비편 2조각을 발견했다. 이 비의 탁본이 청나라 금석학자 유희해에게 전해졌고 그가 쓴 해동금석원(海東金石苑)에 수록되었다. 그 후 비석이 사라졌었는데 1961년 민가 정원에서 하나가 발견되었고, 2009년에 민가 주택의 수돗가에서 발견되었다.

정조 때 발견된 비석 외에도 1976년에 비석 파편이 발견되었다. 2012년에도 비석 파편이 추가로 발견되었다. 이 비석 파편은 문무대왕비의 것이 아니었다. 비석 파편 등을 종합 분석해본 결과 '신문왕릉비'로 추정되었다. 사천왕사에서 가까운 곳에 신문왕릉이 있다. 문무왕과 그의 아들 신문왕의 비석이 절 앞에 나란히 서 있었던 것으로 추정된다.

양지라는 스님

일제강점기인 1922년 철로를 건설하면서 사천왕사터가 처음 조사되었다. 하필이면 유적지를 관통하는 철로를 건설해야 했는지 이해할 수 없지만 조사라는 것을 하게 되었다. 조사라고는 하지만 체계적인 학술조사는 아니었다. 조사를 통해 약간의 유물들이 발굴되었다. 발굴된 유물 중 도기조각상은 대단한 수준이라는 것을 단박에 알아볼 수 있을 정도였다. 완벽한 상태로 발견된 것은 아니었지만 깨진 일부만으로도 뛰어난 작품임을 알 수 있었다. 네모판 모양에 부조로 조각되었는데, 흙으로 빚고 녹유[55]를 입힌 후 불에 구워낸 것이었다. 갑옷을 입고 무기를 들고 악귀로 보이는 것들을 밟거나 올라타 있는 모습이다. 영락없는 사천왕이었다. 악귀를 발로 밟고 있다는 것 때문에 사천왕상으로 짐작되었다. 절 이름 또한 사천왕사였으니 틀림없는 것처럼 보였다.

2006년부터 시작된 재발굴은 몇 가지 새로운 사실을 전해주었다. 〈조각상의 개수는 모두 48개〉, 〈조각상은 사천왕상이 아니라는 것〉, 〈조각상은 탑의 기단부에 장식되었던 것〉, 〈조각상은 세 종류라는 것〉이다.

일제강점기에 찾아내지 못했던 조각상들이 추가로 발견되었다. 일부의 조각상은 원래 자리에서 깨진 채 남아 있었다. 이로써 조각상의 위치가 확인되었다. 그 위치는 목탑의 기단부였다. 목탑은 사방으로 층계가 있다. 층계를 기준으로 양쪽에 3개씩 일정한 간격으로 박혀 있었다. 조각상과 조각상 사이는 벽돌로 마감했다.

조각상들의 모습으로 보아 사천왕으로 확신하고 있었는데 전혀 다른 조각이라는 것이 밝혀졌다. 깨어진 수많은 조각을 조립해 보니 세 종류밖에 되지 않았다. 사천왕상이었다면 네 종류가 되어야 한다. 그래서 지금은 신장상(神將像)으로 추정하고 있다.

이 뛰어난 조각을 남긴 인물은 누구일까? 양지라는 스님이 있었다. 그는 뛰어난 승려로서 석장사에 머물렀다. 그에 대한 기록은 『삼국유사』

---

55 유약의 일종. 구리 성분이 포함된 유약을 입혀 낮은 온도에서 구워내면 녹색 빛이 난다.

에 있다.

　신기하고 괴이하여 다른 사람이 헤아리기 어려운 것이 대개 이와
같았다. 그 밖에 그는 잡다한 기예에도 두루 통달하여 신묘함이 비할
데가 없었다. 또 글씨에도 뛰어났고, 영묘사의 장륙존상과 천왕상 및

　▲ **사천왕사터에서 발견된 신장상 조각** 양지스님의 작품으로 알려져 있다.

전탑의 기와, 천왕사 탑 아래의 팔부신장, 법림사의 주불인 삼존과 좌우 금강신 등은 모두 그가 흙으로 빚어낸 것이다. 또 일찍이 벽돌을 조각하여 하나의 작은 탑을 만들고 이와 함께 3000개의 불상을 만들어 그 탑을 절 가운데 모시고 예를 올렸다.

'천왕사 탑 아래의 팔부신장'이 사천왕사에서 발견된 조각상들이다. 일연 스님은 팔부신장이라 했지만 8신장 모두가 조각되지 않았다. 세 신장만 조각되었다. 48개의 조각은 세 종류의 형틀에서 찍어낸 것이다. 형틀로 찍어냈기 때문에 조각상들은 동일한 형태를 하고 있다. 한편 형틀로 찍어낸 후 세부적인 손질을 가해서 마무리했다. 형틀에서 찍어냈기 때문에 도식적일 수밖에 없는데, 마무리를 수작업으로 했기 때문에 매우 사실적인 조각이 되었다. 양지스님은 형틀을 직접 제작하고 진흙을 이겨 넣어서 찍어 냈지만, 형틀이 표현해주지 못하는 부분을 손으로 직접 마무리한 것이었다. 신장이 입은 갑옷, 가랑이 사이로 흘러내린 옷자락, 신장이 신은 샌들, 밟혀 있거나 깔고 앉은 악귀 등은 매우 사실적으로 표현되었다. 여기에 표현된 옷과 갑옷, 샌들 등은 신라에서 볼 수 없는 것들이다. 먼 천축국(인도)을 방문해 본 경험이 있는 어떤 사람이 조각한 것처럼 보인다. 양지스님은 부처의 고향인 인도의 모습을 자연스럽게 표현하고 있다. 신라문화의 국제성을 엿볼 수 있는 부분이다. 신라 내에 서역 사람들이 얼마든지 있었고, 그들의 문화가 전해진 지 오래되었기 때문에 표현하는 데는 어렵지 않았을 것이다. 신장상 표현 중에서 일부는 석굴암 부조에서도 확인된다.

선덕여왕과 사천왕사

『삼국유사』에는 선덕여왕이 미리 안 세 가지 일이라는 유명한 이야기가 실려있다. 그중에 한 가지를 살펴보자.

왕이 병도 없을 때인데 모든 신하에게 말했다.

"내가 어느 해 어느 달 어느 날이 되면 죽을 것이니, 나를 도리천(忉利天) 가운데 장사 지내라."

신하들은 그곳이 어딘인지 몰라 물었다.

"어디입니까?"

왕이 말했다.

"낭산(狼山)의 남쪽이다."

과연 그달 그날에 이르러 왕이 죽었다. 신하들은 왕을 낭산 남쪽에 장사 지냈다. 10여 년이 지난 뒤 문무대왕이 왕의 무덤 아래 사천왕사를 지었다. 불경에 말했다.

"사천왕천 위에 도리천이 있다."

이에 대왕이 신령스럽고 성스러웠음을 알게 되었다.[56]

불교에서 말하는 육계육천(六界六天)이라는 개념이 있다. 거기에 사천왕천(四天王天)은 수미산의 중턱에 있고, 도리천(忉利天)은 정상에 있다고 한다. 나머지 하늘은 구름에 붙어 있다고 하니 공중에 있다는 뜻이다.

---

56 삼국유사, 김원중 옮김, 민음사

선덕여왕은 훗날 자신의 무덤 아래에 사천왕사가 세워질 것을 예언했다는 것이다. 그녀는 낭산 남쪽을 도리천이라 확정했다. 경전에 의하면 도리천 아래에 사천왕천이 있다고 했으니 자신의 무덤 아래에 사천왕사가 세워질 것을 예언한 것이다. 사천왕사를 세워야 했을 때 어디에 세울까 고민할 것도 없었다. 선덕여왕이 계신 곳이 도리천이니 그 아래에 세우면 되는 것이다. 결과론적이긴 하지만 신비롭긴하다.

월명사가 거닐었던 사천왕사

『삼국유사』에는 사천왕사에 살면서 피리를 잘 불었던 월명사에 대한 이야기가 있다. 그가 달밤에 피리를 불며 사천왕사 문 앞 큰길을 지나가자, 달이 그를 위해 운행을 멈추었다고 한다. 이 때문에 이 길을 월명리라 하였고 이것이 소문이나 그는 유명한 승려가 되었다.

월명사는 또 일찍이 죽은 누이동생을 위해 제(祭)를 올리면서 향가를 지어 제사를 지냈는데, 문득 회오리바람이 일어나더니 종이돈(紙錢)을 날려 서쪽으로 사라지게 했다.

삶과 죽음의 길은
여기 있으니 두려워지고
나는 간다는 말도
못 다 이르고 어찌 가는가

어느 가을 이른 바람에

여기저기 떨어지는 나뭇잎처럼

한 가지에 나서

가는 곳을 모르는구나!

아아! 미타찰에서 만날 것이니

도를 닦으며 기다리련다[57]

<table>
<tr><td>**5**</td><td>**사천왕사를 숨기기 위해 창건한
망덕사(望德寺)**</td></tr>
</table>

망덕요산의 절

망덕사는 사천왕사와 함께 답사해야 한다. 망덕사는 사천왕사의 남쪽 농경지 한 가운데에 있다. 『삼국유사』에는 사천왕사와 함께 망덕사에 관련된 기록이 있다. 신라가 사천왕사를 짓고 문두루비법을 행하자 당나라군은 연속해서 배가 침몰되어 버렸다. 그때 당나라 감옥에는 문무왕의 동생 김인문과 한림랑 박문준이 수감되어 있었다. 두 나라가 서로 싸우고 있었기 때문에 수감 된 것이다. 당 고종은 박문준을 불러 말했다.

---

57 위의 책

"너희 나라는 무슨 비법이 있어 두 번이나 많은 병사를 보냈는데도 살아 돌아온 자가 없느냐?"

박문준이 아뢰었다.

"저희 속국의 신하들은 윗나라에 온 지 10여 년이나 되어 본국의 일을 알지 못합니다. 다만 멀리서 한 가지 들은 것은 있습니다. 우리 나라가 상국의 두터운 은혜를 입어 삼국을 통일하였으므로 그 은덕을 갚기 위해서 새로 낭산 남쪽에 사천왕사를 짓고 황제의 만수무강을 빌며 오랫동안 법회를 열고 있다고 합니다."

▲ **망덕사터** 쌍목탑 금당. 강당. 당간지주가 현장에 남아 있다.

고종은 이 말을 듣고 기뻐하며, 신라에 예부시랑 악붕귀를 사신으로 보내 그 절을 살피게 했다.[58]

신라는 당나라 사신이 온다는 사실과 그 목적이 무엇인지 알고 있었다. 그래서 절의 남쪽에 따로 새 절을 짓고 사신을 그리로 안내했다. 악붕귀는 새로 지은 절이 사천왕사가 아니라는 사실을 알아차렸다. 그는 '이곳은 사천왕사가 아니라 망덕요산(望德遙山)의 절이다'라며 들어가지 않았다. 신라에서는 금 천 냥을 뇌물로 썼다. 이에 악붕귀는 당나라로 귀국하여 신라가 사천왕사를 짓고 황제의 만수무강을 빌고 있더라고 아뢰었다. 새 절은 당나라 사신의 말을 따라 망덕사(望德寺)라 했다. 악붕귀가 말했던 '망덕요산'의 뜻이 무엇인지 해석이 안 된다.

망덕사는 사천왕사보다 규모는 작지만 구조는 비슷했다. 중문-탑-금당-강당을 회랑이 둘러싸고 있는 모습이었다. 탑은 사천왕사처럼 목조쌍탑이었다. 망덕사 목탑의 기단은 비교적 작은 편인데 층수는 13층이었다고 한다. 기단의 규모를 비례해 층수를 따져보았을 때 이 탑은 정혜사지 13층석탑과 비슷한 모양이었을 것으로 짐작된다. 1층 외에 윗층으로는 사람의 출입이 불가능한 구조였을 것이다. 목탑이 있었던 터에는 사리를 봉안했던 추춧돌이 있다. 이 추춧돌은 팔각이며 가운데 네모난 구멍(사리공)이 있다. 목탑은 가운데 굵고 긴 기둥을 세운다. 기둥 아래 추춧돌을 심초석이라 하며 심초석 밑에 사리봉안 장치를 만든다.

---

58 위의 책

법당터와 금당터에도 주춧돌이 선명하게 남아 있어 절의 흔적을 전해준다. 절의 남쪽에는 당간지주가 있다. 사천왕사 당간지주와 달리 구멍이 뚫려 있지 않다. 당간을 세우는 방법은 다양하기 때문에 구멍은 뚫기도 하고, 홈을 파기도 한다.

망덕사에서

망덕사 13층 목탑이 흔들렸다는 기록이 유난히 많다. 경덕왕 14년(755)에 탑이 흔들렸는데 당나라에서 '안록산의 난'이 일어났다. 당나라 황제를 위해 지은 절이니 그런 일이 생겼다고 여겼다. 798년과 804년에도 두 탑이 서로 부딪치도록 흔들렸다는 기록이 『동사강목』에 나온다. 지진이 났는데 유난히 많이 흔들린 듯하다. 급하게 지었기 때문에 부실공사가 아닐까 싶다.

8년 정유년(697)에 낙성회를 베풀고 효소왕이 직접 행차하여 공양하는데, 행색이 초라한 비구승이 몸을 굽히고 뜰에 서 있다가 왕께 청했다.

"소승도 이 재(齋)에 참석하고자 합니다."

왕은 비구승을 맨 끝자리에 앉게 해주었다. 끝날 즈음 왕이 비구승에게 농담조로 말했다.

"그대는 어느 곳에 살고 있는가?"

비구승이 말했다.

"비파암(琵琶嵓)에 살고 있습니다."

왕이 말했다.

"이제 가거든 국왕이 직접 공양하는 재에 참여했다는 말을 하지마라."

비구승이 웃으면서 말했다.

"폐하께서도 다른 사람들에게 진신부처를 공양했다는 말씀을 하지 마십시오."

말을 마치자 비구승은 몸을 솟구쳐 하늘로 올라가 남쪽으로 가버렸다.[59]

왕은 그제서야 무슨 일이 있었는지 깨달았다. 비구승이 사라진 방향

▲ **망덕사터에서 바라본 남산** 왕을 꾸짖고 떠난 부처는 남산으로 갔다.

59 위의 책

으로 몸을 굽혀 예를 올렸다. 비구승이 사라진 곳은 남산이었다. 그곳에 지팡이와 바리때를 두고 사라졌다. 왕은 비파암 아래 석가사를 세우고, 자취가 사라진 곳에 불무사를 세웠다.

망덕사에는 선율이라는 승려가 있었다. 그는 경전을 베껴 쓰는 사경을 하기 위해 시주를 모았다. 그런데 그는 사경이 마무리되기 전에 갑자기 세상을 떠나고 말았다. 염라대왕은 그 사실을 알고 선율을 다시 돌려보내 마무리하고 오게 했다. 선율이 저승에서 돌아오는 길에 15년 전에 죽은 한 여인을 만났다. 여인은 자신의 부모가 금강사 소유의 논 한 이랑을 빼돌려 숨긴 죄로 자신이 저승에서 고통을 받고 있으니, 돌아가면 부모에게 사실을 말해달라고 부탁했다. 또 자신의 침상에 숨겨두었던 참기름과 베를 찾아다가 불경 사경에 써달라고 부탁했다.

선율이 그 말을 듣고 막 가려 할 때 다시 살아났다. 이때는 선율이 죽은 지 열흘이 되어 남산 동쪽 기슭에 이미 장사 지낸 후였다. 무덤 속에서 사흘 동안이나 살려 달라고 부르짖자, 지나가던 목동이 이 소리를 듣고 절에 알렸으므로 절의 승려가 가서 무덤을 파고 꺼내 주었다. 선율은 그 여인의 집을 찾아갔다. 여인이 죽은 지 15년이 지났는데, 참기름과 베는 그 자리에 그대로 있었다. 선율이 그녀가 말한 대로 명복을 빌었더니 여자의 혼이 와서 아뢰었다.

"스님의 은혜를 힘입어 저는 이미 고뇌에서 벗어났습니다."

당시 사람들이 이를 듣고 모두 놀라 감탄하지 않는 자가 없어 그를 도와 불경을 완성시켰다. 불경은 경주의 승사서고 안에 있다. 매년 봄과

가을에 그것을 돌려 읽으며 재앙이 물러가기를 빌었다.[60]

일연스님이 삼국유사를 쓸 때만 하더라도 선율이 쓴 불경이 있었다는 것이다. 언제 어떻게 사라졌는지 알 수 없지만 망덕사의 선율 이야기는 신비로운 이야기다. 허허로운 절터에서 무엇을 볼 것인가? 옛사람의 손길이 닿은 돌덩이 하나에서 남산으로 사라진 진석석가와 무안해하는 효소왕을 기억하는 것, 땅속에서 들려오던 선율의 외침을 상상하는 것이다. 상상이 죽어버린 세상에서 상상을 일으켜 세워볼 일이다.

망덕사 남쪽에는 남천이 흐른다. 남천은 서쪽으로 흘러 신라의 궁궐인 월성을 끼고 흐르며 형산강에 합류한다. 망덕사 남쪽 남천의 모래밭을 '벌지지'라 부른다. 눌지왕 때 왕의 두 동생을 데려온 충신 박제상의 이야기가 서린 곳이다. 박제상은 고구려에 가서 눌지왕의 동생 복호를 데려왔다. 그러고는 집에 가지 않고 곧장 왜(倭)로 떠났다. 부인은 남편이 오기만을 기다렸는데 그대로 떠나버린 것이다. 참으로 무정하고 매정하다. 잠깐 낼 짬도 없었단 말인가?

처음에 제상이 떠나갈 때, 소식을 들은 부인이 뒤쫓았으나 만나지 못하자 망덕사 문 남쪽의 모래밭에 이르러 드러누워 오래도록 울부짖었는데, 이 때문에 그 모래밭을 장사(長沙)라 불렀다. 친척 두 사람이 부축하여 돌아오려는데 부인의 다리가 풀려 주저앉아 일어나지 못했으므로 그 땅을 벌지지(伐知旨)라 했다. 오랜 뒤에 부인은 사모하는

60 위의 책

마음을 견디지 못해 세 딸을 데리고 치술령에 올라 왜국을 바라보면서 통곡하다 삶을 마쳤다. 그 뒤 치술령의 신모(神母)가 되었으며, 지금도 사당이 남아 있다.[61]

▲ 망덕사 앞 남천에는 박제상의 부인이 흘린 눈물이 스며 있다.

61 위의 책

도리천에 묻힌 선덕여왕

낭산의 남쪽 끝자락에 선덕여왕릉이 있다. 그녀는 죽기 전에 도리천에 묻히고 싶어 했다. 신하들은 도리천이 어딘지 몰랐다. 왕은 낭산 남쪽이라 했다. 그녀가 지정한 그곳에 왕의 무덤을 조성하였다.

선덕여왕의 무덤은 둥글게 쌓은 봉토무덤이다. 봉분의 높이는 6.8m, 지름은 23.6m이다. 봉분의 아래로는 자연석을 이용해서 2단의 둘레돌을 쌓았다. 발굴을 하지 않아서 알 수 없지만 내부는 굴식돌방

▲ **선덕여왕릉** 그녀의 생전 소망처럼 도리천에 묻었다. 도리천은 낭산남쪽이다.

무덤으로 추정된다. 선덕여왕 시대에는 굴식돌방무덤이 일반화되었기 때문이다. 굴식돌방무덤은 남쪽으로 입구를 낸다. 문을 열고 들어가면 낮은 통로가 나온다. 통로를 따라 안으로 들어가면 커다란 방이 있다. 다듬은 돌을 차곡하게 쌓아 벽과 천정을 만들었다. 방의 규모는 사람이 서서 움직여도 불편하지 않을 정도의 넓이와 높이가 된다.

선덕여왕릉 올라가는 숲속에도 몇 기의 고분이 있다. 돌보지 않아 나무와 풀이 무성하다. 봉분을 둘러쌌던 병풍석이 노출되어 있어서 신라 고분임을 알게 된다. 서둘러 보존 정비할 필요가 있겠다.

여왕이 탄생한 이유

우리 역사 최초의 여왕인 신라 27대 선덕여왕(재위 632-47)의 이름은 덕만이다. 그녀는 진평왕(백정)과 마야부인 사이에서 태어났다. 진평왕(백정)은 석가모니의 아버지 이름을 가졌고, 마야부인은 석가모니 어머니 이름이다. 그러므로 진평왕과 마야부인 사이에는 아들이 태어나야 했다. 그 아들은 석가모니가 될 것이기 때문이다. 그러나 딸이 태어났다. 진평왕은 아들을 두지 못했다. 태어날 때부터 왕실의 크나큰 실망이었던 덕만은 성골(聖骨)이었기에 왕이 될 수 있었다. 아들이 없으면 화백회의를 통해 왕족 중에 한 명을 지명하면 될 일이었다. 그러나 법흥왕 이후 성스러운 뼈대를 지닌 왕족(성골)이 왕위를 이어야 한다는 확고한 신념이 생겼기에 그리 쉽게 결정할 것은 아니었다. 일반 왕족도 아닌 성골이라면, 석가모니와 같은 집안이라면 여자가 왕이 된다고 해서 문제가 될 것이 없다는 논리가 성립되었다. 그럼에도 진평왕 53년 이찬 칠숙과 석품이 이에 대해 반란을 일으켰다. 이들의 반란은 곧바로 진압되었다. 반란을 진압한 강력한 힘으로 여타 귀족들의 불만을 누르고 덕만은 즉위할 수 있었다. 아버지 진평왕이 54년이라는 긴 세월을 재위했기 때문에 덕만이 왕위에 올랐을 때는 나이 40은 넘었을 것이다. 신하들은 여왕에게 '성조황고(聖祖皇姑)'라는 존호를 올렸다. '거룩한 조상을 가진 황제'라는 뜻이다. 화백회의는 여자가 왕이 되는 것은 문제가 없다고 존호를 통해 인정한 것이다.

선덕여왕 때에는 삼국이 치열하게 물고 물리는 기간이었다. 고구려는 잃어버린 죽령 이북의 땅을 되찾겠다고 호언하고 있었다. 백제는 성왕의 죽음 이후 신라를 철천지원수로 대하고 있었다. 이런 상황을 타계하고자 당나라로 사신을 보냈더니 당나라 황제는 '너희 나라는 여자가 왕이라서 그렇다'며 자신의 친척 중 한 명을 보내 왕으로 삼으면 어떻겠냐는 제안까지 한다. 우군이라 믿었던 당나라 황제마저 여왕을 문제 삼은 것이다. 이런 분위기를 업고 신라 내부에서도 여자가 왕이라는 사실에 불만을 품은 세력들이 있었다. 상대등 비담이 기어코 반란을 일으켰다. 여왕은 잘 다스릴 수 없다는 것이었다. 성골왕실에 대한 반기를 든 것이다. 성골이기에 여자라는 것은 문제 될 것이 없다는 확고한 신념이 있었다. 그런데 상대등이 반란을 일으킨 것이다. 상대등은 귀족을 대표하는 인물이다. 상대등이 이와같은 생각을 했다면 다른 귀족들의 생각도 비슷하다는 뜻이다. 여왕은 충격을 받았다. 김춘추와 김유신이 여왕을 지켜주고 있었지만, 여왕은 반란이 진압되기도

전에 죽었다. 성스러움이 부정당하는 믿을 수 없는 상황에 충격을 받은 듯하다.

선덕여왕의 왕명인 '선덕(善德)'은 불교적인 것으로 불경에 '선덕'이라는 이름이 여럿 나타난다. 선덕여왕의 아버지와 어머니도 불경에 나오는 이름을 썼다. 법흥왕 이래로 왕실은 석가모니와 같은 종족으로 여겼다. 그래서 실제 이름이든, 죽은 후에 올려진 시호이든 불교와 밀접한 관련이 있는 것을 사용했다.

그녀의 이름은 『대방등무상경 大方等無想經』에 나오는 선덕바라문을 모범으로 하여 지었을 가능성이 크다고 한다. 선덕바라문은 불법(佛法)으로 세상을 정복하고 교화할 전륜성왕의 전형으로 인도에 실존했던 이소카왕이 될 인연을 이미 갖고 있었다고 한다. 그는 또한 석가모니의 사리를 잘 받들어 섬겨 장차 도리천(忉利天)의 왕이 되고 싶다는 소망을 갖고 있었다고 하는데, 이는 선덕여왕이 죽기 전에 자신은 도리천에 묻히고 싶다고 했다는 사실과 바로 연결해 볼 수 있다.[62]

고신라 문화전성기

그녀는 치열한 시대를 살았다. 대외적 여건은 시시각각 변하고 있었다. 그럼에도 그녀의 통치시대 신라는 문화적으로 눈부신 발전을 거듭하고 있었다. 첨성대·분황사·황룡사구층목탑·영묘사·남산

---

62 천년의 왕국 신라, 김기흥, 창비

불곡석불좌상·삼화령부처 등이 만들어졌다. 『삼국사기』를 쓴 김부식은 여왕에 대해 썩 좋은 감정이 아니었다. 선덕여왕조의 마지막에 자신의 견해를 덧붙였다.

하늘의 이치로 말하면 양(陽)은 굳세고, 음(陰)은 부드러우며, 사람으로 말하면 남자는 존귀하고 여자는 비천하거늘 어찌 늙은 할멈이 안방에서 나와 나라의 정사를 처리할 수 있겠는가? 신라는 여자를 세워 왕위에 있게 하였으니, 진실로 어지러운 세상의 일이다. 나라가 망하

▲ **남산불곡석불좌상** 선덕여왕을 닮았다 한다. 왕이 곧 부처였던 시절이니 부처를 조각하려면 왕의 형상을 하여야 한다.

지 않은 것이 다행이라 하겠다. 서경(西經)에 말하기를 '암탉이 새벽을 알린다' 하였고, 역경(易經)에 '파리한 돼지가 껑충껑충 뛰려한다'고 하였으니, 그것은 경계할 일이 아니겠는가!⁶³

양은 굳세고 음은 부드럽다면서, 남자는 존귀하고 여자는 비천하다는 논리는 어떻게 만들어졌는지 모르겠다. 이렇게 혹평한 김부식도 선덕여왕 시대에 대해 무시할 수 없는 부분이 있었으니 문화적 발전이었다. 그래서 '암탉이 새벽을 알린다', '파리한 돼지가 껑충껑충 뛰려한다'고 한 것이다. 암탉이 울었다. 돼지가 껑충껑충 뛰었다. 암탉이 울 줄도 모르고, 돼지가 뛸 줄도 모를 줄 알았는데 그렇게 했다는 것이다. 그녀는 새벽을 알리는 역할을 하였고, 그녀의 시대는 껑충껑충 뛰었다. 선덕여왕의 시대는 그런 때였다.

---

63 삼국사기, 한국학중앙연구원

경주-천년의 여운

9

석굴암, 민족문화의 자존심

석굴암에 대해서 글을 쓴다는 것, 무모하다는 생각이 든다. 글자 하나하나 쓸 때마다 〈이 무모함을 어떻게 용서받을까〉라는 두려움이 앞선다. 거대한 존재 앞에서는 그것을 설명하고 묘사하는 것조차 쓸데없는 짓이라는 생각이 드는 것처럼 이 글을 시작하는 마음이 그렇다. 이 석굴을 조영했던 신라인의 마음을 어찌 다 읽어낼 수 있고, 이해하고 공감할 수 있겠는가? 김대성과 함께했던 당대 지성(知性)들의 장엄한 종교적 깊이를 어찌 가늠이나 할 수 있을까? 묵직한 바위에 내재된 부처를 신앙의 눈으로 보고, 그것을 밖으로 모셔내려던 장인의 열정을 어찌 글로 표현할 수 있겠는가? 그렇다고 해서 마냥 손 놓고 석굴암의 겉만 핥는다면 이 또한 석굴암에 대한 예의가 아닐 듯하다.

누구나 다 보았고 알고 있는 것, 너무 많이 듣고 늘 보는 사진들이어서 오히려 무감각해져 버린 것, 세계에 내놓을 만한 것이 이것밖에 없다고 찬탄하여 마지않는 것—석굴암. 그러나 그 실상(實相)을 보기 어려우니 아직도 그 상징성을 참되게 파악하지 못하고 있는 상태에 있다.[64]

이것인가 하여 들여다보면 다른 것이 보이고, 아는 듯하여 말하려 하면 눈부신 아우라(Aura)로 인하여 입을 다물게 된다. 알아도 안다고 말할 수 없고, 모르면 모르기에 한없이 미안하다. 그렇다고 넋 놓고 있을 순 없다. 조금씩 그 실상에 다가가기 위해 방석을 끌 뿐이다.

---

64 한국미술 그 분출하는 생명력, 강우방, ㈜월간미술

서라벌 동쪽에 토함산(745m)이 있다. 신라는 동악(東岳)이라 하여 신성하게 여겼다. 토함산 너머에는 대해(大海)가 있다. 토함산은 경주 분지와 대해 사이에 위치하여 동쪽에서 불어오는 바닷바람을 막아준다. 바다로 침략해오는 왜적을 막는 중요한 역할도 하였다. 이 산은 이러한 실리적인 요인 말고도 신앙적으로도 매우 중요한 역할이 있었다.

토함산은 일찍이 석탈해가 올라가 그가 살 곳이 어딘지 살폈던 곳이다. 초승달처럼 생긴 땅을 점찍고 꾀를 써서 그곳에 살던 호공을 내쫓았던 일이 있었다. 심지어 탈해가 동악에 올라 돌아볼 때 목이 말라 하인에게 마실 물을 떠 오게 했다. 목이 말랐던 하인은 먼저 마시려고 입을 대었다. 그런데 잔이 입에 붙어 떨어지지 않았다. 탈해의 꾸짖음과 용서 후에 잔이 떨어졌다. 탈해의 범상치 않음을 말해주는 이야기다. 탈해는 토함산을 넘은 후 서라벌로 들어가 역사의 한 페이지를 장악했다. 탈해는 죽은 후 동악에 묻어 달라고 했다. 실제로 동악에 묻었는지 알려지지 않았다. 탈해왕의 무덤으로 알려진 곳은 토함산과는 거리가 먼 경주 시내 동천동에 있기 때문이다.

일찍이 탈해왕의 신비한 이야기가 서려 있는 토함산에 석굴암과 불국사가 들어섰다. 국가에서 중요하게 여겼던 두 사찰이 토함산에 들어선 것은 우연이 아닌 듯하다. 신라의 토착 신앙이 불교로 바뀌는 과정은 영역의 확장과 닮아 있었다. 국가 중요 사찰이 서라벌 외곽으로 점차 그 영역을 넓혀가고 있었다. 신라의 영토가 확장되는 것처럼 서라벌의 불교 영역도 점차 확장되었다.

토함산이라는 이름의 유래는 '탈해'에서 유래되었다는 설이 있고, 토함산 북동쪽 건너편에 자리한 함월산(含月山)의 대칭 개념으로 생겨

▲ 석굴암 (사진: 고 한석홍 기증, 문화재청)

▲ 석굴암과 불국사가 있는 토함산

났다고도 한다. 음기인 달을 머금은 함월산에 대칭해서, 양기를 머금은 산이 태양을 토해낸다 하여 토함산이라는 것이다. 어떤 것이 맞는지 알 수 없다.

2 │ 석굴암 창건의 전말

『삼국유사』에 의하면 신라의 재상 김대성은 두 세상을 살았다. 불교식으로 말하면 두 세상을 살지 않은 사람이 누가 있겠는가마는 그의 두 세상은 구체적으로 기록되어 있어서 유명한 이야기가 되었다. 그가 태어날 때 하늘로부터 소리가 들렸다. **"모량리에 사는 대성이 너의 집에 태어날 것이다."** 그래서 부모는 김대성의 전생을 미리 알고 있었다. 대성이 태어난 후 전생의 어머니였던 경조를 모셔와 함께 살았다. 한 몸으로 두 생(生)의 부모를 모시게 된 것이다.

김대성은 신라 재상 김문량의 집에 태어났다.[65] 진골 귀족 그것도 재상급 귀족의 집에서 태어난 것이다. 이 정도 진골 귀족이면 엄청난 부자였다. 부리는 하인이 3,000명, 계절마다 사는 집(사절유택)이 따로 있었으며, 집은 금으로 치장하여 금입택(金入宅)이라 했다. 섬을 소유하고 있으면서 동물을 놓아 길렀다.

김대성은 어려서 사냥을 좋아했다. 화랑제도가 유명무실 되었지만, 청소년들은 산천을 다니며 무예를 연마하고 있었다. 사냥도 무예를 연마하는 과정이었다. 어느 날 토함산에서 곰을 한 마리 잡았다. 산 아래 마을에서 자는데 곰이 꿈에 나타나 그를 위협하였다. 김대성은 용서를 빌었다. 곰은 자신을 위해 절을 지어줄 것을 요구하였다. 꿈에서 깨어난 대성은 자신이 부처의 은덕으로 다시 태어나 부귀영화를 누리고 있음을 각성하였다. 살생을 함부로 하고 있음을 참회하면서 곰을 위해 절을 지었다. 불국사에서 멀지 않은 곳에 장수사터가 있는데 곰의 명복을 위해 지은 절이라 한다.

김대성의 나이 스물 무렵 아버지 김문량이 죽었다.(711년) 일찍이 곰을 죽인 이후 회심의 시간을 가졌던 김대성으로서는 아버지의 죽음은 다시 한번 삶과 죽음에 대한 헤아림의 시간이 되었을 것이다. 가장 가까운 사람의 죽음은 많은 생각을 하게 만든다. 김대성도 예외는 아니었으리라. 무엇인가 큰 결심을 해야 했다. 그래서 그는 부모를 위해 절을

---

65 692년, 신문왕 말년

창건하기로 했다.

『삼국유사』에 의하면 〈전생의 부모를 위해 석굴암〉, 〈현생의 부모를 위해 불국사〉를 창건했다고 한다. 모량리에 살던 전생 부모와 김문량이라는 현생의 부모를 위해 두 사찰을 지었다는 것이다. 10대에 곰을 사냥한 후 회심(回心)을 하였고, 20대 초반에 부모의 죽음을 경험하고 석굴암을 창건했다는 것이다.

석굴암이 완성되기까지는 30년 가까운 시간이 흘렀다. 석굴암을 마무리했을 때 김대성은 어느덧 50대의 나이가 되었다. 김대성은 아버지가 그랬던 것처럼 중시(中侍)를 맡았다.(745년) 중시 김대성은 5년 후 불국사 창건을 위해 그의 직위를 내려놓았다.(750) 중시를 내려놓은 뚜렷한 이유가 없는 것으로 봐서 불국사 창건이 이유인 듯하다. 그리고 다시 23년의 세월이 흘렀다. 만 82세의 고령인 김대성은 불국사가 완공되는 것을 보지 못하고 죽었다.(774년, 혜공왕 10) 그래서 나라에서 마무리했다.[66] 이것이 사실이라면 김대성의 일생은 성장기(20년)-석굴암(30년)-중시(5년)-불국사(25년)로 나누어진다. 그의 삶은 단순했지만 묵직했다. 종교적 열정이 넘치던 시간이었다. 산중 사찰이었던 석굴암, 불국사를 왕래하며 대역사를 지휘했기에 그의 건강은 자연스럽게 보장되었다.

물론 『삼국유사』의 기록을 그대로 믿기는 어렵다. 두 세상의 삶을 산 것이며, 부모를 위해 석굴암과 불국사라는 사찰을 창건했다는 것도 말이다. 『삼국유사』는 일연스님이 불교적 시각에서 기록한 역사책이다.

---

66 불국사 창건은 751년이 아닌 742년이라는 기록이 발견되었다. 불국사편 참고

불교가 국가적으로 권장되던 시기였다. 세상만사 모든 일에 다르마(業報)와 인연(因緣)이 결부되어 있다고 믿었다. 석굴암과 불국사라는 대역사를 성공적으로 마무리한 걸출한 인물에 대해 재해석하고자 했다. 도대체 어떻게 그런 일을 이루어낼 수 있었을까? 신(神)의 도움 없이는 불가능하다. 그는 이 일을 이루기 위해 태어나도록 허락받은 자이다. 사람들은 그의 전생이 궁금했다. 부잣집에 태어난 김대성은 불교적으로 해석하자면 전생에 선업(善業)을 쌓았기 때문이다. 가난했지만 부처에게 전재산을 보시함으로써 부잣집에 태어난 것으로 생각과 마음이 모아졌다. 전생에 부자였는데 부처에게 보시함으로써 더 부잣집에 태어났다는 설정보다는 가난했지만 선업을 쌓았기에 현생을 보장받았다는 것이 더 그럴듯하지 않는가?

일연스님이 창작한 이야기가 아니다. 스님은 향전(鄕傳)을 인용하였다. 향전은 전해오는 이야기를 기록한 것이다. 일연스님이『삼국유사』를 기록하던 고려말이면 이미 세간에 널리 퍼진 이야기였다. 일연 스님은 그것을 문학적 감성으로 기록했을 뿐이었다. 일연스님은 또 이렇게 덧붙여 놓았다.

옛『향전』에 실린 내용이 위와 같으나, 절에 있는 기록에서는 다음과 같이 말한다.

"경덕왕 때였다. 대상 대성이 천보 10년 신묘년(751)에 비로소 불국사를 지었다. 혜공왕 때를 거쳐 대력 9년 갑인년(774) 12월 2일에 대성이 죽자, 나라와 집안에서 일을 마쳤다. 완성된 처음에 유가종의 대덕 항마를 불러 이 절에 머물게 했고, 이어서 오늘날에 이른다."

옛 전과 같지 않으니 어느 것이 옳은지 모르겠다.

석굴암과 불국사는 국가에 의해 추진된 사업이며 앞에서 이끌고 감독했던 이가 김대성이었다는 주장도 있다. 석굴암과 불국사가 동시에 진행되었다는 것이다. 그러나 이것은 몇 가지 어려움이 따른다. 석굴암은 산 위에 있고 불국사는 산 아래에 있다. 두 곳을 오가는 문제도 만만찮다. 동시에 이 일을 추진하자면 수도 없이 오르내려야 할 텐데 그 어려움을 어떻게 감당했겠는가 말이다. 지금처럼 반듯한 도로가 있었던 시절도 아니었다. 험한 산길을 오르내려야 했다.

여러 가지 기록과 상황, 정황을 종합해보면 석굴암은 김대성 개인의 발원으로 시작되었고, 불국사는 국가적 사업으로 보인다. 김대성 집안의 재력이라면 석굴암을 마무리하지 못할 정도는 아니다. 석굴암은 김대성에 의해 완공된 것은 확실하다. 돔형 천장의 덮개돌을 덮을 때 이것이 떨어져 세 동강이 났다는 이야기가 있다. 이것을 신의 뜻으로 여기고 세 조각 난 천장 덮개돌을 그대로 얹었다는 이야기다. 지금도 세 조각난 모습 그대로 올려져 있다. 석굴은 천장 덮개돌을 덮으면 완성되는 것이기 때문에 김대성이 살아있을 때 완공한 것이 틀림없다.

그는 어디에서도 볼 수 없었고, 상상할 수 없었던 석굴사원을 이루어냄으로써 명성을 얻었다. 마침 나라에서 시중(侍中)을 맡으라 했다. 아버지에 이어 시중을 맡게 되었다. 그러나 5년 만에 그 자리를 사임하였다. 불국사 때문이었다. 석굴암이라는 대역사를 완성해낸 그의 실력이 불국사 공사 책임자의 자리로 부른 것이었다.

불국사는 경덕왕이 아들을 기원하기 위해 지은 절이었다. 한편 김대성도 왕실의 일원이었다. 왕실의 평안은 국가의 평안이며 그것이 부처의 뜻이라 여겼기에 흔쾌히 나섰다. 그러나 김대성은 불국사가 완공되는 것을 보지 못하고 죽었다. 그래서 나라와 집안에서 이 일을 마무리했다.

신라는 매우 안정된 시기였다. 전쟁의 위협이 사라진 지 오래되었다. 당나라, 발해, 신라, 일본이 정치적으로 안정을 이루면서 평안을 구가하고 있었다. 정치적, 외교적 안정 속에 신라는 발전을 거듭하였고 절정에 이르고 있었다. 그 발전은 고구려와 백제, 가야의 에너지가 한군데 모아진 결과였다. 넘쳐 흐르는 기운을 어디에 사용할까? 대외팽창보다는 내적충만 즉 종교적 깊이를 더하는 데 사용하였다. 이는 멸망한 고구려, 백제, 가야 유민들의 마음을 신라로 모으는 데도 필요했다. 불교는 화엄종이 소개된 후 차원 높은 수준으로 나아가고 있었다.

신라의 도읍 경주의 저잣거리에는 세계 각지에서 온 사람들로 넘쳐났다. 심지어 서역에서 온 페르시아 상인을 만나는 것도 어렵지 않았다. 세계 각지의 문물과 문화가 교류되면서 신라 사회에 새로운 바람을 불어넣고 있었다. 이 최고의 절정을 결과물로 집대성해낸 이가 김대성이었다. 이 한 사람의 종교적 열정이 우리나라에 석굴암과 불국사를 선물하였다. 어디 그뿐인가? 석굴암과 불국사 이후 모든 불상은 석굴암 본존불, 모든 탑은 불국사 석가탑이 지향점이 되었다. 우리 문화의 전형이 만들어지던 시기였다.

3 석굴사원을 향한 열정

인도에서 시작된 석굴사원은 중국을 거쳐서 우리나라에 전해졌다. 인도에서 석굴사원이 만들어지게 된 이유는 종교적인 것보다는 환경적인 요인이 컸다. 석굴에 부처를 모셔야 한다는 교리는 없기 때문이다. 출가자들은 잘 건축된 사원에서 수행할 수도 있었지만 그곳은 일반 신도들을 상대해야 했기 때문에 수행에 집중할 수 없었다. 그래서 그들은 대중들과 멀리 떨어진 깊은 산중이나 광야에서 수행했다. 대중들과 멀어진 만큼 환경은 열악해졌다. 더위와 추위, 짐승의 위협으로부터 안전하게 수행할 장소가 필요했다.

동굴은 무더위를 피해 시원하게 지낼 수 있는 최적의 수행처였다. 기후는 건조하기에 동굴은 무척 시원한 공간이었다. 맹수의 위협으로부터도 안전할 수 있었다. 그러나 동굴은 어디에나 존재하는 것이 아니었기에 석회암 또는 사암 절벽을 파서 굴을 만들기 시작했다. 암질의 특성상 비교적 착굴(鑿掘)이 쉬웠다. 석굴은 점차 많아졌고 규모가 커졌다.

대중과 멀어진 곳에서 수행하는 승단에게는 생활을 유지하는 게 문제였다. 그렇기 때문에 신도들이 찾아오는 것을 막을 수 없었다. 그들이 승려들의 수행처를 찾아와 출가자들을 위한 뒷바라지를 해줘야 지속적인 수행이 가능했기 때문이다. 그렇다면 신도들을 위한 공간도 필요하다. 수행을 위한 석굴이 점차 예불을 위한 사원으로 발전하였다. 수행용 석굴에는 침실과 참선하는 곳, 요리하는 곳 등 단순하게 구성되어 있다. 그러나 석굴사원은 하나의 사찰이어야 한다. 내부에 불상과 보살상·신장상·탑 등이 조각되거나 프레스코화로 표현되었다.

불교가 히말라야를 넘어 중국으로 전해지면서 인도에서처럼 사암, 석회암 지대에 석굴이 조성되었다. 중국의 돈황석굴, 천불동석굴, 대동석굴, 용문석굴 등이 그것이다. 각 지역 환경에 맞는 석굴들이 조성되면서 인도에서 시작된 석굴들이 다양해지기 시작했다.

한반도에 전해진 불교는 한반도의 환경에 서서히 적응했다. 천축국

▲ 중국 용문석굴

(인도)에서 중국으로 중국에서 한반도로 전해진 불교였기에 원조를 경험하고 싶은 승려들이 많았다. 그리하여 천축국으로 순례를 떠난 이들이 나타났다. 한반도에서 천축국까지 가는 것은 목숨을 담보로 하는 여정이었다. 천축국으로 가지 못하더라도 우리에게 불교를 전해준 중국을 다녀오는 것도 큰 경험이었다. 중국에 들어가 불교를 배우고 경험한 승려들은 귀국하여 석굴사원 조성에 대한 꿈을 품게 되었다. 그런데 한반도는 중국의 지질과 달랐다. 중국의 옛 중심지인 서안, 낙양 또는 실크로드 도상(道上)의 지질은 물렀다. 지질학에서 유아기 지질이라 한다. 석굴을 조성하기 쉬웠다는 것이다. 한반도는 화강암이 많은 지질이다. 매우 단단한 노년기 지질이라 한다. 노년기 지질은 석굴을 조성하기 어렵다. 같은 깊이를 파더라도 몇 배의 공력이 필요했다. 석굴 내에 다양한 조각을 하기란 더더욱 어려웠다. 여러 번의 시도가 있었지만 중국에서 보고 경험했던 석굴과 같은 것을 이루지 못했다. 이만하면 포기할 만도 했다. 신라인들은 그러지 않았다.

석굴을 조성할 수 없었지만 석굴과 비슷한 곳이 있다면 그곳에 부처를 새겼다. 또는 약간 경사진 암벽을 택하여 부처를 새겼다. 백제의 미소라 불리는 서산마애삼존불이 대표적인 곳이다. 석굴사원에 대한 열망이 다른 방향으로 나타나게 되었는데 석벽에 새기는 불상인 마애불(磨崖佛)이었다. 우리나라에 유난히 마애불이 많은 이유는 이 때문이었다. 경주 남산에는 바위마다 부처가 새겨졌다고 할 만큼 많다. 나라 안 곳곳에 마애불이 새겨졌다.

마애불이 곳곳에 조성되었지만 석굴사원에 대한 꿈을 포기하지 않았다. 발상의 전환이 필요했다. "암벽을 파낼 수 없다면 우리가 잘하는 방법을 이용하자. 돌을 다듬어 쌓는거야. 조립식으로 석굴을 만드는 거야." 돌을 정교하게 다듬고 치밀하게 쌓아 석굴을 만들기로 했다. 석굴암은 이렇게 만들어졌다.

▲ 경주 남산의 마애불 (용장사터)

인도나 중국의 석굴사원은 건조한 지역에 조성되었다. 여름에는 시원하고 겨울에는 따뜻하다. 건조하기 때문에 석굴 내부에 결로가 발생하지 않는다. 그러나 한반도의 기후환경은 달랐다. 석굴 내부에 결로현상이 발생하였다. 고구려의 고분벽화도 도굴 또는 발굴 이후에 결로현상이 발생하여 훼손이 빠르게 진행되었다. 기술적인 문제가 아니라 환경적 문제였다. 석굴암은 이 문제도 해결해냈다. 현대의 기술로도 그 신비를 알아낼 수 없을 만큼 신라인의 지혜는 놀라웠다.

석굴암은 건축으로도 완성도가 높다. 건축적 완성도는 치밀한 설계에서 온다. 당대 최고의 지성들이 모여 수학, 과학을 총동원하여 설계하였다. 그뿐만 아니라 종교적 완성도도 높았다. 석굴사원이라 했다. 사원이 갖추어야 할 요소를 모두 갖추었다. 예술적으로도 뛰어난 평가를 받고 있다. 조각 하나하나가 불교미술의 최고봉이라는 평가를 받고 있다.

석굴은 인도에서 발원하여 실크로드를 거쳐 중국에서 번창했다가 우리나라에 들어와 마침내 결실을 맺었다고 믿어지는데 그 결실인 토함산 석굴, 이른바 석굴암은 세계 석굴의 정점이고 그 석굴의 불상군들은 세계 불상조각의 꽃이라 말해지고 있다.[67]

---

67 한국의 미, 최고의 예술품을 찾아서, 문명대외 공저, 돌베개

4 석굴 조영의 원리

석굴암은 하나의 사찰이다. 그래서 석굴사원이라 부른다. 사찰에 딸린 하나의 법당이 아니라 그 자체가 완벽한 사찰이다. 사찰에 있어야 할 여러 요소가 갖추어져 있다는 뜻도 된다. 석굴은 전실(前室)과 본실(本室)로 구성되어 있는데 앞쪽이 전실, 안쪽이 본실이다. 그리고 전실과 본실을 연결하는 짧은 비도(통로)가 있다. 전실과 본실의 벽체에는 다양한 신장상과 불보살이 조각되어 있다. 본존불을 제외한 모든 조각은 부조로 되어 있다.

전실에는 팔부신중과 금강역사가 있다. 관람자는 인왕상과 정면에서 마주하게 된다. 정면에서 부조를 바라보면 입체감 약해 평면적으로 보이게 된다. 그래서 인왕상은 환조에 가까운 고부조로 새겨 그 약함을 보완했다.

통로인 비도에는 사천왕을 새긴 판석이 벽체를 만들어주고 있다. 비도와 본실은 공간이 좁아져서 바라보는 시각도 좁아진다. 빛의 각도에 따라 그림자가 생겨나고 그러면 도상들의 입체감도 살아나 선명하게 보인다. 그 옛날 촛불을 들고 도상들을 하나씩 대면했을 것을 생각해 보면 얕은 부조이지만 벽에서 튀어나올 것 같은 느낌을 받았을 것이다.

본실에 들어서면 좌우 벽에 범천과 제석천이 시립하고 있다. 천(天)의 세상을 지나면 좌우에 문수보살과 보현보살의 세상이 나온다. 다음에는 석가모니의 제자 10명이 5명씩 좌우에 있다. 제자들은 각자의 특징을 살려서 다양한 자세와 표정이 나타나 있다. 본존상 바로 뒤에는 십일면관음보살이 있다.

본존은 전실의 정중앙에 있는 것이 아니라 약간 뒤로 물러나 있다. 이는 본실 공간을 넓게 보이게 하는 효과가 있기 때문이다. 가운데 두면 본실이 매우 좁아 보이게 된다. 참배자의 시각적 답답함을 고려한 배치다.

본존의 머리 높이만큼 지점에 10개의 감실을 설치했다. 좌우로 각각 5개씩 있다. 감실에는 다양한 보살상이 놓여 있다. 그런데 앞쪽 두 칸이 비어 있다. 일제강점기 도난당했다.

각 도상이 놓인 순서에는 어떤 의미가 있다. 석굴암을 하나의 사찰이라 했다. 사찰에 들어갈 때를 생각해보자. 일주문을 들어서면 금강문이 있고 조금 더 가면 사천왕문이 있다. 사천왕문을 지나면 해탈문이 나오고 해탈문을 통과하면 마당이 있다. 마당 정면에는 부처의 공간인 법당이 있다. 법당으로 들어가면 부처가 있고 주변엔 협시한 보살상들이 있다. 이렇게 사찰에 놓인 다양한 건축물은 부처의 세계를 표현한 것이다. 석굴암의 각 도상은 이와 같은 배치를 보여준다. 현대의 사찰 모습은 신라 때와는 달랐다. 신라 때에는 일주문-금강문-사천왕문-해탈문이라는 것이 없었다. 어쩌면 석굴암에서 최초로 시작된 것인지도 모른다.

경전을 종합하고 분석하고 이해하고 그 깊이를 더해가면서 도상을 배치했다. 집을 지을 때 현관과 거실과 주방, 침실을 어떻게 배치할 것인지 세심히 따져서 건축을 한다. 집마다 그 배치가 다른 것은 주인의 생각이 다르기 때문이다. 석굴사원을 계획할 때 '어떤 경전의 교리를 따를 것인가? 부처의 세계라는 거대 담론을 어떻게 녹여낼 것인가? 각 도상을 어디에 어떻게 두어야 우주적 질서를 완결시킬 수 있을까?' 등을 고려했을 것이다. 통일신라 최고 석학들의 밤은 고뇌와 연구로 하얗게 불태워졌을 것이다. 30년에 가까운 시간은 이것을 구상하는 데 할애 되었다. 김대성은 이 모든 것을 진두지휘했다. 가까운 나라 중국에서 이와 같은 예가 있는지 찾았다. 또 부처의 나라인 천축국(인도)에도 같은 예가 있는지 찾았다. 심지어 저 멀리 로마에서도 찾았다.

석굴암 본존불과 각 도상은 무엇을 말하고 있는 것일까? 그것을 알아내기 위해 많은 이들이 논문을 썼다. 우리는 그 깊은 내용까지 접근할 수 없다. 나 또한 그것을 해석해낼 능력이 없다. 그래서 석굴암을 찾는 이들을 위해 가장 알아듣기 쉬운 내용을 소개한다.

불교 경전에 따르면, 부처가 진리를 펼 때는 먼저 좌정하여 삼매(三昧)[68]에 든다. 그리고 사방(十方:모든 방향)의 보살과 제자들, 범천·제석천, 사천왕 및 팔부신중이 앞과 주위를 둘러싸고 지키면서 진리의 일성(一聲)을 기다리게 된다. 석굴암에 새겨진 39개의 갖가지 조상들은 모두 이러한 분위기를 의도하며 표현한 것으로 추정된다.[69]

---

68 잡념을 버리고 한 가지에만 마음을 집중시키는 경지
69 경주역사기행, 하일식, ibook.store

지금 부처는 깊은 삼매에 들었다. 깊은 명상에 잠겼다는 것은 큰 깨달음을 이룬다는 것이다. 그 깨달음 후에 있을 가르침은 무엇일까? 석굴암에 펼쳐진 각 도상은 삼매를 끝낸 부처가 던지는 진리의 한 마디(一聲)을 기다리고 있는 장면이라는 해석이다.

석굴암이 창건될 즈음 신라불교는 완숙한 경지에 이르고 있었다. 부처의 가르침에 대한 종합적 해석과 이해, 공감을 바탕으로 체질화되어 가고 있었다. 사회 현상 곳곳에서 불교의 간섭은 자연스러워지고 있었다. 사회 이념이 체질화되고 철학적 공감을 얻게 되면 그 결과물이 탄생하게 되어 있다. 불교적 성취의 결과물로 만들어진 석굴암이기 때문에 그만큼 깊이 있는 이해가 있지 않고서는 석굴암을 해석해내기 쉽지 않다는 뜻도 된다. 한마디로 요약하기 좋아하는 학문적 방법으론 석굴암의 대문을 열지 못한다. 어쩌면 당대인들의 생각을 읽어내기엔 종교적 열정과 깊은 지식, 예술적 안목과 폭넓은 상상력이 우리에게 부족한지도 모른다.

그럼에도 우리는 석굴암 도상들을 하나씩 짚어가며 살펴봐야 한다. 부족하다고 멈추는 것이 아니라 부족함에서 출발해서 조금이라도 다가가 보는 것이다. 이는 이 위대한 작품을 남기고 지켜온 조상들에 대한 최소한의 예의이기 때문이다.

팔부신중(八部神衆)은 부처의 세계를 호위하는 임무를 맡았다. 부처가 설법할 때 항상 따라다니며 수호한다고 한다. 팔부신중들은 여전히 윤회의 사슬에 들어 있기에 예불의 대상은 아니지만 맡은 임무는 신(神)급이다.

팔부신중은 〈천(天) · 용 · 야차 · 아수라 · 건달바 · 긴나라 · 가루라 · 마루라〉 등으로 구성되어 있다. 원래 인도에서 각종 신으로 숭배되던 존재들로 불교에 수용되어 불법을 수호하는 임무를 맡았다. 우리말에

▲ **석굴암 팔부신중** 다른 조각들과 비교해서 수준이 떨어지기 때문에 후대에 추가된 것으로 여겨진다. (사진: 고 한석홍 기증, 문화재청)

'아수라', '건달' 등은 여기서 유래되었다. 아수라는 원래 전쟁을 좋아했다. 그가 가는 곳에는 언제나 전쟁이 벌어졌기에 '아수라장'이라는 말이 생겨났다. 아수라 도상은 얼굴이 셋이며 손은 6개로 표현되니 구분하기 쉽다. 건달바는 인도에서 음악을 담당하는 사람을 가리키는 말이었다. 불교에서 건달바는 악기를 들고 있다.

　팔부신중들은 인도에서 서역을 거쳐 중국과 우리나라로 들어오면서 갑옷을 입은 모습으로 변화되었다. 호위 임무를 맡았기에 정서상 그렇게 표현한 것으로 보인다.

　석굴암의 팔부신중은 인왕상(仁王像)과 함께 네모난 전실을 구성하고 있다. 전실의 좌우에 신상(神像)이 부조된 석조물이 4개씩 세워져 벽을 만든다. 그런데 이 팔부신중 조각은 석굴암 내 다른 조각들에 비해서 조각 수준이 떨어진다. 그렇기 때문에 팔부신중은 후대에 추가된 것으로 보고 있다. 일제강점기에 수리한 사진을 보면 가장 앞쪽 신상 하나씩은 ㄱ자 모양으로 꺾어져 인왕상과 마주 보고 있었다. 원래 그렇게 되어 있었는지 아니면 일제강점기 수리하면서 그렇게 했는지 아직도 알 수 없다.

인왕역사(仁王力士)는 금강역사(金剛力士)라고도 한다. 석굴암 인왕은 석굴암의 첫인상을 강렬하게 만든다. 얼굴은 괴기스럽게 생겼지만, 몸매는 매우 단단하게 표현되었다. 상투 끝에서 다리까지 S자형을 이루고 있어서 동적인 느낌을 강하게 보여준다. 역삼각형 상체에 드러난 근육은 잘 단련된 무술인 같다. 두 손에는 기(氣)가 잔뜩 들어가 어떤 단단한 것이라도 부술 것 같다. 단단히 동여맨 허리띠 아래로 옷자락이 휘날리고 있다. 옷자락이 휘날리고 있다는 것은 지금 어떤 자세를 막 취하고 있음을 말한다. 움직임의 순간을 포착해서 표현한 것이다. 옷자락에 감춰진 종아리의 튼실함은 인왕의 강인함을 더해주고 있다.

머리 뒤에는 광배(光背, 아우라)가 표현되었다. 보통의 경우 인왕상에는 광배를 표현하지 않는다. 팔부신중, 금강역사(인왕), 사천왕 등은 예불의 대상이 아니기 때문이다. 광배 아래로 가느다란 두 줄의 천의(天衣)가 늘어져 있다. 그 모양이 흡사 몸 전체를 감싸는 광배처럼 처리되었다. 천의의 끝단은 둥글게 말렸는데 무엇을 표현한 것인지 알려지지 않았다.

정면에서 바라봤을 때 왼쪽은 '나라연금강'이고 오른쪽은 '밀적금강'이다. 나라연금강은 입을 벌리고 있고, 밀적금강은 다물고 있다. 나라연금강은 입을 벌리고 있어서 '아금강역사', 밀적금강은 입을 다물고 있어서 '훔금강역사'라고도 한다. '아'와 '훔'은 인도 범어의 첫 번째와 마지막 글자다. 이는 처음과 끝을 상징하며, 교종과 선종을 말하기도 한다. 즉 입을 열어 가르침을 베풀기도 하지만 마음으로 전달되는 침묵의 가르침도 있음을 말한다.

아금강역사의 벌린 입에는 치아가 가지런하다. 높직한 상투는 대단히 이국적이며 길쭉한 얼굴에 위로 치켜뜬 눈, 큼직한 코는 금강석처럼 강인한 인상을 보여준다. 훔금강역사는 입을 꾹 다물고 있고 턱에 힘이 잔뜩 들어가 있다. 그런데 왼팔의 손목 아랫부분이 없다. 따로 만들어서 끼웠던 흔적인 구멍만 남아 있다. 원래부터 별도로 조각하여 끼웠

▲ **석굴암 인왕상** (사진: 고 한석홍 기증, 문화재청)

는지 아니면 깨진 것을 후에 끼워 넣기 위해 구멍을 뚫었는지 알 수 없다.

불교의 각 도상은 대좌(臺座)로 삼는 것이 다르다. 불·보살은 연꽃, 아라한(제자)은 연잎, 사천왕은 살아있는 존재(생령좌), 금강역사는 바위를 대좌로 삼는다. 석굴암 인왕상도 거친 바위에 서 있다. 발가락 부분은 조각하다 만 것처럼 보인다. 이는 조각을 덜한 것이 아니라 바위에서 솟아 나오는 모습을 표현한 것이다. 스르륵~ 바위에서 나오는 장면을 보여주기 위한 수법이다.

▲ 석굴암 사천왕상의 발밑에는 악귀가 밟혀있다. (사진: 고 한석홍 기증, 문화재청)

금강역사의 대좌는 자연석같이 거칠게 다루었는데, 그 위에 굳건히 버티고 있는 발의 표현은 가히 압권이다. 발가락을 사실적으로 나타내지 않고 미완성같이 다루어 자연석 같은 대좌와 이질감을 느끼지 않게 하여 자연스럽게 자연에서 인공으로 이행하여 가는 과정을 보여준다. 필자는 이런 것이야말로 리얼리즘이라고 부르고 싶다. 이런 것은 천재의 과감한 창의성이 아니고는 불가능하다.[70]

금강역사는 주로 탑에 새겨지거나, 사리기 등에 표현되는 것이 일반적이었다. 그런데 석굴암에 와서 부처의 세계로 가는 진입 공간에 모셔지게 된 것이다.

7 | 당당한 사천왕상

전실(前室)에서 주실(主室)로 들어가는 통로(扉道:비도) 좌우에는 사천왕이 각 두 분씩 조각되어 있다. 사천왕은 수미산 중턱 사방(四方)에 거(居)하는 존재다. 부처의 세계를 호위하는 역할을 하면서 부처의 세계로 순례를 나선 이들에게 용기를 주어 순례길을 마칠 수 있도록 도와준다. 잘 깨닫지 못하면 벌을 주어서라도 깨닫게 한다.

---

70 한국미술 그 분출하는 생명력, 강우방, ㈜월간미술

이곳을 통과하면 부처의 세계에 닿는다. 그런데 부처의 세계에 도착하려면 세상에서 살던 모습 그대로 갈 수 없다. 좀 더 버리고 내려놓아서 한결 가벼워져야 한다. 사천왕은 순례길을 나선 이들에게 아직도 버리지 못한 '세상의 짐(탐욕·미련·미움 등)'을 그의 발밑에 내려놓기를 강권한다. 보이는 것은 내려놓기 쉽지만 보이지 않는 것은 떼어내기 힘들다. 그 무게도 상당하고 붙은 강도도 매우 쎄다. 그렇기에 사천왕은 힘 있는 무장의 모습으로 표현되었다. 세상에서 경험할 수 없는 강력한 존재라야 무장해제 시킬 수 있기 때문이다.

사천왕에게는 지국천왕(持國天王), 광목천왕(廣目天王), 증장천왕(增長天王), 다문천왕(多聞天王)이라는 이름이 부여되었다. 각 천왕은 맡겨진 방향을 수호한다. 동방 지국천왕, 서방 광목천왕, 남방 증장천왕, 북방 다문천왕으로 설정하는 경우가 일반적인 예이다. 천왕마다 들고 있는 상징물(지물)이 달라서 그것을 통해 구분할 수 있다. 그러나 어떤 경전을 바탕으로 조성했는가에 따라 방향과 지물이 달라지기도 한다. 시대에 따라 손에 드는 지물도 조금씩 변했기 때문에 지금 사찰에서 볼 수 있는 지물과 석굴암 사천왕상에서 확인할 수 있는 지물이 다르다.

부조로 표현된 사천왕상은 이상적 인체 비례로 표현되었다. 머리 뒤에는 두광이 표현되었다. 인왕상과 마찬가지로 아우라를 표현하지 않는 존재인데 표현되었다.

서방 광목천왕의 얼굴은 다른 돌로 다듬어서 끼워 넣었다. 원래부터 그랬을 것 같지는 않다. 언젠가 천왕의 얼굴이 깨지게 되었고, 보수하면서 깨진 부분을 파내고 다른 돌로 조각해서 끼워 넣지 않았는가 짐작된다. 왼손에는 칼을 들고 있으며 다리는 앞으로 나아가는 듯 내딛고 있다. 가슴과 등을 가리는 갑옷인 엄심갑과 단단하게 허리를 동여맨 허리띠가 고급스러워 보인다. 하체는 하늘거리는 옷으로 가렸으나 무릎 아래로는 맨살이 드러나 보인다. 신발은 샌들을 신어서 발가락이 다 노출되었다. 발밑에는 악귀가 밟혀 있는데 왼팔을 땅에 짚고 상반신을 들어 올리려 하고 있다. 고통스러워하는 표정이 역력하다.

북방 다문천왕은 오른손에 탑을 들고 있고 왼손은 손등을 들어 올려 옷자락을 걸치고 있다. 얼굴과 몸을 옆으로 틀었다. 가슴을 가리는 엄심갑을 입었고 하체는 하늘거리는 옷이다. 허리띠는 서방 광목천왕과는 달리 천으로 묶었다. 신발은 샌들을 신었고 종아리를 보호하는 무언가를 착용한 듯하다. 발아래는 악귀가 쭈그리고 앉았는데 사천왕의 발이 그의 어깨를 밟고 있다.

남방 증장천왕은 측면을 바라보고 있으며 오른손으로 칼의 손잡이를 잡고 왼손으로 칼 끝부분을 받치고 있다. 갑옷은 역시 엄심갑이며 허리는 단단한 것으로 동여매어 잘록한 허리가 드러났다. 길게 늘어진 옷자락(천의:天衣)이 유난히 돋보인다. 하체는 각반을 하였으며 맨발이다. 발아래는 엎드려 있는 악귀의 고통스러움이 리얼하다.

동방지국천왕의 얼굴은 측면을 바라보고 있으나 몸은 정면이다. 오른손으로 칼손잡이를, 왼손으로는 칼의 3분의 2지점을 받치고 있다. 갑옷은 다른 사천왕과 동일하며 각반과 샌들을 착용하고 있다. 사천왕의 무게에 눌린 악귀가 고통스러운 나머지 입을 벌리고 있다.

부처의 세계인 수미산을 오르는 길, 그 중턱에서 사천왕을 만난다. 사천왕의 발밑에 수미산을 오르는 데 방해가 되는 무거운 짐을 내려 놓아야 한다. 그것을 악귀로 표현했다. 삶을 좀먹는 탐욕과 미움 등등 은 악귀나 다름없다. 사천왕이 있는 수미산 중턱을 지나면 이제 다른 세계에 이르게 된다.

8 | 범천과 제석천

사천왕천을 지나면 범천과 제석천의 세상에 닿는다. 들어가면서 왼쪽 에는 범천, 오른쪽에는 제석천이다. 두 천(天)의 광배가 묘하게 표현 되었다.

머리 뒤의 광배가 마치 긴 톱날을 꺾이지 않게 양손으로 휘면, 바싹 궁굴어지는 선을 연상시킵니다. 톱니가 바깥을 향하게 되었는데요, 금당 내에서는 두 천부상의 광배만 그런 모양을 하였네요.[71]

제석천은 오른손에 불자(佛子, 먼지털이)를 들고 있으며, 왼손은 강력한 위력을 지닌 무기인 금강저를 들고 있다. 불자는 번뇌망상을

---

71 석불사,불국사, 신영훈, 월간조선

▲ **석굴암 범천과 제석천** 정병을 들고 있는 범천과 금강저를 들고 있는 제석천은 번뇌망상을
털어내는 불자를 들고 있다. (사진: 고 한석홍 기증, 문화재청)

털어내는 역할을 한다. 아주 먼 옛날 인도에서 승려들이 길을 갈 때면
이것을 들고 다녔다. 벌레가 많았기 때문이다. 밟지 않기 위해 쓸고
가야 했다. 이것이 상징화되어 마음에 일어나는 번뇌망상을 털어내는
역할로 바뀌었다. 9등신의 몸은 허리를 옆으로 내밀어 S자형의 운동성을
보여준다. 얼굴은 석굴내부를 향하고 있어 본존을 바라보는 자세다. 흘러
내리는 옷자락은 대단히 유려하여 가볍게 승천할 듯하다.

범천은 제석천처럼 오른손에는 불자를 어깨 위로 들고 왼손에는 중생의 고뇌를 씻어주는 감로수가 담긴 정병(淨甁)을 들고 있다. 정병의 아가리 부분을 중지와 약지 사이에 끼워 살짝 들고 있는데 매우 고혹적이다. 9등신이며 무릎까지 덮인 하의의 모습이 방패를 닮았다. 방석처럼 생긴 연잎을 밟고 선 발은 안정적인 자세를 취하고 있다. 왼발은 정면을 향하고, 오른발은 직각으로 벌려 섰다. 발아래까지 흘러내린 천의가 대단히 유려하다.

9 │ 문수보살과 보현보살

두 천부상을 지나면 문수보살과 보현보살이 나타난다. 들어가면서 왼쪽이 보현보살, 오른쪽이 문수보살이다. 문수보살은 한 손에 작은 그릇(보발)을 들고 있으며, 보현보살은 경전을 들고 있다. 보발을 든 문수보살은 지혜를 상징하고, 경전을 든 보현보살은 실천을 상징한다.

두 보살상의 몸매는 앞서 본 천부상과 비슷하다. 머리 뒤를 빛내고 있는 광배는 천부상에 비해 오히려 단순하다. 단순함이 더 강한 기운을 뿜어낸다는 것을 여기에서 알게 된다. 얼굴은 본존불을 향하고 있다. 유려한 옷자락은 바람이 불면 지금이라도 날릴 듯하다.

보살과 부처는 연꽃을 대좌로 삼는다. 활짝 핀 연꽃을 밟고 선 보살상의 두 발을 보면 돌을 조각하되 돌이라는 사실을 잊게 만든다. 보현

▲경전을 들고 있는 보현보살, 보발을 들고 있는 문수보살 (사진: 고 한석홍 기증, 문화재청)

보살은 맨발이며 문수보살은 가벼운 샌들을 신었다. 9등신에 가까운 두 보살상을 보고 있으면 이상적인 표현이 어떤 것인지 느낌으로 알게 된다. 현실에 존재하는 듯하면서도 이 세상에서는 볼 수 없을 것이라는 느낌이 강하다.

10

영락없는 인도인, 십대제자상

두 보살상을 지나면 제자들을 만난다. 현존했던 제자들이었던 만큼
얼굴과 표정, 자세에서 사실적인 표현이 돋보인다. 이상적인 세계에서
현실의 세계로 돌아온 것 같다. 옷자락도 대단히 사실적이어서 지금도

▲ **석굴암 십대제자상** 부처의 십대제자는 석가모니를 둘러싸고 진리의 일성을 기다리고 있다.
제자들마다의 특징을 잘 표현해서 리얼리즘의 극치를 보여준다. (사진: 고 한석홍 기증, 문화
재청)

인도나 동남아시아 일대의 승려들에게서 볼 수 있는 모습이다. 얼굴은 한국인이 아니며 인도인에 가깝다. 석굴암이 조성될 당시 인도 뿐만 아니라 이슬람 상인들도 신라 땅에 내왕했다는 것은 역사적 사실이다. 그러니 인도인을 조각하는 건 어렵지 않았을 것이다. 단 제자들 한 명, 한 명의 특징을 표현하는 데 어려움을 겪었을 뿐이었다. 경전에 표현된 제자들의 모습을 심사숙고해서 표현했다. 지혜가 제일이라는 사리불, 수행을 잘하는 마하가섭, 신통한 목건련, 설법 잘하는 부르나, 많이 들은 아난타 등 제자들의 모습이 특징에 맞게 조각되었다. 총명·신중·고집불통·온화함 등이 얼굴을 통해 드러난다. 옷자락에서나 신발에서 제자들의 특징, 출신지 등이 드러났다. 지금도 인도인들이 신는 코가 뾰족한 신발이나 샌들, 히말라야 추운 산악에서 신는 방한화 등이 표현되었다. 마치 직접 본 것처럼 조각되었다. 한 명씩 그 얼굴을 감상할 수 없는 아쉬움이 있지만 사진이 공개되어 있으니 찾아보는 것도 괜찮을 듯하다.

미스 신라, 십일면관음보살

십일면관음보살상은 본존불상 뒷벽면의 한가운데에 안치한 부조상
이다. 화려한 보관을 쓰고 얼굴이 풍만, 신체는 늘씬하고 우아하며,
천의는 물결처럼 부드럽고 유연하고 영락이나 팔찌 등 장신구들이 정교
하고 호화찬란하여 이 보살상을 조성한 장인들의 뛰어난 기량이 잘 드러
난다.[72]

십일면관음보살상은 석굴암 여러 조각 중에서도 뛰어나다는 평가
를 받고 있다. 모두가 그렇지만 특히 찬사를 많이 받았다. 얼굴이 11개
라서 십일면관음보살이라 한다. 관음보살은 현재의 문제를 해결해 주는
역할을 한다. 현재의 문제는 복잡하고 다양해서 관음보살도 그만큼
활동력이 뛰어나야 한다. 십일면 뿐만 아니라 32응신, 천수천안 등으로
표현되기도 한다. 이는 현실 문제를 해결하기 위해 다양하게 분신하여
나서야 하기 때문이다.

관음보살은 하늘관을 쓰고 정면을 바라보고 있다. 본존상 바로 뒤
에 있어서 정면상으로 조각되었다. 본존상과의 거리가 가깝기 때문에
관음보살을 보기 위해서는 고개를 쳐들어야 한다. 때문에 관음보살의
얼굴이 크게 조각되었다. 또 환조에 가까운 고부조로 얼굴을 새겼다.

---

72 한국미 최고의 예술품을 찾아서, 문명대, 돌베개

▲ **십일면관음보살** (사진: 고 한석홍 기증, 문화재청)

정면에서 바라보는 것을 염두에 두었기 때문이다. 석굴의 모든 조각은 보는 이의 시점에 맞추어져 있다.

관세음보살은 보관에 부처(아미타불)가 조각되어 있어서 쉽게 알 수 있다. 관음보살은 아미타불을 보좌한다고 하여 보관에 아미타불을 조각한다. 석굴암 십일면관음도 보관에 서 있는 불상이 조각되어 있다. 이 불상을 기준으로 좌우로 셋씩 관음보살의 머리가 있고, 한 층 위로 세 분의 관음보살 머리, 그리고 정상에 광배를 한 부처가 있다. 두 부처를 제외하면 눈으로 확인되는 관음보살은 아홉 분이다. 「십일면관음심주경」에 의하면 보이지는 않지만 머리 뒤에 얼굴 하나, 정수리에 얼굴 하나가 있다고 한다. 그래서 모두 열한 분의 관음보살이라 한다.

12 유마거사가 앉은 감실

　본실의 벽과 돔형천장의 이음 부분에 감실이 마련되었다. 좌우로 5개의 감실이 있고 그 안에 별도로 조각된 보살상이 있다. 입구 쪽 좌우 감실은 비어 있는데 이곳에 있던 보살상은 일제강점기에 도난당했다. 일제강점기 경주군의 서기로서 소네 통감을 석굴암, 불국사로 안내했던 기무라는 이렇게 고백하고 있다.

▲ **미륵보살좌상** 석굴암 감실에는 다양한 불보살상이 놓여 있다. (사진: 고 한석홍 기증, 문화재청)

도둑들에 의해 일본으로 반출된 석굴암 불상 2구와 불국사 다보탑 사자 두 마리와 승탑 등 귀중물이 반환되는 것이 죽을 때까지의 소망이다.[73]

본존불의 좌측 제3감실에 봉안된 미륵보살좌상은 매우 아름답다. 미륵보살은 연꽃대좌에 앉아 있는데 오른무릎은 꿇고 왼무릎을 세웠다. 오른손은 바닥을 짚었기 때문에 몸이 오른쪽으로 살짝 기울어 있다. 왼쪽으로 기울인 머리가 균형을 잡아주고 있다. 왼무릎에 받쳐진 왼손 손등은 턱을 받치고 있다. 쉽지 않은 자세인데 한없이 평안해 보인다. 이런 자세를 유희좌라고 한다. 직접 볼 수 없음이 안타까울 뿐이다.

본존의 우측 유마거사상은 다른 조각상들과 결을 달리한다. 다른 조각들은 사실적이면서도 이상적인 형상미를 보여주는데, 유마거사상은 대단히 선(禪)적인 조각이다. 마치 조각을 하다 만 것처럼 보이지만 그 내적 깊음을 가늠할 수가 없다. 가장 모던한 조각을 들라 하면 이 유마거사상일 것이다. 당시 조각가들의 수준이 어느 정도였는지 가늠하기 힘들다. 스스로 깨달음을 이룬 유마거사는 당당히 석굴암에 초대받았다.

원래 감실 뒷벽 아랫부분에 틈이 있었다. 이 틈으로 바람이 통했다. 이 틈은 석굴암에서 매우 중요한 역할을 했다. 석굴암 벽과 천장 너머에는 큰 돌들이 켜켜이 쌓여 있었다. 돌 틈으로 바람이 통하는데 그 바람이 감실 뒷벽에 난 틈으로 들어왔다. 이 바람은 석굴암 내부의 온도를

73 조선에서 늙으며 (1924)

일정하게 유지시켜 주는 역할을 했다. 내부 온도가 일정하면 결로를 막을 수 있다. 석굴암 결로현상에서 감실 뒤에 있는 틈이 중요한 역할을 한다는 것이다. 지금은 시멘트로 막아버렸다.

13 본존불은 어떤 부처일까?

부처는 수인(手印:손모양)으로 구분한다. 석가모니불은 항마촉지인(降魔觸地印), 아미타불은 구품인(九品印), 비로자나불은 지권인(智拳印), 약사불은 약병을 들고 있는 모습으로 표현된다. 부처를 반드시 수인으로만 구분하는 것은 아니지만 가장 쉽게 구분하는 방법이기도 하다.

석굴암 본존불은 항마촉지인을 하고 있다. 수인으로 봤을 때 석굴암 본존불은 석가모니불이다. 석가모니는 치열한 수행 끝에 깨달음을 이루었다. 그러나 마지막 테스트가 남아 있었는데 마왕의 유혹과 방해였다. 마왕은 아름답고 요염한 모습의 방해꾼들을 보내 석가모니의 주위를 둘러싸고 유혹하였다. 이때 석가모니는 선정(禪定)을 하고 있던 한 손을 풀어 땅을 가리키며 '**땅의 신(地神)은 내가 깨달은 것을 증명하라**'는 명을 내렸다. 순간 천지를 뒤흔드는 우렁찬 소리가 났고 이에 놀란 마왕은 사라졌다. 그리고 팔부신중이 나타나 석가모니를 호위하었다. 항마촉지(降魔觸地:땅을 가리키고 마왕을 항복시킴)인은 이 순간을 표현한 것이기에 석가모니불을 나타내는 수인이 된 것이다.

강우방 선생은 『대당서역기』에서 기록을 찾아내 석굴암 본존불이 석가모니불이라는 사실을 증명했다. 『대당서역기』는 서유기의 주인공으로 알려진 당나라 현장법사가 인도를 순례한 후 남긴 기행문이다. 그는 석가모니가 깨달음을 이룬 부다가야를 순례했다. 그곳 보리수나무 아래에 있는 불상을 친견하고 그 치수를 재어 기록으로 남겼다.

정사(精舍) 안을 들여다보니 불상이 엄연한 자태로 결가부좌하고 (중략) 항마촉지인을 하고 동쪽을 향하여 앉아 있었다. 그 근엄한 모습

▲ 석굴암 본존불 (사진: 고 한석홍 기증, 문화재청)

은 참으로 그곳이 부처가 있는 것과 같았다. 대좌의 높이가 4.2척이고 너비는 12.5척이며 불상의 높이가 11.5척, 무릎과 무릎 사이가 8.8척, 어깨너비는 6.6척이었다.

『대당서역기』에 기록된 불상의 수치와 석굴암 본존불의 수치가 동일하다. 부다가야 보리수나무 아래 앉아 있던 불상은 석가모니상이 틀림없다. 그렇기 때문에 석굴암 본존불이 그 수치와 같다면 석굴암 본존불은 석가모니불이다. 우연이라 하기엔 수치가 절묘하게 일치하기 때문이다. 신라인들은 『대당서역기』를 통해 간접적으로 천축국을 여행했으며, 불교의 원조국인 천축국에서 만든 부처의 모양을 따라 한 것이다. 심지어 부다가야에 있는 부처가 동쪽을 향해 앉아 있었다는 것도 같다. 천축국에서 그리했다면 의심할 것없이 따라 하면 되는 것이었다.

14 | 부처는 웃지 않는다

불교가 이 땅에 처음 소개되었을 때 부처는 우리와 비슷한 존재로 묘사되었다. 환하게 웃고 있었으며 몸매는 두툼했다. 표정은 한없이 자상했다. 아무리 하찮은 하소연이라도 다 들어줄 것 같았다. 따뜻하고 아늑한 그런 조각이었다. 삼국시대 대표 불상인 〈서산마애삼존불〉

〈경주 배리석불입상〉, 〈경주 남산 감실부처〉, 〈경주 장창곡 석조미륵여래삼존상〉 등이 대표적인 경우다. 불교가 소개된 지 얼마되지 않았고 형이상학적 교리까지 알기에는 너무나 초보단계였기 때문에 근엄한 부처는 필요하지 않았다. 그래서 한없이 자상한 분으로 소개하고 대중들과의 거리를 좁혀 나갔다.

시간이 흘러 불교가 삶의 깊숙한 곳까지 들어왔고 익숙해졌다. 고승들이 배출되어 차원 높은 가르침이 이어졌다. 이제 어린아이 수준에서 벗어나야 한다. 부처는 현생에 존재했던 분이지만 차원이 다른 분이었다는 것을 알려야 한다. 교리를 해석하고 설명하는 것도 필요하지만 대중들에겐 이미지화가 중요하다. 우리와 비슷한 듯하면서도 신적 존재처럼 보여야 한다. 표면적인 것 너머에 있는 깊은 철학적 내면을 품고 있어야 한다. 생각할 수 있는 범위 안에서 가장 바람직하다고 생각되는 완전한 상태가 되게 해야 한다. 즉 '이상화(理想化)'시켜야 한다. 그리스 인체 조각의 완벽함은 신화 속 신들을 표현한 것이다. 인간의 완벽한 형상은 신의 형상에 가장 가깝다고 생각한 것이다.

▲ 삼국시대 부처는 미소가 아름답다. (남산 장창골 석조미륵삼존상, 경주박물관)

석불사의 석굴, 그것은 종교와 과학과 예술이 하나됨을 이루는 지고(至高)의 최미(最美)이다. 거기에는 전세계 고대인들이 추구했던 이상적인 인간상으로서 절대자의 세계가 완벽하게 구현되어 있다.[74]

부처는 더이상 웃지 않는다. 눈을 지긋이 감고 있다. 깊은 선정(禪定)에 들었다. 몸은 모든 것을 벗어버린 듯 편안하면서도 내적 충만으로 가득하다. 그 앞에서는 어떤 움직임도 거추장스럽다. 선정에서 깨어나 깨달음의 일성(一聲)을 펼치길 기다릴 뿐이다. 돌이지만 돌이라는 생각을 할 수 없다.

아무런 생명도 성격도 없는 돌을 깎아 거기에 영원한 생명과 절대자의 이미지를 부여한 것은 종교적 열정에 근거한 예술혼의 산물이다.[75]

머리카락인 나발은 소라모양으로 잘 표현되었다. 귀는 어깨에 닿을 듯 길다. 옷은 입었으되 입지 않은 듯 아주 얇다. 가사에 가려진 왼쪽 젖꼭지가 보일 정도로 얇다. 오른쪽 어깨를 드러내고 왼쪽 어깨에 가사를 걸쳤다. 우견편단(右肩偏袒)이라 한다.

이마 가운데 백호는 보석을 박아 선명하다. 살짝 다문 입술은 루즈를 바른 듯 붉은 빛이다. 몸은 살집이 제법 있어 풍만함이 느껴진다. 결가부좌한 다리는 튼실하게 조각되어 전체에 안정감을 부여한다. 본존

---

74 나의문화유산답사기, 유홍준, 창비
75 위의 책

은 살아있는 것 같아 팔뚝을 살짝 누르면 탄력이 느껴질 듯하다.

석굴암 본존불이 이처럼 강하면서도 부드러운 인상을 주는 이유는 재료가 화강암이라는 점에도 있다. 불상 조각이든 인체 조각이든 조각은 필연적으로 형상 못지않게 괴량감과 질감이라는 요소를 동반하는데, 강한 화강암을 부드러운 질감으로 나타내어 더욱 강렬한 힘과 온화함이 느껴진다.[76]

본존불의 높이는 3.42m, 연화대좌(부처가 앉은 자리)의 높이는 1.63m이다. 본존불+연화대좌 높이는 5.05m가 된다. 연화대좌(蓮花

▲ **석굴암 본존불** 화강암 조각에서 탄력이 느껴진다. (사진: 고 한석홍 기증, 문화재청)

76 유홍준의 한국미술사강의, 눌와

臺座)의 하대와 상대는 원형이며, 중대는 팔각이다. 중대는 단순한 팔각이 아니다. 팔각의 중심기둥을 세우고, 밖으로 모서리마다 가는 석조기둥을 따로 세웠다. 대좌의 높이는 김대성의 키[77]였다. 당시로는 상당히 큰 편이었다.

본존불이 완성된 후, 이후 한반도에 나타날 불상들의 방향은 결정되었다. 이제 이 본존불을 따라가면 된다. 더할 것도 뺄 것도 없었기 때문이다. 석굴암 본존불은 한국 불상의 전형(典型)이 되었다.

15 | 본존불은 언제 완성했을까?

갑자기 궁금해진다. ① 본존불을 만든 후 석굴의 벽과 천장을 축조했을까? ② 석굴을 완성한 뒤에 본존을 넣었을까?

①의 경우는 대단히 위험한 도전이다. 벽은 어찌어찌 만들 수 있다고 해도, 돔형 천장을 만들 때 쏟아져 내리기라도 한다면 어쩔 것인가? 석불에 손상이 가해질 수 있다. 본존불처럼 위대한 작품은 다시 만든다고 해도 같은 것이 나오기 힘들다. ②의 경우는 거의 불가능에 가깝다. 전실에서 본실로 들어가는 비도가 너무 좁다. 본존불의 무게와 부피를 고려하면 그 좁은 공간으로 들어가는 것 자체가 불가능하다.

77 연꽃광배 참고

들어가더라도 본존불을 대좌 위에 올려놓는 것 또한 불가능하다. 본실이 너무 좁아서 작업을 할 수 없기 때문이다.

　그렇다면 위험하더라도 ①의 방법으로 완성했을 것이다. 석굴의 모든 구성은 본존을 기준으로 맞춰져 있다. 대당서역기에 기록된 치수대로 석가불의 크기는 이미 결정되었다. 치밀하게 계산된 대좌 위에 본존불

▲ 석굴암 본존불 (사진: 고 한석홍 기증, 문화재청)

을 올려놓았다. 본존이 제자리에 놓인 후 다른 조각들의 위치가 결정되고 시선들이 정해졌다.

천장의 가운데 놓인 연화문의 경우 무려 20톤이 넘는다. 일꾼들이 그것을 가지고 올라가 천장 밖에서 끼웠다. 그러다 실수로 굴러떨어졌는데 세 조각이 나고 말았다. 그것이 안으로 떨어졌다면 본존의 머리 위로 떨어졌을 것이다. 물론 보호하기 위한 여러 장치를 했을 것이지만 20톤의 돌이 높은 곳에서 떨어졌다면 그 충격은 대단했을 것이다. 석굴을 만드는데 대단한 모험을 한 것으로 보인다.

16 | 연화문 광배

광배(光背)는 몸에서 뿜어져 나오는 아우라를 상징한다. 머리에는 두광(頭光), 몸에는 신광(身光), 머리와 몸을 아우르는 거신광(擧身光)이 있다. 불상을 조각할 때 대개는 광배를 불상에 붙여서 조각한다. 때로는 별도로 조각해서 머리나 몸에 부착하기도 한다. 그런데 석굴암 본존의 두광은 저 멀리 벽에 붙어 있다. 본존불과는 거리는 제법 멀다. 광배의 위치도 머리보다 훨씬 위에 설치되었다.

석굴사원에 참배 온 순례객이 서는 자리는 정해져 있다. 거기서 고개를 살짝 들어 부처를 쳐다보게 된다. 본존의 얼굴과 연꽃광배가 대각선이 된다. 이때 부처의 머리는 광배의 한가운데 있게 된다. 쳐다보는 위치의 각도에 맞춰서 광배의 위치를 결정한 것이다.

광배는 연꽃모양이다. 이 또한 단순하게 조각되지 않았다. 연꽃잎 하나하나는 위로 갈수록 조금씩 크게 조각되었다. 눈을 들어 위로 쳐다보게 되면 멀리 있는 것이 작아 보인다. 위로 갈수록 잎을 조금씩 크게 하여 광배의 연꽃잎 하나하나가 동일한 크기로 보이도록 한 것이다. 또 둥근 연꽃광배는 완벽한 원이 아니다. 위로 갈수록 원이 넓어진다. 대각선으로 쳐다봤을 때 위가 좁아 보이는 착시를 교정하기 위해서다. 광배 하나에도 많은 계산이 들어갔다. 어찌 이런 생각까지 하였는지 신기할 따름이다.

그런데 자세히 보면 불상의 머리가 광배의 한 가운데 있지 않다.

▲ **석굴암 본존불과 연화문광배** (사진: 고 한석홍 기증, 문화재청)

뭔가 잘못되었다. 어찌 된 것일까? 잘못 만든 것일까? 그렇지 않다. 석굴암에 투여된 시간만 30여 년이다. 철저하게 계산했다. 그러므로 그 원인을 다른 데서 찾아야 한다.

한말에 의병을 토벌하러 온 일본군이 보물을 탐내어 불상의 엉덩이 쪽에 지렛대를 넣고 들어 올리려 했다. 이때 불상의 일부가 깨졌다. 결국 들어 올리지 못하고 실패했다. 불상이 약간 움직인 것이 아닌가 짐작된다.

다른 이유는 일제강점기 석굴암을 완전 해체하고 다시 복원할 때 생긴 계산 착오가 아닌가 한다. 깨어져 사용할 수 없는 돌을 새것으로 갈아 끼웠는데 이때 잘못된 계산으로 약간 비틀린 것으로 보인다. 석굴 암을 해체 복원할 때 본존불은 움직이지 않았다. 천장과 벽을 해체하 고 다시 조립했다. 계산이 약간만 잘못되어도 광배의 위치가 이동하 게 되는 것이다.

17 │ 신비로운 돔형천장

석굴암에서 가장 놀라운 지점은 천장이 아닐까 한다. 그 놀라운 구성 에 놀라고 완벽한 원형돔이라는 사실에도 놀란다. 커다란 공 하나가 완벽히 들어가는 둥근 돔형 천장은 결코 만들기 쉽지 않다. 어느 정도까지는 둥글게 좁혀 들어갈 수 있지만, 어느 시점에 이르면 무게를 견디지 못하고 쏟아져 내리기 때문이다. 고대 로마 판테온 신전의 천장 역시 완벽한 원형 돔이다. 그러나 석굴암과 다른 점은 맨 꼭대기를 덮지 못했다는 것이다. 꼭대기를 덮었을 경우 무게를 견디지 못하고 쏟아져 내릴 염려가 있기 때문이었다. 신라인들은 이것을 해냈다. 맨 꼭대기에 연화문이 새겨진 둥근 돌을 끼워 넣었다. 무려 20t이나 되는 큰 돌로 덮었다.

어떤 원리가 숨어 있을까? 구조적 문제를 풀기에 앞서 시각적인 부분을 살펴보자. 전실에서 본존불을 바라보자. 본존불의 머리 뒤에 원형

▲ **석굴암 돔형천장** (사진: 고 한석홍 기증, 문화재청)

의 연꽃광배가 눈에 들어온다. 어느 지점에 서면 그 광배는 머리 뒤 한가운데 자리한다. 본존불 방향으로 서서히 걸어가면 연꽃 광배는 점점 위로 올라간다. 그리고 곧 자취를 감춘다. 본존불 바로 앞에 섰을 때 본존의 얼굴을 보려면 고개를 치켜들고 바라봐야 하는데, 그 순간 연꽃광배가 천정의 한 가운데 와 있음을 발견하게 된다. 놀라운 설정 이다.

광배는 천장의 한가운데 있다. 그 광배는 태양처럼 빛난다. 그 빛의 흩어짐이 천장에 멋지게 표현되었다. 말하지 않아도 그것이 어떤 표현 인지 알게 된다. 원형돔에 툭툭 튀어나온 돌이 있다. 구조적 안정을 위해 만든 돌이지만 시각적으로는 태양빛이 여러 갈래로 흩어져 아래로 쏟아지는 것 같다. 빛 번짐 효과를 보여주는 것이다.

이제 돔형천장의 구조에 대해서 짚어보자. 어떻게 기둥을 받치지 않고 원형의 천정을 가설할 수 있었을까? 그 비밀은 툭툭 튀어나온 돌에 있다. 툭툭 튀어나온 돌을 '동틀돌' 또는 '팔뚝돌', '돌못'이라 부 른다. 돌못은 고대 석축에서 여러 군데 사용되었다. 가장 많이 사용된 예는 불국사 석축이다. 못은 대가리 부분이 넓고 몸은 좁다. 천장에 툭툭 튀어나온 부분은 돌못의 대가리 부분이다.

천장은 감실 위부터 시작된다. 잘 다듬은 돌을 좁혀 가며 쌓았는데 모두 5단이다. 아래에서부터 2단까지는 앞으로 쏟아질 염려가 없다. 3단쯤 올라가면 앞으로 쏠리는 힘을 막아내기 힘들어진다. 그래서 앞으 로 쏟아지는 힘을 잡아서 뒤로 끌어주어야 한다. 이때 돌못을 박아 넣은 것이다. 못대가리에 물린 돌들이 앞으로 쏟아지고 싶어도 돌못이 빠지지 않는 한 쏟아지지 않는다. 돌못은 안으로 길게 박혀 있다. 못의 몸통은 밖에 있는 큰 돌이 눌러준다. 석굴암을 구성하는 벽 밖에는 큰 돌로 가득 차 있다. 아래에서부터 차곡차곡 쌓아 올렸기 때문에 돌못을 눌러주는 역할을 충분히 하는 것이다. 그렇게 돌못을 이용하여 안으로 좁혀 가며 천장을 완성하였다. 그리고 마지막에 연화광배를 천장의 꼭대기 부분에 얹어주면 마무리되는 것이다. 대단한 구성이다. 어찌 이런 상상을 하였으며 그것을 실현해냈을까?

또 천장돌 하나하나는 눈에 보이지 않는 바깥쪽이 더 넓게 되어 있다. 사다리꼴이다. 안으로 쏟아지는 힘이 있어도 서로 물려 있어서 쏟아지지 않는다. 아치형 석교(石橋), 아치형 성문(城門)을 보면 역사다리꼴의 돌들이 서로 물려 있어 밑으로 쏟아지지 않는다. 이 원리와 비슷한 것이다. 단 석교·성문과 다른 점은 하나의 공(球)을 이루어야 한다는 점이다. 여기서 돌못이 큰 역할을 하는 것이다.

석굴은 인간이 만들어낼 수 있는 가장 완벽한 기술로 축조되었다.[78]

천장의 연화문 덮개돌에는 이런 이야기가 있다. 긴 세월을 석굴의 완공을 위해 노심초사했던 김대성은 마지막 작업을 앞두고 있었다. 이제 돔형 천장의 덮개돌을 밖에서 끼워 넣으면 되는 것이다. 얼마나 설레고 기쁜 순간이었을까? 30년에 가까운 시간이 마무리되는 순간이었으니 말이다. 모두 숨죽이고 지켜보는 가운데 덮개돌이 올려지고

---

78 나의문화유산답사기, 유홍준, 창비

있었다. 그런데 아뿔싸! 일꾼들이 너무 긴장했던 것일까? 아니면 너무 들떠 있었던 것일까? 20톤이나 되는 연화문 덮개돌이 굴러떨어지고 만 것이다. 더구나 세 동강이 나 버렸다. 엎친 데 덮친다고 했던가? 허탈해졌다. '이제 끝이구나. 대사역이 마무리되는 순간이구나!'라며 들떠 있던 마음이 순식간에 찬물을 끼얹은 듯 식어버렸다. 어떤 말도 할 수 없는 순간이었다. 누구보다 김대성의 마음을 잘 알고 있었기 때문이다. 김대성은 잠이 오지 않았다. 여러 날을 뒤척였다. 그러다 얼핏 잠이 들었나 싶은데 신령이 나타나 세 동강 난 돌을 얹어 놓고 사라지는 것이었다. 잠에서 깬 김대성은 신령이 사라진 곳으로 달려가 향을 피워 절을 했다. 그곳이 석굴암 주차장 자리라 한다. 김대성은 꿈에 신령이 얹어 놓고 간 사실에 주목하며 이것은 신의 뜻이라 여겼다. 일꾼들에게 세 동강 난 돌을 그대로 얹어 놓으라 주문했다. 그래서 지금까지 천장의 덮개돌은 세 동강 난 채로 그 자리에 있다.

믿을 수 없는 이야기로 치부해버릴 수도 있다. 그러나 사실일 가능성이 있다. 누구나 완벽한 작품을 만들고 싶어 한다. 30년 가까운 시간을 보냈다. 아쉽지만 덮개돌을 다시 만드는 데 몇 달 더 보내면 된다. 그리해서 흠이 없는 석굴을 완성하면 되는 것이다. 그런데 세 동강 난 돌을 그대로 얹었다. 누구나 어떤 일에 몰두 해 본 경험이 있다. 일에 몰두하다 보면 주변에 어떤 상황이 벌어져도 모를 때가 있다. 꿈도 그와 관련된 것을 꾼다. 김대성은 꿈을 신의 뜻으로 받아들였다. 세 동강 난 연화문 덮개돌은 석굴암이 신의 작품임을 암시한다. 명품이 아닌 신품이라고 증언하는 것이다.

석굴암의 해묵은 과제는 석굴에 맺히는 습기다. 제습기를 가동해서 습기를 제거하고 있으나 언제까지 기계의 힘을 빌릴 수 없는 노릇이다. 기계의 미세한 진동도 무시할 수 없는 것이기 때문이다. 많은 전문가가 이 문제를 해결하기 위해 노력했으나 마땅한 방법이 없는 것도 사실이다. 그러나 전문가들이 한결같이 입을 모아 제시하는 방법은 신라인이 축조했던 석굴로 돌아가야 한다는 것이다. 김대성이 완성을 한 후 일제강점기에 수리하기 전까지 문제없이 지내왔기 때문이다. 도대체 언제, 어디서부터 잘못된 것일까?

을사늑약(1905)이 체결되고 일인(日人)들은 제멋대로 나라 안을 휘젓고 다니면서 문화재를 약탈하고 있었다. 스님이 계시던 석굴암을 저들이 발견했다고 떠든 것도 이 무렵의 일이다. 그들은 석굴암을 해체해서 서울로 옮기려 했다. 그러나 산을 내려갈 방법이 없어서 포기했다. 대신 해체 복원하기로 결정했다. 석굴암의 전면부가 무너져 있었고 관리가 안 된 상태였기 때문이다.

수리할 당시의 사진을 보면 본존불과 천정 중앙에 있는 연꽃모양의 돌만 고정시키고 나머지는 전면 해체했다. 깨어진 돌은 새로 다듬은 돌로 교체했다. 그런데 이때 결정적인 실수를 하게 되는데 석굴벽과 천정의 뒷부분을 신라 때처럼 돌을 채우지 않고 시멘트로 발라 버린 것이다. 당시에는 최선이고 최고의 건축재료였기 때문에 습기가 발생하리라는 생각없이 발라버린 것이다. 당시에는 무엇이든 시멘트로 발라버리면 쉽게 해결되었다. 익산 미륵사탑도 허물어지지 않도록 시멘트를 발라 버렸던 것이다.

신라인들은 석굴암의 벽과 천장 밖에 큰 돌을 켜켜이 쌓아서 바람이 통하도록 했었다. 그런데 돌 대신 시멘트를 발라서 밀폐시켜 버렸으니 공기가 순환되지 않았던 것이다. 공기 순환이 멈춰지면서 온도 차가 발생했고 벽면에 습기가 찼다. 습기가 차면 이끼가 자라게 되고 이로 인해 화강암이 부식되었다. 이끼를 벗겨낸다고 물을 쏘아서 씻어냈는데 이때 훼손이 더해졌다.

해방 후에도 이 문제를 해결하지 못하고 있다가 한다고 한 것이 시멘트를 한 겹 더 씌워 버린 것이다. 이 방법 외에는 다른 방법이 없다고 주장하는 이들이 주도권을 쥐고 있었기 때문이다. 그러나 이건 문제 해결에 도움이 되지 않았다. 결국 지금까지 습기 문제를 해결하지 못하고 제습기의 도움을 받고 있는 실정이다.

산허리를 걸어서 석굴암에 도착하면 물을 마실 수 있는 곳이 있다. 사철 시원한 물이 쏟아진다. 이 물은 석굴암에서 나오는 물이다. 신라인들은 이 지하수를 석굴 바닥의 지하로 흐르도록 했다. 일 년 내내 같은 온도의 지하수가 석굴의 바닥 아래로 흐르도록 하였다. 눈에 보이지는 않지만 석굴의 지하로 물이 흐르고 있었던 것이다. 지하수가 흐른다면 더 습해지지 않을까? 신라인들은 이 물을 이용하여 습기를 제거하고자 했다. 바닥은 지하수로 인해 항상 일정한 온도를 유지한다. 지하수는 겨울에는 따뜻하고 여름에는 시원하다. 석굴의 바닥에는 전돌이 깔려 있다. 바닥 아래에 지하수가 흐르기 때문에 온도가 전돌에 전해진다. 여름이면 바닥이 상대적으로 더 차갑다. 공기중 습도는 차가운 바닥을 만나 결로가 생긴다. 습기는 차가운 곳에서 응결되니까. 공기중에 있는 습기는 막을 방법은 없다. 그렇다면 응결되는 습기를 석굴 벽면이 아닌 바닥에 맺히도록 해서 석굴의 조각상들을 보존하는 방법을 썼던 것이다. 바닥에 깐 전돌이 상하면 언제든지 갈아낼 수 있도록 했다. 습기가 맺히면 닦아내면 되니까 어렵지 않았던 것이다. 그런데 일본인들이 이곳을 수리하면서 지하에 흐르던 물의 용도를 이해하지 못하고 다른 방향으로 빼낸 것이다. 석굴 지하로 흐르던 물이 석굴의 습기 문제에 얼마나 관여했는지는 아무도 모른다. 이것 역시 확인되지 않은 상상이다.

결로현상이 발생하는 것은 온도 차가 있기 때문이다. 석굴에 생기는 결로현상을 막기 위해서는 온도 차를 줄여주는 방법이 좋다. 석굴 내부와 밖의 온도 차를 줄여줘야 결로가 생기지 않는다. 그런데 지금은 내부와 밖을 단절시켜 놓았다. 석굴의 전면에 목조건물을 세워 바람을 차단했고, 내부는 유리벽으로 한번 더 차단했다. 천관우 선생은 이 목조건물을 없애고 유리벽도 없애야 한다고 주장한다. 그리하면 바람이 자유롭게 석굴 안을 드나들면서 온도 차를 줄여준다고 한다. 물론 석굴 외벽에 시공된 이 중의 시멘트를 뜯어낸 후에 말이다.

어떤 것이 정답인지는 모른다. 시멘트를 씌우는 방법은 잘못되었음이 입증되었다. 그렇다고 지하수를 흐르게 하는 방법, 또는 바람이 자유롭게 통하게 하는 방법이 반드시 옳다고 주장하기에는 입증되지 않았다. 석굴암이라는 위대한 유산을 두고 실험을 하기엔 위험하기 때문이다. 그렇다면 석굴암과 비슷한 조건의 석굴을 조성한 후 실험을 해보는 것은 어떨까?

자연과 거리를 두고 살아가는 우리는 자연과 하나되어 살았던 옛사람들의 자연 이해에 생각이 미치지 못한다. 조상들이 자연에서 자연스럽게 익혔던 지혜를 다시 헤아려야 하지 않을까 한다.

19 | 석굴암 수리 후 남은 석조물들

석굴암으로 올라가는 층계 옆에는 여러 석조물이 놓여 있다. 다양한 모양과 크기의 석조물들이 가지런히 놓여 있는데 범상찮은 기운을 뿜는다. 일제강점기 때에 석굴암을 전면 수리하였는데 깨진 것이나, 용도를 알 수 없는 것을 이곳에 가져다 놓았다. 그러니 석굴암 내부의 석조물은 옛것과 새것이 섞여 있는 셈이다. 물론 조각들은 하나도 바뀌지 않았다.

교체된 석조물 중에서 감실을 구성하였던 것이 있는데 그 크기가 대단해서 놀라게 된다. 석굴암을 관람할 때 본실은 가까이서 볼 수 없기 때문에 그 크기가 가늠되지 않는다. 그래서 교체된 석조물을 보면서 석굴 내부의 크기를 가늠해 봐야 한다.

이 석조물들은 석굴암을 조성하던 당시의 것이다. 김대성에 의해 주도되었던 당시의 것이라 그 역사의 향기에 가슴이 벅차오른다. 석굴암 내부를 가까이서 볼 수 없기에 이 석조물에게 더 많은 감동을 받는다.

▲ 석굴암을 수리하고 교체한 석조물

경주–천년의 여운

10

불국사, 경전이 건축이 되다

경주를 대표하고 신라를 대표하는 그리고 한국을 대표하는 문화유산은 '불국사와 석굴암'이다. 이것에 대한 최고의 찬사는 어떤 미사여구도 과하지 않다. 세계적인 평가만큼 많은 관광객을 불러 모으는 불국사는 관광객보다 더 많은 이야기와 볼거리가 간직되어 있다. 종교적·역사적 이야기가 화석처럼 쌓여 있고 예술적·문화적 감성 또한 풍성한 곳이다.

석굴암은 토함산 산정에 있고 불국사는 산 아래 있다. 불국사를 가면 석굴암을 보게 되고, 석굴암을 보면 불국사를 답사하게 된다. 김대성 때문이 아니더라도 두 곳을 위해서는 다리품이 아깝지 않다.

불국사 창건 이야기

『삼국유사』에 의하면 김대성이 현생의 부모를 위해 불국사를 창건했다고 한다.[79] 불행하게도 김대성은 불국사의 완공을 보지 못하고 세상을 떠났다. 이에 나라에서 완공했다고 한다. 그런데 뭔가 석연찮다. 김대성의 발원으로 시작된 사찰을 나라에서 완공해야 할 이유가 있었을까? 김대성이 현생의 부모를 위해 불국사를 창건한 것이라면 그 집안에서 마무리하면 되는 것이다. 그런데 나라에서 마무리했다고 하니 다른

---

79 석굴암편 참고

사연이 있는 듯하다. 불국사 창건 이유를 좀 더 세밀히 들여다보자.

경덕왕이 아들을 기원한 절

경덕왕은 신라가 절정기에 이르렀을 때 재위했다. 경덕왕과 진골들이 누리는 현생은 '더 바랄 것 없는 세상, 그 자체가 극락'이었다. 최고의 행복을 만끽하는 순간 저 뒤편에 불안이 고개를 내민다. 혹시나 했던 불안은 왕에게 아들이 없다는 것이다. 아들을 얻어 왕위를 물려주면 좋겠는데 원하는 대로 되는 것이 아니다. 무열왕과 문무왕이 이룩한 통일 성취의 영광은 누구도 도전할 수 없는 업적이었다. 무열왕계가

왕위를 이어가는 것에 대해 다른 계열의 진골은 감히 도전장을 내밀지 못했다. 그러나 김춘추 직계 후손들이 120년 동안 왕위를 세습하다 보니 내색할 수는 없었지만 다른 진골의 불만은 누적되고 있었다. 왕권에서 점차 멀어지고 있었기 때문이다. 그러나 누가 감히 통일을 이룬 그 집안에 도전한단 말인가?

소외되었던 진골들이 서서히 고개 들고 틈을 노리는 분위기가 감지되었다. 경덕왕은 자신의 대(代)에서 무열왕 직계의 왕권이 사라질지 모른다는 불안감이 커지기 시작했다. '이 상황을 어떻게 해결할까' 고민 끝에 석불사(석굴암) 주지로 있는 표훈대덕을 불렀다. 이 부분을 삼국유사는 아주 재미있게 소개하고 있다.

어느 날 왕은 표훈대덕에게 명령했다.

"내가 복이 없어 아들을 두지 못하였으니 바라건대 대덕은 옥황상제께 청하여 아들을 얻도록 해 주시오."

표훈은 하늘로 올라가 천제에게 고하고 돌아와 왕에게 아뢰었다.

"천제께서 말씀하시기를 딸을 구한다면 될 수 있지만 아들은 될 수 없다고 하셨습니다."

왕은 말했다.

"딸을 아들로 바꾸어 주도록 부탁해주시오."

표훈은 다시 하늘로 올라가 아뢰었다.

"될 수는 있지만 그러나 아들이면 나라가 위태로울 것이다."

표훈이 내려오려 하자 천제는 다시 불러 말한다.

"하늘과 인간 사이를 어지럽혀서는 안 되는데 지금 대사는 이웃마을처럼 오가면서 천기를 누설하고 있으니 지금 이후로는 오는 것을 금하노라."

표훈은 돌아와서 왕에게 알아들을 만큼 잘 설명하였지만 왕은 다시 말한다.

"나라는 위태롭게 되더라도, 아들을 얻어서 대를 잇게 된다면 만족하겠소."

그리하여 만월부인이 태자를 얻으니 왕은 무척 기뻐하였다.

왕이 죽으매 8세의 나이로 태자가 왕위에 오르니 혜공왕이다.

혜공왕은 딸로 태어나야 하는데 아들로 났으므로 여자 아이들이 좋아하는 놀이만 하였다고 한다. 태후가 섭정하게 되면서 외척이 발호하게 되어 나라는 혼란스러워졌다. 오랫동안 숨죽여 왔던 귀족들이 일어났다. 도적이 벌떼처럼 일어나도 막지 못했다. 혜공왕은 김지정에게 죽임을 당했고 이후 왕권을 놓고 죽이고 죽는 일이 벌어졌다.

경덕왕과 표훈대덕의 대화는 이미 불국사가 한창 지어지고 있는 와중에 일어난 일이다. 절을 창건하면 아들을 얻을 수 있으리라는 기대는 세월의 흐름에 희미해져 가고 있었다. 경덕왕은 기력이 쇠잔해지고 있는데 절은 완공될 기미가 없다. 참다 못해 표훈을 불러 따지듯이 아들을 달라고 요구하고 있다. 표훈에게 대들고 있는 경덕왕은 받을 것이 있는 채권자처럼 보인다. 표훈은 전전긍긍이다. 경덕왕은 표훈의 권유가 있어 불국사를 창건하였다. 그런데 30년 가까운 세월이 흐르고 있는데 아들이 없다. 왕은 나이가 들었다. 이러다가 세상을 떠나게 생겼다. 그래서 경덕왕은 표훈에게 하늘에 다녀오라고 요구하고 있는 것이다. 표훈 역시 자신이 없다. 아무리 도력이 뛰어나다고 한들 잉태까지야 맘대로 할 수 있겠는가? 아들은 안된다고 포기하라고 말했지만, 왕의 집요함을 이길 수 없다. 딸이지만 아들로 바꾸어달라는 황당한 요구까지 한다. 딸을 아들로 바꿀 수는 있지만 나라가 위태로워진다며 포기하라고 간곡히 타이른다. 그러나 그마저도 거부한다. 표훈대덕은 상제가 하늘 문을 닫았다며 더이상 부탁해봐야 나도 어쩔 수 없노라는 말을 한다.

불국사는 경덕왕이 아들을 기원하며 창건했다. 건축 책임은 김대성에게 맡겨졌다. 이미 석굴암을 완공해낸 명성이 자자했다. 그는 석굴암을 설계하는 과정에서 불교에 대한 깊은 이해가 있었다. 불국사를 창건하기 위해서는 면밀하게 살펴야 하는 것이 더 있었다. 화엄의 세계를 구현하는 것은 같았으나 석굴암과 불국사는 다른 점이 있었다. 석굴암과 불국사는 건축으로 표현한 부처의 세계다. 석굴암은 돌조각을 하나씩 조립하면서 장엄한 불국토를 표현했다. 불국사는 석조와 목가구로 표현해야 했다. 불국사에서는 화엄이 그려내는 불국토 세계에 대한 깊은 이해를 더 필요로 했다. 이에 부석사에서 화엄을 사사 받은 표훈과 신림에게 조언을 구했다. 그들은 당대 최고의 불교 전문가였다.

751년이 아닌 742년에 창건

지금까지 불국사 창건에 대해 가장 오래된 문헌은 『삼국유사』였다. 그런데 이것보다 257년이나 앞선 문헌이 석가탑에서 발견되었다. 1966년 석가탑을 수리할 때 발견된 종이 뭉치였다. 〈무구정광탑중수기〉와 〈서석탑중수형지기〉다. 떡처럼 뭉쳐 있었기에 세심한 보존처리 후 2005년에야 해독되었다.

〈무구정광탑중수기〉는 1024년, 〈서석탑중수형지기〉는 1038년에 작성된 것이다.[80] 탑을 수리하면서 그 전말을 기록하여 탑에 봉안한 것이다. 내용 중에 불국사 창건에 대한 내용도 있었다. 〈무구정광탑중수기〉에 "대상 김대성이 742년(경덕왕 원년)에 세우기 시작했다."고 하였으며, 〈서석탑중수형지기〉에는 "김대성이 개창했으나 끝내지 못해 혜공왕이 완성했다."고 적혀 있었다. 『삼국유사』에는 751년에 창건하기 시작한 것으로 기록되어 있는데 그보다 9년 앞서 창건되었다는 것이다. 탑에서 발견된 기록이 257년이나 앞선 기록이면서, 불국사에서 직접 작성한 기록이라면 『삼국유사』보다 신빙성이 높은 것이다. 그렇다면 불국사 창건은 경덕왕 원년인 742년에 창건된 것으로 보아야 한다. 경덕왕 재위 기간인 23년 내내 불국사는 공사중이었다. 결국엔 그의 아들인 혜공왕 대에 마무리 되었다.

---

80 아래 무구정광다라니경의 출현과 논쟁 참고

불국사는 불국토를 재현한 곳

불국사(佛國寺)는 '부처님 나라'라는 뜻이다. 신라인들은 그들의 나라가 '부처의 나라'가 틀림없다고 여겼다. 그럴만했다. 고구려보다, 백제보다 100년이나 늦게 불교를 공인했지만 마지막에 남은 것은 신라였으니까. 일찍이 왕실을 석가모니와 같은 뼈대를 지닌 성골로 설정하였고, 석가모니 이전부터 신라 땅에 절이 있었다며 '칠처가람'을 태연하게 주장했다. 원광·자장·원효·의상·신림·표훈으로 이어지는 별과 같은 승려의 출현은 신라불교를 더 깊고 넓게 만들어 주었다. 불교를 중심으로 똘똘 뭉쳐 통일을 이루어낸 신라인은 부처의 나라는 다른 곳이 아니라 신라 땅 그 자체라고 믿었다. 그랬기에 부처의 현신을 바라며 바위마다 마애불을 조성했다. 적절한 땅이 있으면 절과 탑을 지었다.

부처의 나라는 어떤 곳일까? 경전에는 이런저런 설명을 해두었다. 문자나 회화, 언어로 표현하는 것은 그다지 어렵지 않다. 그런데 불국사는 건축으로 말하고 있다. 부처의 나라를 눈으로 볼 수 있게 체감할 수 있게 건축으로 표현한 것이다. 문자로 설명된 불국토를 어떻게 건축으로 표현할 것인가? 경전에 대한 해박한 지식과 깊은 이해가 우선되어야 한다. 불국사가 건축될 당시 신라의 불교 수준은 이미 최상에 올라서고 있었다. 부석사를 중심으로 고차원의 화엄학이 전국에 퍼져나갔다. 화엄의 깊은 의미는 나라를 이끄는 중요 이데올로기로 사용되고 있었다. 건축, 조각, 회화 등 실제에 있어서 기술이 축적되어 있었다. 서역에서 유입된 수학·과학의 이해도 진행되고 있었다.[81] 절대적 의지

81 석굴암에서 적용되었다.

와 충분한 후원만 주어진다면 건축과 예술로 승화되는 것은 어렵지 않을 분위기였다.

부처의 나라는 〈현실의 세계인 사바세계〉, 〈사후 세계인 극락세계〉, 〈눈에 보이지 않지만 절대적 진리의 세계인 연화장세계〉로 되어 있다. 사바세계의 주인은 석가모니불, 극락세계의 주인은 아미타불이다. 그리고 연화장세계의 주인은 비로자나불이다. 이것을 건축으로 표현한 곳이 불국사다.

건축으로 표현된 사바세계는 대웅전 영역이다. 대웅전으로 가려면 백운교, 청운교를 올라가야 한다. 수미산을 지나 하늘로 올라가는 사닥

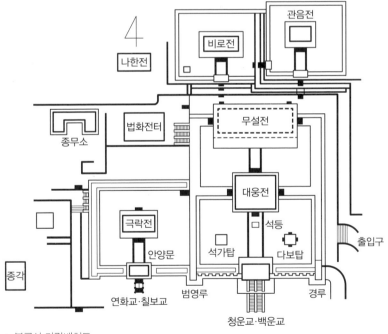

▲ 불국사 가람배치도

다리인 백운교와 청운교는 부처의 세계로 연결시켜 준다. 충계를 다 오르면 자하문이 나온다. 자하문을 열고 들어가면 정면에 사바세계의 주인인 석가모니불의 대웅전(大雄殿)이 있다. 대웅전 앞 좌우에 다보탑, 석가탑이 있다. 신라 진골들에겐 현실세상인 사바세계는 더없이 행복한 곳이었다. 이들은 현생이 영원하기를 바랐다. 대웅전 영역을 가장 넓게 만든 이유다.

극락세계(정토세계)는 극락전(極樂殿) 영역이다. 극락세계의 주인은 아미타불이다. 연화교, 칠보교를 오르면 안양문이 있다. 그 문을 열고 들어가면 극락전이 있다. 정토세계의 주인인 아미타불은 열반에 들지 않기 때문에 탑을 세우지 않는다.

연화장의 세계는 눈에 보이지 않는 세상이다. 사바세계나 정토세계 보다 개념이 모호하다. 우주에 충만한 진리의 세계이며 사방을 관통하는 빛을 상징한다. 그것을 부처의 형상으로 표현한 것이 비로자나불이다. 절의 뒤편에 연화장의 세계가 있는데 비로전이다.

경전에 세세하게 설명된 내용을 건축으로 표현했다. 불국사를 답사하는 것은 교리를 어떻게 건축으로 풀어냈는가를 짚어가는 재미가 있다. 이것이 신라인들의 생각이었다. 그래서 불국사는 신라인의 입장이 되어 답사해야 재미가 있다.

신라인들에게 생소했던 곳

불국사가 창건되기 전 사찰의 구조는 단순했다. '문-탑-금당-강당'이 일직선으로 배치되고, 문과 법당, 강당을 회랑으로 연결하는 구조였다. 회랑으로 인해 절은 매우 절제되고 엄격하며 위엄있는 모습이었다.

하나의 절에는 하나의 법당이 있었다. 부처가 다르면 경전이 다르다. 경전과 부처가 다르면 종파 또한 다르다. 하나의 절은 하나의 종파이기 때문에 한 분의 부처만 모신다. 그러니 법당이 여러 개 있을 이유가 없다.

불국사는 여러 개의 법당이 있다. 대웅전, 극락전, 비로전, 관음전. 신라 때부터 법당의 이름이 이러했는지는 알 수 없지만 여러 개의 법당을 하나의 절에 두었는데 당시에는 처음이었다. 하나의 절에 여러 개의 법당이 있다니. 신라인들에게 매우 놀라운 구조였다.

불국사라는 울타리 안에 여러 개의 법당을 두었지만, 세밀히 살피면 각 법당은 독립되어 있다. 법당은 해당 부처 고유의 세계이므로 독립되어야 한다. 대웅전이 절의 중심이고 나머지는 보조불당이라는 개념이 아니다. 각 법당은 독립된 부처의 세계로 명확하게 표현되었다. 법당을 둘러싼 담장과 회랑, 축대를 이용하여 마치 여러 개의 절이 불국사라는 이름 아래 모인 것처럼 표현하였다.

산지에 평지처럼 건축한 곳

불국사 이전의 사찰은 주로 평지에 건축되었다. 그런데 토함산 기슭에 절을 세우라는 명령이 떨어진 것이다. 평지에 사찰을 세웠던 건축자들에겐 정제되지 않은 산기슭은 대단히 부담스러운 공간이었다. 새로운 발상이 필요했다.

고르지 못한 대지를 깎아내기보다는 축대를 쌓고 그 뒤에 흙을 채워 평지를 만드는 방법을 택했다. 물론 필요한 부분에는 약간의 삭토를 곁들였다. 산기슭이지만 평지를 만든 후 건축했다.

평지를 골라서 절을 지으면 될 것을 왜 힘들게 축대를 쌓아 평지를 만들고 절을 지었을까? 부처의 세계는 수미산 위에 있다고 했다. 법당에 앉은 부처는 수미단 위에 앉아 있다. 이 수미산정(須彌山頂)의 세계를 표현하기 위해서는 실제로 높은 하늘처럼 보여야 했다. 힘들지만 축대를 쌓기로 한 것이다. 축대 아래에서 쳐다보면 건축물의 지붕이 하늘에 펼친 날개처럼 보인다. 백운교와 청운교는 그 축대를 올라가는 이중 층계다. 층계라기보다는 수미산에 걸쳐진 사닥다리다. 그래서 교(橋)라 했다. 하늘을 상징하는 흰구름(白雲), 청색하늘(靑雲)이라 했다.

2 │ 불국사 석축 앞에서

두 쌍의 당간지주

불국사 당간지주는 눈여겨 살펴야 찾을 수 있다. 연화교·칠보교 아래 마당끝에 있다. 청운교, 백운교에서 이런저런 시간을 보내다 보면 정작 당간지주를 못 보고 지나치게 된다. 불국사 당간지주는 두 개다.

돌기둥 한 쌍이 당간지주 하나가 된다. 여기엔 돌기둥 네 개, 즉 두 개의 당간지주가 있다. 깃발(당)을 거는 장대(간)를 받치기 위한 돌기둥이다. 보통은 하나의 당간지주를 세운다. 어째서 두 개를 세웠을까?

두 개의 당간지주는 크기와 모양, 세부조각 수법이 달라서 동시대에 세운 것이 아님을 알 수 있다. 동쪽 당간지주는 높이가 3.76m이다. 두 돌기둥을 다듬은 세부적 수법이 동일하다. 언제였는지 알 수 없지만 당간지주의 아랫도리가 부러졌던 것을 붙여두었다. 돌기둥의 정상부는 합장을 하듯이 둥글게 공글렸다. 당간(장대)을 지지하기 위한 구멍(간공)은 정상부와 아랫부분에 있다. 땅바닥에서 당간을 지탱해주는 받침대는 없어졌다. 서쪽 당간지주와 비교해 보면 알 수 있다.

▲ 왼쪽의 당간지주는 어디서 옮겨온 것이고, 오른쪽 당간지주는 불국사의 것이다.

서쪽 당간지주는 두 돌기둥의 높이, 굵기, 조각수법이 서로 다르다. 일부러 다르게 할 리는 없다. 어느 절터에 버려져 있던 당간지주를 하나씩 가져와 쌍으로 세운 것으로 보인다. 보존하기 위해 이곳으로 옮겼는지, 아니면 당간이 더 필요해서 옮겨왔는지 알 수 없다. 분명한 것은 두 쌍의 당간지주는 동시에 세워지지 않았다는 것이다. 동쪽의 것이 원래의 불국사 당간지주, 서쪽의 것은 어디에선가 옮겨온 것이라는 추정을 할 수 있다. 서쪽 당간지주 두 돌기둥 사이엔 당간을 받치기 위한 받침대가 있다. 받침대엔 둥글게 홈이 패여 있다. 당간(기둥)을 끼우기 위한 홈이다. 당간의 굵기를 알려준다.

구품연지

청운교, 백운교 앞에는 '구품연지(九品蓮池)'라는 연못이 있었다. 이 이름은 극락세계와 관련 있다. 구품연지는 극락정토를 묘사한 『관무량수경』에서 유래했다. '서방정토(극락)에는 연꽃이 피어 있는 큰 연못이 있는데, 그 물은 맑고 깨끗하여 바닥이 들여다보이고 황금빛 꽃들이 피어나며, 대중들은 둘러앉아 부처님의 설법을 듣는다'라고 하였다. 구품연지라는 이름이 맞다면 이 연못은 대웅전이 아닌 극락전과 연계된 곳이다.

1972년 발굴로 연지의 대략적인 모습이 드러났다. 동서 길이 40m, 남북 길이 26m의 타원형 연못으로 깊이는 2~3m로 제법 깊은 편이었다. 경전의 내용처럼 맑은 물이 가득했을 연지의 수면에는 범영루와 축대가 그 그림자를 드리웠다. 그래서 뜰 범(泛), 그림자 영(影)을 써서 범영루라 했다.

발굴 후 구품연지는 다시 묻었다. 당시만 해도 관람객들의 출입로가 '백운교-청운교-자하문'이었다. 구품연지를 복원하게 되면 관람동선에 방해가 된다는 이유였다.

범영루 밑 석축에는 물이 떨어지는 수구가 있다. 큰 돌을 암키와처럼 다듬어 설치했다. 지하수로를 따라 흘러온 물은 이곳에서 구품연지로 떨어졌다. 폭포처럼 쏟아진 물은 바닥에 놓인 큰 바위에 부딪쳐 흩어졌을 것이다. 바닥에 큰 바위를 깐 이유는 떨어진 물에 의해 흙이 패이는 것을 막아서 석축에 부담을 주지 않기 위해서다.

무설전(강당) 뒤편 모퉁이에는 수도가 있다. 이곳에는 지하수가 솟던 샘이 있었다. 이 샘은 구품연지의 수원(水原)이었다. 이곳에서 흘러넘친 샘물은 화강암으로 만든 수로를 따라 흘러갔는데, 대웅전 아래를 지나 석축의 수구에서 폭포수가 되어 구품연지로 들어갔다. 지금도 비가 많이 올 때면 수구에서 폭포수가 떨어진다.

구품연지는 언제 사라졌을까? 『불국사고금창기』에 '가경 3년 무오년에 연못의 연꽃을 뒤집다'라는 기록이 등장한다. 이때가 조선 영조 3년(1793)이니 이때까지도 유지되고 있었다. 1817년 해남 대흥사에 있던 초의선사가 불국사를 회고하며 쓴 시에도 '승천교 밖의 구련지에, 칠보누대 아롱지고, 무영탑의 그림자를 보노라니, 아사녀가 와서 보는 듯하구나'라고 하였다. 그 후에 별다른 기록이 없어 알 수 없으나, 서서히 사라졌을 것으로 보인다.

백운교와 청운교

불국사에서 가장 유명한 곳이라면 아마 백운교(白雲橋)와 청운교 (靑雲橋) 영역이 아닐까 한다. 언제나 관광객들로 넘쳐나고, 활짝 웃는 모습으로 기념사진을 찍는 모습을 볼 수 있다. 집집마다 앨범을 뒤지 면 청운교·백운교를 배경으로 찍은 사진이 있을 것이다.

축대를 높이 쌓고 그 위에 법당을 건축했기에 층계가 필요했다. 축대 를 올라가기 위한 과정으로서의 층계가 아니다. 과정에 지나지 않는 다면 백운교, 청운교라는 이름이 붙지 않았을 것이다. 층계가 아니라 다리(橋)다. 부처의 세계로 가는 다리. 이 다리를 건너가면 부처 세계 의 문인 자하문이 나온다.

▲ **백운교와 청운교** 층계가 아니라 다리다. 아래가 백운교, 위는 청운교다.

자하문을 열면 부처의 세계로 들어서게 된다.

백운교를 건너고 청운교를 건너면 석가모니 부처의 '사바세계'로 들어간다. 부처의 세계는 수미산 위에 있다. 그곳까지 가려면 백운교 16단을 지나야 하고 곧 이어지는 청운교 18단을 올라야 한다.(어떤 이는 33층계라 하여 불교에서 말하는 33天을 상징한다고 말한다. 그러나 엄밀히 말하면 층계의 수가 틀렸다) 층계를 하나씩 밟을 때마다 부처의 세계로 나아가는 것이며 수미산정이 가까워지는 것이다. 청운교를 다 올라서면 자하문이 있다. 자색의 안개가 가득 찬 공간이다. 자하(紫霞)는 부처에게서 뿜어져 나오는 안개다. 부처의 몸빛이 자금색이기 때문이다.

층계는 한번 꺾여서 올라간다. 아래쪽이 백운교, 위쪽이 청운교다. 흰구름 위에 푸른 하늘이 있는 것과 같다. 옛사람들이 기행문을 쓸 때 주인 입장에서 기록했다. 불국사를 소개할 때 '대웅전-자하문-청운교-백운교' 순으로 소개했다. 경복궁도 '근정전-근정문-흥례문-광화문' 순으로 기록했다.

백운교의 너비는 5.11m, 청운교는 5.09m이다. 층계의 폭을 설정할 때 아래를 위보다 넓게 한 것은 두 가지 의미가 있다. 순례자가 들어갈 때 자하문을 쳐다보면 위가 더 좁아 보이기 때문에 빨려 들어가는 느낌이 생긴다. 화살촉을 바라보면 그것이 가리키는 방향을 주시하게 되는 것처럼 말이다. 자하문을 나와 내려올 때는 아래를 바라보게 된다. 높이를 의식하게 되고 불안감을 갖게 된다. 다행히 석난간이 있어 안정감을 주지만, 아래쪽 층계를 더 넓게 만들어서 심리적으로 편안함을 갖게 한다. 이런 것을 하나씩 짚어가며 불국사를 탐방하다 보면 30~40년 동안 건축된 이유를 알 것 같다.

볼수록 놀라운 석축

불국사 석축은 불국사에서 가장 인상적인 부분이 아닌가 한다. 가구식 석축이라 하는데 마치 목조건물을 세우듯 석축을 쌓았기 때문이다. 이런 가구식 축대 쌓기는 경주시 외동에 있는 원원사(遠願寺)에서 먼저 시도되었다. 원원사는 신라가 삼국통일을 하던 시점에 창건되었다. 불국사와 마찬가지로 산기슭에 지은 절이다. 축대를 쌓는 방식과 층계를 놓는 방식, 축대 사이에서 물이 떨어지는 것 등이 불국사와 매우 닮았다. 거칠게 다듬은 돌기둥을 세우고 기둥과 기둥 사이에 자연석을 채워 넣었다. 원원사를 보게 되면 불국사의 석축이 갑자기 나타난 것이 아님을 충분히 알 수 있다.

불국사의 석축은 두 단으로 되어 있다. 아랫단은 자연석으로 쌓았고, 윗단은 돌기둥으로 구역을 나누고 사이에 자연석을 채워 넣었다. 그리고 그 위에는 목조건물인 회랑이 들어섰다. 자연에서 인공으로 서서히 나아가는 모습이 된다. 윗단은 자연과 인공을 연결해주는 중요한 역할을 한다. 그러면서 두 번째 단의 돌기둥과 회랑의 목조기둥이 서로 연결되어 지붕의 무게를 받쳐 주는 실용적 역할도 한다.

아랫단 석축과 윗단 석축 사이에는 베란다와 같은 공간이 있다. 이 공간은 석난간으로 보호하고 있다. 석축을 쌓을 때 윗단을 안으로 들여 쌓았기 때문에 생긴 여유 공간이다. 석난간을 설치한 기초시설은 다듬은 판석으로 목가구를 짜 맞추듯이 쌓았다. 문제는 아래에 놓인 자연석 축대와 네모나게 다듬은 판석이 서로 놀지 않아야 한다는 것이다. 서로 물리지 않고 놀게 되면 위가 불안해지기 때문이다. 건축가들은 이미 사용해본 그렝이법으로 해결했다. 분황사모전석탑 기단부에서 이미 실현되었던 방법이다. 자연석으로 이루어진 하단부는 고르지 못하다. 그 위에 평평한 장대석을 놓을 때 자연석의 굴곡에 맞춰서 장대석의 아랫부분을 도려내서 끼웠다. 이렇게 되면 꽉 물려서 웬만해서는 무너지지 않는다. 목조건축에서 다듬지 않은 주춧돌인 덤벙주초 위에 기둥을 세울 때 그렝이법으로 세운다. 초석의 굴곡에 맞춰 기둥 아랫도리를 깎아서 초석 위에 올린다. 이렇게 하면 굴곡을 따라 꽉 물리게 된다. 지진에 상당한 내구성을 지닌다.

▲ 불국사 석축은 자연에서 인공으로 서서히 나아가는 형상이다. 가장 아랫단은 자연석, 두 번째는 자연과 인공 더하기, 마지막 목조건축물은 인공이다. 2층 석축 돌기둥 사이에 자연석을 넣어야 하나, 일인들이 다듬은 돌을 넣은 후 모서리만 깨뜨렸다. 제일 아래층 자연석 석축과 2층 다듬은 돌을 접합시키는 방법으로 그렝이법을 사용하였다.

윗단의 석축은 자연과 인공이 섞여 있다. 잘 다듬은 돌기둥을 일정한 간격으로 세우고 그 사이에 네모난 돌을 끼웠다. 그런데 끼운 돌들을 자세히 보면 이상하다. 네모난 돌인데 돌의 모퉁이를 일부러 깨뜨린 흔적이 보인다. 임진왜란 때에 회랑과 전각이 모조리 불타버리고 돌로 된 부분만 남았었다. 그 후 몇몇 전각이 복원되어 사찰로 유지되고 있었다. 조선 후기 어느 때인가 이 부분이 심하게 무너졌다. 일제강점기에 복원이 진행되었다. 이때 원래부터 있던 돌기둥을 그 자리에 세우고 돌기둥 사이에 네모나게 다듬은 돌을 넣었다. 그랬더니 영 딴판이 되어 버린 것이다. 원래는 자연석이 있었기 때문이다. 극락전 축대와 대웅전 축대를 비교해 보면 쉽게 드러난다. 잘못되었다는 지적이 있자 망치를 들고 모서리 부분만 깨뜨려 자연석처럼 보이게 했다. 획일적인 것을 선호하는 일본인들의 성정(性情)으로는 불규칙한 돌들을 끼워 넣은 한국식이 마음에 들지 않았던 것이다.

백운교와 청운교의 기초는 돌을 나무처럼 다듬어 조립했다. 네모난 판석과 장대석, 돌못을 사용하여 쌓았다. 가로, 세로 장대석을 대고 사이에 판석을 끼운다. 그 뒤에는 흙과 자갈을 채운다. 가로, 세로 장대석은 안으로 길게 박아 넣은 돌못의 못대가리에 걸리게 했다. 못이 빠지지 않으면 위와 아래, 좌우에서 끼워져 있는 판석이 빠지지 않는 구조다. 돌못은 성곽을 쌓을 때, 석굴암 돔형 천장 등에서 사용되었던 익숙한 방식이었다.

범영루와 좌경루

자하문 좌우로 회랑이 연결되어 있고, 그것이 북쪽으로 꺾이는 부분에 돌출된 누각이 있다. 범영루와 좌경루라 한다. 대웅전에 모셔진 부처를 기준으로 보면 왼쪽이 좌경루, 오른쪽이 범영루가 된다. 이곳에는 불전사물(佛殿四物:범종·운판·목어·법고)이 있다. 좌경루에는 목어와 운판이 있고 범영루에는 법고가 있다. 이곳에 있었던 범종은 별도의 종각을 마련하고 옮겼다. 고대에는 이곳을 종루(鍾樓)와 경루(經樓)라 불렀다. 종루에는 범종을 달았고, 경루에는 경전을 보관했었다. 황룡사와 사천왕사에 종루와 경루가 있었음이 발굴을 통해 확인되었다.

두 개의 누각은 자하문을 중심으로 좌우대칭을 이루어서 엄정한 건축적 분위기를 더해준다. 청운교·백운교 아래에서 쳐다보면 누각의 지붕은 하늘을 날 듯이 가볍다. 불전사물이 내는 소리가 누각의 지붕처럼 멀리 날아갈 듯하다. 특이한 점은 누각을 받치고 있는 석조기둥이다. 범영루의 기둥은 새 날개처럼 화려하고, 좌경루는 팔각형의 단순한 돌기둥이다. 좌우대칭이라는 교과서적 건축 원칙을 따르지 않은 것이다. 불국사를 건축하는 데만 30~40년이 걸렸다고 한다. 대부분의 시간은 설계에 소모되었다고 한다. 문자로 표현된 부처의 세계를 어떻게 건축으로 나타낼 것인가라는 기본적인 설계에 많은 시간을 소모했다. 그랬기에 종루와 경루를 받치는 기둥을 실수로 그랬을 리 만무하다. 중요한 이유가 있을 것이다. 신영훈선생은 이렇게 설명한다.

복잡한 돌기둥을 지닌 범영루 뒤에는 단순한 석가탑이, 단순한 돌기둥을 지닌 좌경루 뒤에는 복잡한 다보탑이 있다.

좌우대칭은 다보탑과 석가탑에서 무너졌다. 경전에 따라 그렇게 배치했다. 그렇다면 무너진 대칭을 어떻게 보완할 것인가? 종루와 경루의 돌기둥에서 그 해답을 찾은 것으로 보인다. 전체의 합은 좌우대칭이 된 것이다.

연화교와 칠보교

연화교와 칠보교는 극락세계로 나아가는 과정이다. 극락은 지상에서 상상할 수 있는 세계가 아니다. 이미 차원이 다른 세계다. A-B-C 논리적인 세계가 아닌 것이다. 대웅전 영역과 달리 바로 인공적인 석축으로 시작했다. 대웅전 구역보다 낮게 축대를 조성했다.

아래가 연화교(蓮花橋), 위가 칠보교(七寶橋)다. 연화는 연꽃이다. 연화교 발 딛는 곳마다 연꽃잎을 새겼다. 층계를 딛고 올라설 때마다 연꽃을 밟게 되는데 극락세계에 다시 태어난다는 뜻이다. 정토세계에 다시 태어나는 것은 연화화생(蓮花化生)이다. 극락정토에서의 화생은 오직 연꽃을 매개로 한다. 칠보교는 일곱 단으로 만들어 칠보(七寶)를 상징했다. 온갖 보화로 장식된 극락세계를 형상화한 것이다. 연화교와 칠보교를 올라서면 안양문이 나온다. 안양은 극락의 다른 말이다. 안양문을 통과하면 극락세계인 극락전이 나타난다.

▲ 연화교 발 딛는 곳에 연꽃잎이 새겨져 있다.

연화교와 칠보교는 층계가 좌우 두 줄로 나누어져 있다. 아래 층계인 연화교를 나눈 분리석은 재미있게 생겼다. 폭이 좁은 또 하나의 층계다. 좌우 층계 높이보다 약간 높여 놓았다. 반면 칠보교 분리석은 단순하게 생겼다. 단 칠보교 분리석은 층계보다 낮게 박혀 있다. 지리산 화엄사의 각황전과 대웅전 앞 층계도 유사한 모습을 보여준다. 불국사와 화엄사는 비슷한 시기에 창건되었다.

3 | 사바세계, 대웅전 영역

다보탑과 석가탑

법당 앞에는 부처의 사리를 모신 탑을 세운다. 하나의 탑을 세우거나, 좌우 대칭으로 두 개의 탑을 세운다. 불교가 들어온 초창기에는 하나의 탑을 세우는 단탑가람(單塔伽藍)으로 시작했다가 삼국통일 즈음에 쌍탑가람(雙塔伽藍)이 나타났다. 쌍탑가람이 생긴 이후에도 단탑가람이 사라진 것은 아니다. 단탑가람도 여전히 조성되고 있었다.

쌍탑가람의 경우 동일한 모양의 탑을 대칭으로 건립하는 게 기본이다. 그건 이론의 여지가 없는 건축의 기본이었다. 정확한 좌우대칭은 안정감과 완성감을 주기 때문이다. 그런데 불국사 대웅전 앞에는 달라

▲ **대웅전 영역** 다보탑과 석가탑, 석등, 대웅전이 정연한 질서를 유지하고 있다.

도 너무 다른 탑이 좌우에 세워졌다. 동쪽에는 다보탑, 서쪽에는 석가탑이다. 다보탑은 그 구성의 복잡함으로 화려함의 극치를 보여준다. 석가탑은 감은사 3층석탑을 충실히 계승한 것으로 세련미가 돋보인다.

건축의 기본이라는 대칭을 심각하게 무너뜨린 이유가 무엇일까? 기본을 무너뜨려야 할만큼 중요한 이유가 있었을까? 건축가는 자신의 철학에 기반을 둔 건축을 시도한다. 그러나 종교 건축에서 건축가는 자신의 철학을 고집할 수 없다. 미켈란젤로가 아무리 고집이 쎄다 해도 성서의 내용에서 완전히 벗어난 그림을 바티칸의 벽에 그릴 수는 없었다. 종교 건축이나 회화 등은 교리에 기반을 두어야 하기 때문이다. 부분적으로 자신의 철학을 적용하긴 하지만 큰 흐름에서는 교리적 바탕이 매우 중요하다. 그렇다면 대웅전 앞에 무모할 정도로 비대칭인 탑을 세운 이유는 경전에서 찾아야 한다. 『묘법연화경』「견보탑품」에 이런 내용이 있다.

석가모니가 사바세계에서 법화경을 설하고 있을 때, 온갖 보화로 장식한 다보탑이 땅속에서 솟아올라 공중에 머물면서 탑 속에서 소리가 들려왔다. '석가세존께서 묘법연화경을 설법하시니 그가 말하는 것은 모두 진실이다. 대중들이 눈을 들어 탑을 보니 탑 속에 석가세존과 다보부처가 마주 앉아 이야기를 나누고 있었다.

즉 대웅전 앞에 세워진 두 탑은 다보탑과 석가탑이다. 다보탑은 다보여래(부처), 석가탑은 석가여래(부처)를 표현한 것이다. 불국사의 두 탑은 경전에 설명되어 있는 것처럼 '석가여래가 묘법연화경을 설하니, 다보여래가 그것을 증명하기 위해 탑으로 솟아난 장면'을 재현한 것이다. 그래서 석가탑을 〈석가여래 상주설법(常住說法)탑〉, 다보탑을 〈다보여래 상주증명(常住證明)탑〉이라고도 한다.

대웅전은 석가모니가 영취산에서 설법하는 영산회상의 상징이며, 그 설법의 내용은 다름 아닌 『묘법연화경』이었다. 다보탑은 그것을 증명하고, 두 탑은 대웅전의 영산회상을 증명한다.[82]

문제는 석가불과 다보불을 어떻게 탑으로 표현하는가였다. 예로부터 탑은 석가모니의 사리를 봉안하기 위해 세우는 것이었다. 그러니

▲ **다보탑** 그 형상의 기원에 대해서 풀어내지 못했다.

82 한국건축이야기, 김봉렬, 돌베개

석가탑은 기존의 탑으로 조성하면 그만이었다. 그런데 기존의 방식대로 모양이 같은 쌍탑 양식으로 하면 석가탑을 두 개 세우는 꼴이 되는 것이다. 다보불을 상징하는 탑은 기존의 탑과는 다른 계열이어야 한다. 아예 새롭게 창작되어야 했던 것이다.

해석되지 못한 다보탑의 구성

석가부처가 법화경의 진리를 설하자, 다보부처가 탑으로 솟아 올랐다. 그 탑은 칠보(七寶)로 장엄하였고 높이는 5백 유순(由旬:유순은 약 40리)이요, 넓이는 2백 50유순이다. 땅에서 솟아나 공중에 아름다운 모습을 나타냈는데 여러 가지 보물로 장엄하였다. 난간이 5천이고 감실이 천만이요, 옆으로 나부끼는 깃발과 길게 드린 깃발들이 나부끼며, 칠보로 꾸민 지붕이 사천왕의 궁전까지 이르렀다. 서른셋 하늘에서 둥근 꽃을 비 내리듯 뿌려 탑을 공양하고 천상계의 많은 신중이 꽃과 향과 구슬과 깃발과 음악으로 이 탑을 향해 공경하고 존숭하며 찬탄하였다.[83]

경전에 소개된 이 내용을 어떻게 탑으로 표현할까? 신라인들의 넓고 깊은 상상의 결과가 다보탑이었다. 어떻게 해서 이런 모습으로 창안했는지 지금으로서는 해석이 되지 않는다. 이런 탑은 이전에도 없었고 이후에도 없기 때문이다. 건축 원리를 설명한 기록 또한 없어서 더 난해

---

83 석불사 불국사, 신영훈, 월간조선

하다.

다보탑은 석가여래의 설법을 증명하기 위해 땅속에서 솟아난 다보
여래의 몸(法身)을 표현·상징하기 때문에 땅에 서 있지만 실은 공중에
떠 있는 것이다. 땅에서 솟아났기에 다보탑의 구성은 상층부로부터
하층으로 원→팔각→사각이라는 구성으로 진행된다고 할 수 있다. 또한
계단 위쪽에 자리한 사자는 불법을 수호하는 역할을 맡고 있다.[84]

다보탑에는 석사자 한 마리가 있다. 원래는 네 마리가 모퉁이에 앉
아서 바깥을 바라보고 있었다. 세 마리의 석사자는 일제강점기에 약탈
당했다. 일본 어딘가에 숨겨져 있을 것이다.

다보탑의 사자

사자는 부처를 상징하는 동물이다. 부처의 설법을 '사자후'라고도
한다. 사자를 탑에 조성한 경우로 가장 오래된 것은 분황사모전석탑
이다. 기단 네 모퉁이에 사자를 놓았다. 화엄사사사자석탑은 4마리의
사자가 탑의 기단을 형성하고 있다. 월악산 사자빈신사지석탑도 4마리
의 사자가 기단을 이루고 있다. 법주사 쌍사자석등, 중흥사지쌍사자
석등, 고달사지쌍사자석등 등 석등에도 사자가 나타난다. 감은사탑에서
출토된 사리기 기단부 네 모퉁이에도 사자가 1마리씩 앉아 있다. 승려의

---

84 탑, 강우방, 신용철, 솔

사리탑(승묘탑)이 나온 후에는 승묘탑 기단부에도 사자조각이 나타난다.

다보탑에는 사자가 1마리 있다. 원래는 4마리가 있었다. 일제강점기 일인이 다녀간 후 사라졌다. 그나마 남아 있는 1마리는 주둥이가 깨졌다. 못생긴 나무가 산을 지킨다고 했던가. 이 사자가 없었더라면 이곳에 사자가 있었다는 사실조차 모를 뻔했다. 가능하다면 같은 수준으로 사자를 조각해서 원래 있었던 모퉁이 놓으면 어떨까 싶다. 이구열 선생의 『한국문화재수난사』에는 다음과 같은 내용이 있다.

이때에 일본인 무법자들은 불국사에서도 석조물을 약탈했다. 다보탑의 상층기단 네 귀퉁이에 놓여져 있던 작은 돌사자상 넷 중에서 보존상태가 가장 나쁜 하나만 남기고 모두 들고 달아났던 것이다. 당시 불국사엔 몇 명 안되는 중들이 있었다. 일본인 악당들은 그들을 위협하고 몇

▲ **다보탑 사자** 주둥이가 깨져서 도굴꾼의 탐욕에서 벗어날 수 있었다.

푼의 돈을 집어주고 유유히 사라져 갔다. 소위 통감부 시기에 한국에 건너와서 경주군 주석서기로 있으면서 소네 통감의 불국사 및 석굴암 관람을 안내했던 기무라가 뒷날 이런 말을 쓰고 있다.

"나의 (경주군) 부임을 전후해서, 도둑놈들에 의해 환금(換金, 돈 주고 빼앗았다는 뜻)되어 나이치(일본 본토)로 분출돼 있는 석굴 불상 (석굴암 감실불) 2구와 불국사의 다보탑 사자 1대(1對:2구, 정확히 3구) 와 등롱(사리탑) 등 귀중물이 반환되어 보존상의 완전을 얻는 것이 나의 죽을 때까지 소망이다." ― 木村靜雄「조선에서 늙으며」

아! 석가탑

석가탑은 석가모니를 상징하는 탑이다. 지면에는 울퉁불퉁한 자연석이 깔렸다. 기단과 자연석을 접합시키는 방법으로 그렝이법을 사용하였다. 왜 이런 수고를 마다하지 않았을까? 어떤 교리적 장치가 있었던 것일까? 석가모니는 부다가야 보리수나무 아래 반석에 앉아 수행했다. 석가탑 아래 돌들은 그 반석을 의미한다고 한다. 다른 설로는 석가모니가 영축산에서 설법을 했는데 산에는 돌이 많았다고 한다.

탑이 앉은 자리는 원토층이 아니라 인공적으로 흙을 채운 부분이다. 상당히 무거운 탑이 내리누르면 오래 버티기 힘들다. 그렇기 때문에 기초를 단단하게 해야 한다. 흙과 자갈, 돌을 채워 넣으면서 단단히 두들겨 판축한 것으로 보인다. 불국사 창건 이래 바닥이 꺼지지 않았으니 그 정성은 미루어 짐작할 수 있다. 석가탑을 수리할 때 탑 아래 토층을 조사하려 하였으나 토층 자체에는 문제가 없었기 때문에 건들면 오히려 문제가 발생할 수 있다고 하여 그냥 둘 정도였다.

기단은 이중으로 되어 있다. 하층기단, 상층기단이다. 기단은 건물을 지을 때 기초가 되는 부분이다. 불국사 대웅전의 기단을 보면 석가탑 기단과 그 모양이 같음을 확인할 수 있다. 탑은 부처를 모신 집과 같다. 석가탑은 삼층집인데 이 집을 지을 때 대웅전 기단과 비슷하게 만들었다. 대웅전 기단과 다른 점은 이중 기단을 썼다는 점이다.

1층 탑신(塔身:몸돌)은 정육면체의 가깝다. 2층과 3층의 탑신은 높이는 같으나, 폭을 달리했다. 높이를 같게 한 것은 올려다보면 3층이 더 낮아 보이기 때문이다. 착시를 교정하기 위해 2층과 3층 탑신의 높이를 같게 한 것이다.

탑의 지붕을 보자. 빗물이 떨어지는 낙수면은 직선으로 내려온다. 그런데 추녀가 살짝 들린 것처럼 보인다. 실제로 들린 것이 아니라 끝부분을 두껍게 했기 때문이다. 지붕 아래에는 층급받침이 5단으로 되어 있다. 층계처럼 된 것인데 이는 벽돌탑에서 유래된 것이다. 벽돌로 탑을 만들 때 지붕을 만들기 위해서는 조금씩 내쌓기를 하다가 안으로 들여 쌓는다. 층층이 된 것은 조금씩 내쌓은 모습을 번안한 것이다.

탑의 상륜은 상실되고 없었으나 복원하였다. 무작정 복원한 것이 아니라 석가탑과 흡사한 탑 중에서 상륜부가 충실히 남아 있는 남원의 실상사탑을 본으로 했다. 석가탑의 크기에 비례해서 복원되었다. 다보탑도 마찬가지였다.

석가탑의 팔방금강좌

석가탑 둘레에는 연꽃 모양의 돌이 8개 놓여 있다. 각각의 연화대석은 장대석으로 연결되었다. 연화대석의 연꽃조각은 같은듯하나 다른 점이 있다. 연꽃잎은 8개로 조각되었으며 쌍잎으로 조각된 대석이 4개,

▲ **석가탑** 신라석탑의 전형이 석가탑에서 완성되었다. 이후 석탑은 석가탑을 바라보았다.

단판으로 조각된 것이 4개다. 연화대석이 놓인 자리에는 어떤 규칙성이 없는 것으로 봐서 조각방식에는 큰 의미가 없는 것으로 봐야 한다. 석가탑 주변에 연화대석을 둘러놓은 이유는 무엇일까? 이 역시 경전에서 그 해답을 찾아야 하겠다.

첫째, 석가모니가 부다가야 보리수나무 아래 반석 위에 앉아 깨달음을 이루니 마왕이 그것을 방해하기 위해 악귀를 보냈다. 석가모니는 땅의 신에게 명령했다. **"내가 깨달은 바를 증명하라"** 그리하여 땅의 신이 나타나 석가모니의 깨달은 바를 증명하니 악귀들이 물러났다. 이어 팔부신중이 나타나 석가모니를 호위하였다. 8개의 연화대석은 석가모니를 호위했던 팔부신중을 상징한다. 그런데 연꽃 대좌는 부처와 보살의 자리다. 신중들이 차지할 곳은 아니다. 그러므로 팔부신중의 자리가 아니라는 주장이 있다.

▲ 석가탑 아래 팔방금강좌

둘째, 석가모니가 영축산에서 법화경을 설할 때, 다보여래가 탑으로 솟아나 석가모니의 설법을 증명하였다. 이때 제자들이 다보여래 뵙기를 청했다. 석가여래는 백호(白毫:이마에 있는 흰털, 보석으로 표시)에서 발한 빛으로 부처의 세계를 만들었다. 그리고 팔방에 금강좌를 만들어 온 우주에 가득 찬 부처의 분신을 모여 앉게 하고 다보여래를 볼 수 있도록 했다. 팔방금강좌는 분신으로 나타난 부처의 자리라는 것이다.

그밖에도 8개의 연꽃대석은 팔부보살의 자리라는 설, 하늘에서 내리는 꽃비라는 설 등이 있다. 대웅전 영역의 전체적인 구상을 보았을 때 화신으로 나타난 부처의 대좌라 보는 것이 옳은 듯하다.

무구정광다라니경의 출현과 논쟁

1966년 도굴꾼들이 석가탑에 내장된 유물을 노리고 도굴을 시도했다. 승려들이 잠든 한밤중에 절로 스며든 그들은 석가탑 1층 지붕돌 한쪽을 살짝 들어 올렸다. 들린 사이로 손을 집어넣어 유물을 꺼내려 하였으나 사리공이 없었다. 다음 날은 3층을 시도했다. 역시 사리공이 없었다. 이때 3층 지붕돌을 내려놓으면서 살짝 비틀리게 놓았다. 다음날 탑이 훼손된 사실을 발견한 승려들은 당국에 신고하였다. 지진 등 여러 가지 가능성을 조사했으나 도굴꾼의 소행이라는 결론을 내렸다. 훼손된 탑을 제 모습으로 돌려 놓아야 했기에 수리도 할 겸 석가탑을 해체하기로 하였다. 이미 유물이 사라졌을 것으로 보고 탑을 수리하는 데 중점을 두었다.

차례차례 탑의 부재들이 땅으로 내려졌다. 2층 지붕돌이 들어 올려지는 순간 2층 탑신(몸돌)에 사리공이 있었고, 거기에 유물이 고스란히 남아 있었다. 천만다행이었다. 도굴꾼들이 1-2-3층을 차례로 들어 올렸더라면 영원히 사라질뻔한 유물이었다. 이때 그 유명한 세계 최초 목판 인쇄물 〈무구정광대다라니경〉이 출토되었다.

석가탑은 751년 창건된 후 한번도 손댄 적이 없다고 여겼다. 그렇기 때문에 〈무구정광대다라니경〉은 탑이 창건된 751년 이전에 만들어진 것이 틀림없다고 확증했다. 그런데 이때 함께 출토된 사리장치와 공양물 외에 다른 종이뭉치가 있었다. 종이뭉치는 떡처럼 뭉쳐 있었기에 쉽게 보존처리하지 못했다. 그 때문에 종이에 기록된 것을 해독해내지 못했다. 어설프게 손댔다가는 그 안에 담긴 내용을 모두 잃어버릴 수 있었기 때문이다. 2005년에야 종이 뭉치에 기록된 내용이 해독되어 세상에 나왔다. 여기엔 우리의 애국적 상식을 뒤집는 놀라운 내용이 담겨 있었다.

첫째, 석가탑이 중수(重修)되었다는 것이다. 중수는 건축물이나 탑을 완전 해체 수리하는 것을 말한다. 한번도 손댈 필요 없을 정도로 완벽한 것이라 생각했던 석가탑이 중수되었다는 것이다. 종이 뭉치에는 〈**고려 현종15년(1024) 불국사 무구정광탑 중수기**〉와 〈**고려 정종4년(1038) 불국사 서(西)석탑 중수형지기**〉가 함께 들어 있었다. 11세기에 두 번 탑을 중수하고 그때마다 기록을 넣었던 것이다. 왜 이렇게 짧은 시기에 거듭 중수하였을까? 1036년에 지진이 있었기 때문이었다. 무구정광탑을 중수한 이후 지진이 있었고 또다시 중수할 필요가 발생했던 것이다.

이로써 석가탑은 여러 번 중수되었음이 밝혀졌다.

탑에 바치는 공양물은 창건 때에 넣지만 수리할 때도 넣는다. 두 번 중수되었기 때문에 석가탑 내부에서 출토된 유물들의 연대(年代)를 한 시대로 특정하기 어렵게 되었다. 751년 이후에 한 번도 수리한 적이 없다고 했던 주장이 무너지면서 함께 출토된 유물의 연대가 다양해진 것이다.

둘째, 중수기에 기록된 내용에는 탑에 넣은 물품 목록이 있었다. 두 번째 수리(1038)시 '무구정광다라니경 한 권을 탑에 넣었다'는 기록이 있었다. 기록대로라면 무구정광다라니경은 고려시대에 넣은 것이다.

그런데 두 개의 중수 기록을 따져보면 '왜 같은 탑의 이름을 달리 기록했을까?'라는 것이다. 석가탑 내에서 발견된 두 개의 중수기록인데, 탑의 이름이 다른 것이다. 먼저 기록된 것은 무구정광탑,[85] 나중에 기록된 것은 서(西)석탑(석가탑)이라 했다.

이를 토대로 어떤 이는 무구정광탑은 다보탑을 가리킨다고 주장한다. 무구정광탑 수리기에는 수리한 부분에 대한 것이 언급되었다. '앙련대(연꽃 모양의 부재)', '통주(대롱 모양의 기둥)', '화예(꽃술 모양의 기둥)'라는 내용이다. 이런 표현은 석가탑과는 어울리지 않는다. 석가탑의 구조상 이런 모양을 서술할 부분이 없기 때문이다. 이것은 다보탑에 대한 표현이 틀림없다. 그러므로 석가탑에서 발견된 〈무구정광탑중수기〉는 석가탑 수리 기록이 아닌 다보탑 중수기록이라는 것이다.

---

85 무구정광 - 티끌 없이 깨끗하고 빛이 나다

〈무구정광탑 중수기(1024)〉에는 사리공에 봉안된 내용물을 언급한 부분도 있다. '사리장엄구와 2종류의 다라니경' 부분이다. 〈서석탑중수기〉에는 이런 내용이 없다. 서석탑과 무구정광탑이 같은 탑이라면 2종류의 다라니경이 〈서석탑 중수기〉에도 기록되어야 함에도 없는 것이다. 이로 보건대 무구정광탑은 다보탑을 설명하는 것으로 보는 것이 타당한 것이다.

정리를 해 보면 무구정광탑은 다보탑이고 서석탑은 석가탑이다. 무구정광탑이 먼저 수리되었다(1024). 지진(1036)으로 두 탑이 훼손되자 두 탑을 동시에 중수(1038)했다. 이때 중수하였다는 기록을 또 넣게 되었다. 무구정광탑은 짧은 기간에 두 번 수리하게 되었고 두 개의 중수기를 넣게 되었다. 중수기뿐만 아니라 공양물도 또 넣어야 했다. 사리공이 좁았다. 이때 다보탑(무구정광탑)의 것 중 일부를 석가탑에 옮겨 넣었다. 석가탑으로 옮겨 넣은 것은 '1024년에 기록된 무구정광탑 중수기'와 '2부의 다라니경 중 하나'였던 것이다.

그렇다면 〈무구정광대다라니경〉은 어느 시대의 것일까? 만약 고려시대에 봉안한 것이 맞다면 세계최초의 목판인쇄물은 일본의 〈백만탑다라니경〉[86]에게 자리를 내줘야 한다. 그러나 〈무구정광대다라니경〉이 신라 때의 목판인쇄물이라는 것을 확증할 수 있는 몇 가지 이유가 있다.

첫째, 다라니경에는 측천무후자(則天武后字)가 4개 있다. 이 글자는 당나라 여황이었던 측천무후가 만들어 사용했다는 것으로 690-705년

86 일본 호류사에 보관된 일본에서 가장 오래된 고문서, 770년에 인쇄한 목판본

에 사용되었다. 그녀의 사후에 사용되지 않았다. 신라는 시차를 두고 사용된 것으로 볼 수 있지만 고려시대에 와서 뜬금없이 사용할 리 없다.

둘째, 인쇄의 수준. 고려시대에 넣은 것이라고 하기엔 목판인쇄의 수준이 낮다는 것이다. 고려시대엔 목판인쇄가 매우 발달해 있었기 때문에 초보적 수준의 석가탑 무구정광다라니경이 고려시대의 것이라 하기엔 무리가 있다. 불교의 시대였다. 불국사 정도의 재력이 있는 곳이라면 최고의 불경 제작자를 동원해서 새기고 인쇄했을 것이다.

셋째, 고려시대엔 보협인다라니경을 넣었다. 무구정광다라니경은 신라 때 넣던 것이다. 갑자기 신라 때로 돌아가 무구정광다라니경을 넣을 리 없다.

넷째, 다보탑에 두 개의 다라니경을 넣었다가 수리를 반복하면서 사리공이 좁아지자 하나를 석가탑에 옮겨 넣었을 것으로 보인다.

탑에 다라니경을 넣는 이유

탑은 사리를 봉안하기 위해서 세운다. 사리를 봉안하면서 동시에 경전과 다양한 공양물을 넣기도 한다. 이때 탑에 내장하는 경전은 '다라니경'이다.

석가모니가 가비라성에 있을 때 어떤 사람이 찾아왔다. 그는 일주일 후면 죽을 것이라는 점쟁이의 말을 듣고 찾아온 것이다. 석가모니 역시 이 사람은 죽어 지옥에 갈 것이며 그 고통을 면치 못할 것이라고 했다.

그 사람은 자신의 죄를 참회하고 빌면서 지옥의 고통에서 벗어나게 해 달라고 간청했다. 그러자 석가는 '낡은 탑을 수리하고 따라 작은 탑을 만들어 그 안에 주문을 써넣고 섬기면 생명이 연장되고 죽어서 극락왕생하여 복을 받을 것'이라고 하였다. 이에 다른 이에게도 이와 같은 복을 주고자 석가모니가 설법을 하게 되었다. 이때 설한 것이 경전이 되었는데 『무구정경 無垢淨經』이다.[87]

무구정경에는 탑을 세우는 것을 가장 큰 공덕이라 하였다. 탑을 만들거나 수리할 때 다라니를 외우고 그것을 99번 혹은 77번 써서 99개 혹은 77개의 작은 탑에 넣어서 큰 탑에 봉안한다. 77이나 99는 무한의 수를 상징한다. 우리나라 탑에서 손가락만한 소탑이 많이 발견되는 것은 이와같은 이유 때문이다.

아사달과 아사녀 허상

석가탑을 무영탑이라 한다. 그림자가 없다는 것이다. 현진건의 소설 '무영탑'으로 인해 석공 아사달과 그 부인 아사녀의 이야기가 대중화되었다. 그리고 서서히 사실처럼 굳어지고 말았다. 실제로 많은 이들에게 역사적 사실인 것처럼 받아들여지고 있다. 심지어 아사달이 백제 석공의 후손이기 때문에 백제탑의 장점과 신라탑의 장점이 잘 버무려진 석가탑이 만들어졌다는 해설까지 내놓고 있다. 정말 그러한가? 그 사실 여부를 따져보자.

---

87   탑, 강우방·신용철, 솔

이 이야기의 기원은 조선 영조 때 승려 동은이 기록한 '불국사고금창기(佛國寺古今創記)'다. 이 기록에는 석가탑을 조성한 석공은 이름 없는 당나라 사람이고, 그를 찾아온 사람은 누이 아사녀라고 하였다. 불국사 남쪽 10리 지점에 있는 못(池)을 영지(影池)라 기록하고 있다. 앞서 구품연지에서 언급한 것처럼 초의선사도 아사녀의 이야기를 남기고 있다. 물론 초의선사는 '불국사고금창기'에 나온 내용을 참고했을 것이다.

1921년 일본인이 쓴 『경주의 전설』에는 아사녀가 부인으로 바뀌었고, 아사녀는 영지에 투신한 것으로 나온다. 이름을 알 수 없는 석공은 부인을 닮은 부처를 조각하고 역시 투신한다는 내용이다.

1938년 현진건은 『무영탑』을 신문에 연재하는데, 『경주의 전설』을 기본 자료로 소설화하였다. 여기서 석공의 이름을 아사달이라 하였다. 그와 부인은 백제땅 부여 사람으로 설정하였다.

그러면 '불국사고금창기'의 당나라 석공과 그의 누이 아사녀에 대한 내용은 어디서 유래한 것일까? 명확한 해답은 없지만 사적기를 기록할 때 민간에서 구전되어 오던 이야기를 채록했을 가능성이 있다. 조선시대는 중국문화에 경도되어 있었다. 기원을 중국에서 찾는 경향이 많았다. 석가탑이라는 걸출한 석탑을 완성한 그 힘의 원천을 중국에서 찾았던 것으로 보인다. 그러나 중국은 석탑을 조성하지 않는다. 그러므로 석탑을 조성할 석공이 있을 리 만무하다.

이야기의 진위여부와 관계없이 이런 류의 이야기가 만들어진다는 것은 오랫동안 무언의 공감이 있었기 때문에 가능해진 것이다. 하급

문화재에는 신비로운 이야기가 없다. 석가탑은 보면 볼수록 완벽하기에 인간의 재능으로는 불가능하다고 여겨졌다. 너나할것 없이 무언의 공감이 만들어졌다. 신(神)의 도움 없이는 불가능하다는 것이다. 영감으로 충만한 아사달은 신들린 듯이 매달렸다. 누구도 방해하면 안된다. 아사달을 위해서도 그리해야 했다. 멀리서 찾아온 그의 누이 아니 아내라 할지라도 안된다고 믿었다. 매정하지만 내쳤다. 그리하여 석가탑은 신품(神品)이 되었다.

삼층석탑의 살빼기

감은사에서 삼층석탑이 건립된 후 살빼기가 시작되었다. 크고 듬직한 탑에서 규모를 줄이고 살집을 줄였다. 조금씩 조형적 안정감과 경쾌한 상승감을 갖추기 시작했다. 그리하여 통일신라 초기에 시작된 3층 석탑 건립이 100여 년이 흐른 후 석가탑에서 그 완성을 본 것이다. 완벽한 몸매가 완성되었다. 그것을 바라보는 이들은 감탄만 할 뿐이다. 누구도 훈수를 둘 수 없다.

초기탑이 거대한 이유는 목탑 때문이다. 목탑의 규모는 거대했다. 목탑은 자연재해와 화재에 허약했다. 재료를 바꿔보기로 했다. 중국처럼 벽돌로 하고 싶었지만 만만치 않았다. '우리에게 익숙한 화강암을 다듬어 탑을 세우자' 재료가 바뀌었지만 여전히 목탑의 습관이 나타났다. 재료에 맞는 탑을 만들어 내기에는 아직 미숙하였다. 목탑처럼 세우려 하였다. 규모도 비슷하게 맞추려 했다. 그러다 보니 초기 석탑

(감은사탑, 고선사탑)은 거대했다. 현재까지 남은 것만 따졌을 때 거대하다는 것이지, 신라로 돌아가 보면 목탑에 비해서 아주 작은 탑이었다.

돌을 다듬어 조립했다. 큰 탑을 세우려니 조립하는 수밖에 없었다. 기단뿐만 아니라 탑의 몸돌, 지붕돌도 여러 개의 돌로 조립했다. 시간이 흘러 화강암으로 탑을 세우는 것이 익숙해지기 시작했다. 규모를 줄이더라도 조형적 완벽을 추구하기 시작했다. 몸돌, 지붕돌을 하나의 돌로 다듬었다. 그리고 하나씩 쌓았다. 누적식탑이 만들어진 것이다.

삼국을 통일했다는 것은 영토의 통일만을 의미하지는 않는다. 지금까지 삼국이 각자 생존과 발전을 도모했다면 이제는 하나의 용광로를 사용하게 되었다. 서로의 기술과 문화를 융합하기 시작한 것이다.

신라석탑과 백제석탑이 조형적으로 융합되기 시작했다. 신라탑의 듬직하고 안정적인 부분과 백제탑의 날씬하고 맵씨있는 모습이 융합되었다. 그것이 석가탑이다.

석가탑은 7세기 감은사지탑 등에서 보이는 초기 전형 양식의 장중함에서 씩씩함만을 거두어내고 수려함을 덧입힌 탑이다. 남성적이면서도 잘생긴 미청년의 자태다. 균형 잡힌 비례는 반듯함을 이루며 날렵하게 뻗은 지붕돌은 탑의 견고함을 부드럽게 덮는다.[88]

---

88 한국이 미, 최고의 예술품을 찾아서, 강병희, 돌베개

무영탑

　나는 다보탑이 더 좋았다. 그런데 전문가라는 분들이 하나같이 석가탑에 대한 찬사를 보내는 것이다. 석가탑에 보내는 찬사에 비해 다보탑에 대해서는 별다른 언급이 없었다. 그저 양식적, 종교적 언급뿐이었다. 이해할 수 없었다. 어쩌면 지금껏 보지 못했던 다보탑의 조형적 특이성 때문에 해석을 못해서 그럴지도 모른다고 생각했다.

　이제 석가탑과 다보탑이 조금씩 보이기 시작했다. 누적된 삶의 경험들이 그것을 가능하게 해주었다. 자주 만났더니 친절하게 알려주었다. 유려한 글솜씨로 설명할 수 없지만 옛사람이 느꼈던 감정을 무언의 공감으로 받아들였다. 나는 스스로 이것을 해설해 낼 능력도 없거니와 이미 많은 분이 걸맞는 해설을 해 두었으니 소개하고자 한다.

　이제 다보탑은 만들기 쉬운 탑으로 보인다. 사실, 화려하고 복잡해 보이는 다보탑의 조형요소는 그다지 복잡한 것은 아니다. 목구조의 석조적 변환은 불국사 전체에 흐르는 미학적 전략이었다. 연꽃과 난간의 조형도 당시 불교 미술품에 자주 등장하는 요소에 불과하다. 게다가 亞 자형의 기단이나 탑신부의 형식은 인도 등지의 국제적 흐름이었다. 어느 정도 경지에 오른 예술가라면 누구라도 만들 수 있는 작품일 수도 있다. 그러나 이 탑은 하나로 족하다. 이 탑을 흉내 내는 순간 아류로 취급당하기 때문에 오로지 하나일 수밖에 없다.

　반면 석가탑은 신라 통일 직후 석탑 형식을 실험하기 시작한 지 100년 만에 하나의 전형을 완성한 것이다. 석가탑류의 탑들은 단순한 몇 개의 돌덩이를 쌓아 올린 것에 지나지 않는다. 여기에 작가가 기교를 부릴, 독창성을 발휘할 여지가 전혀 없다. 작가가 할 수 있는 일이라고는 정확한 비례를 구성하는 것뿐이다. 이 탑은 부분적인 요소로 말하는 것이 아니라 전체적인 실루엣만으로 살아남는다. 누구나 만들 수 있을 것 같은 형식적 틀 속에서 최고의 아름다움을 창조하는 일, 그것은 진정으로 어렵고 고달픈 예술적 작업이다. 그래! 석가탑이야말로 무영탑이다. 전설은 진실이었다.[89]

석가탑은 무영탑이다. 모습을 보여주지 않았던 탑이다. 세상만사에 익숙해진 눈으로 석가탑을 본다면 그를 볼 수 없다. 내 기준을 내려놓아야 한다. 하늘에 한 줄 그어진 구름처럼 보였다가 사라질 수 있다. 천천히 자주 석가탑을 만나야 한다. 보일 듯 하면서 보이지 않는 것은 내면에 가득한 선점된 이미지가 내 눈을 미리 가렸기 때문이다.

화려한 옷(다보탑)과 심플한 옷(석가탑). 화려한 옷은 화려함에 단점이 감추어진다. 심플하면서 완벽하기는 어렵다. 심플하면 단점이 바로 드러나기 때문이다. 우리가 즐겨 입는 옷은 어떤 것인가? 단색에 심플한 디자인의 옷이다. 평상시에 화려한 옷을 입지는 않는다. 화려한 옷은 특별한 때에 입는다. 화려한 옷이 싫어서가 아니라 심플한 옷이 질리지 않기 때문이다. 오래 곱씹어야 그 맛을 알 수 있는 음식처럼 석가탑은 그 앞에 자주 서야 한다. 그래야 무영탑이 유영탑이 된다.

---

89 김봉렬의 한국건축이야기, 돌베개

석가탑, 다보탑은 남산돌이다

경주 남산의 화강암은 토함산 것보다 좋다고 한다. 화강암을 오랫동안 다루었던 석수(石手)는 석질에 대해서는 전문가였다. 토함산에도 화강암이 넘치도록 많지만 남산의 것이 더 좋다는 사실을 알고 있었다. 이왕이면 좋은 재료로 인생의 역작을 남기고 싶은 것이다. 거리를 마다않고 남산의 것을 가져다 쓴 것으로 보인다. 석가탑과 다보탑은 남산의 화강암이다. 더 나은 것으로 부처의 세계를 열어가려 했던 신라인들의 의지가 무모할 정도로 감동적이다.

다보탑은 동편, 석가탑은 서편

어떤 교리적 의미가 있어 동서(東西)에 배치를 했는지는 모르지만, 한 가지 분명한 것은 뒷배경을 주목할 필요가 있다는 것이다. 다보탑의 배경은 나무가 자라는 산기슭, 석가탑의 배경은 하늘이다. 복잡한 구조의 다보탑은 자연을 배경으로, 단순하면서 직선적인 석가탑은 하늘과 지붕선을 배경으로 삼았다.

그 배경이 소나무 숲이 되기 때문에 불규칙한 나무선과 직선이 위주인 석탑선과의 생경한 만남을 피하기 위해 직선이 적은 다보탑을 동쪽에 배치했다.[90]

---

90 우리 옛건축에 담긴 표정들, 류경수, 대원사

▲ 다보탑은 동쪽, 석가탑은 서쪽에 배치했다. 건축물의 배치는 배경이 중요하다.

옛사람들에게 이런 생각은 자연스럽게 우러나는 것이었다. 골똘히 묘수를 생각해낼 필요도 없이 그냥 세우면 그렇게 되었다. 내색하지 않으면서도 마음을 전하는 사람처럼 말이다. 효율성, 합리성을 앞세우며 네모난 집만 지어대는 현대인들에게 불국사는 무엇이 더 효율적·합리적·이성적인 것인지 돌아보라 한다. 30년을 기한으로 재건축할 집을 지으면서 효율을 따지는 우리에게 조금은 천천히 가라고 말한다. 남산에서 무거운 화강암을 가져오려면 시간이 더 걸리겠지만 1,500년 동안 한 자리를 지킨 불국사를 보라고 말한다. 이왕에 짓는 거 자연을 배려하면서 지으라고 말한다. 정복하려 하지 말고 어울림을 먼저 생각하라고 타이른다.

대웅전 앞 석등

석등은 하나만 세운다. '부자가 바친 만개의 등불보다 가난한 여인이 바친 하나의 등불이 더 가치 있다'라는 경전의 내용에서 근거했다. 또 '진리의 등불은 영원하다', '등불은 부처의 지혜를 뜻하며 이 등불이 켜질 때 중생의 어둠이 사라진다', '삼보(佛,法,僧)를 믿어서 작은 등불 하나를 공양하여도 공덕은 한량없다' 라는 의미로 세우기도 한다.

요즘 절에 가보면 여기저기에 석등을 많이 세워둔 것이 목격된다. 일제강점기 신사에 등(燈)을 헌납하면 그것을 자랑삼아 도열해 두었던 것에서 기인했다. 하나만 세우자. 그것이 교리에 더 충실한 것이 된다.

불국사 대웅전 앞 석등은 석등의 기본형을 충실히 따르고 있다. 하

▲ **대웅전 앞 석등** 단아하면서도 당찬 기품이 통일신라의 분위기를 담았다.

대석의 복련(엎드린 연꽃)은 매우 우아하며 볼륨감이 크다. 한창 만개한 꽃잎이 우주의 에너지를 가득 머금은 듯하다. 하대석 위로 8각의 간주석이 섰다. 간주석은 석등 전체 비례와 견주어 조금 굵게 표현되었다. 간주석 위에 앙련(위로 핀 연꽃)이 불을 켜는 화사석을 바치고 있다. 화사석에 비해 앙련이 작고 두껍게 느껴진다. 팔각의 화사석에 화창은 네 군데 뚫렸고, 나머지 네 군데는 별다른 장식이 없다. 화창에는 창문을 박았던 구멍이 있다. 전체적인 모습으로 미루어 통일신라 말, 887년(진성여왕 1년)에 불국사를 중수할 때 조성한 것으로 추측된다.

석가탑과 다보탑, 대웅전을 선으로 이으면 정삼각형이 된다. 정삼각형의 가운데 석등을 배치했다. 석등 앞에는 배례석(拜禮石)이 있다. 봉로대(奉爐臺)라고도 한다. 옛날 법당 안에 들어가 부처를 친견할 수 있는 이들은 승려들과 이곳을 찾은 왕이었다. 나머지는 마당에서 예를 올려야 했다. 이들이 가져온 공양물을 배례석에 올려두고 오체투지를 하였다.

신라 기단에 앉은 대웅전

대웅전(大雄殿)은 석가모니 부처를 모신 전각이다. 임진왜란 후 복원된 것으로 보물로 지정되었다. 1659년에 중건하였던 것을 1765년에 다시 지었다고 한다. 창건 당시에는 법당에 마루가 깔리지 않았고 전돌로 마감했었다. 부처는 건물의 한 가운데 팔각의 대좌에 앉아 있었다. 좌우에는 제화갈라보살(과거)과 미륵보살(미래)이 있었다. 대웅전에 있었던 석가모니와 좌우보살은 어떻게 사라졌는지 알 수 없으나 소실될 때 함께 없어졌을 것으로 추측된다. 지금까지 남아 있었다면 극락전의 아미타불, 비로전의 비로자나불과 비슷했을 것이다.

대웅전은 조선시대 것이지만 돌로 된 기단은 신라 때 것이다. 튼실한 기단부는 아직도 대웅전을 받치고 있다. 잘 다듬은 돌을 조립해 기단을 만들었다. 고대의 건축물은 폐허가 되거나 다시 지어지면서 기단이 바뀌었는데 불국사 기단은 그대로 남았다. 이곳의 기단을 눈여겨보면 전국의 절터에서 딩굴고 있는 기단석들의 위치를 알아낼 수 있다.

대웅전으로 올라가는 층계를 측면에서 보자. 난간처럼 된 곳을 소맷돌이라 하는데, 측면에서 보면 직각삼각형이다. 이 삼각형 면을 그냥 두면 무덤덤하고 묵직해 보인다. 층계는 가볍게 올라가야 한다. 신라인들은 멋진 생각을 여기에 넣었다. 옆면을 두 단으로 파 들어갔는데, 끝부분을 살짝 꺾어 버선코처럼 올렸다. 이런 감각은 어디에서 오는 것일까?

▲ **대웅전 기단과 층계 소맷돌** 석탑 기단이 어디에서 유래되었는지를 알게해주는 불국사 대웅전 기단. 층계 소맷돌을 두 번 파 들어갔고, 끝지점을 버선코처럼 살짝 들어 올렸다. 가볍게 층계를 올라가는 기분이다.

격조있는 공간 만들기, 회랑

불국사의 대웅전과 극락전은 회랑(回廊)을 둘렀다. 자하문을 들어가면 탑이 보이고 법당이 정면에 있다. 법당 뒤에는 강당이 있다. 회랑은 문-탑-법당-강당을 둘러싸기도 하고 연결하기도 한다. 회랑은 그것이 둘러싼 공간을 격조 있으면서도 엄중한 분위기로 만든다. 조선시대 궁궐에서 회랑으로 둘린 곳을 보면 왕의 위엄을 높일 필요가 있는 외적 공간이었다.

우리나라 사찰에서는 불국사를 제외하고는 회랑을 볼 수 없다. 대부분 사찰이 산지에 있기 때문이다. 산지 사찰은 지형의 높낮이에 맞춰 건물을 건축하기 때문에 회랑을 두르기 어려웠다. 회랑을 두를 수 있는 사찰은 평지에 조성된 사찰이었다. 경주·부여 등 고도(故都)에서 만날 수 있는 절터에는 어김없이 회랑이 있었다. 백제의 정림사터·미륵사터·제석사터·왕흥사터·능사 등 거의 모든 사찰에 회랑이 있었다. 신라의 경주도 마찬가지다. 황룡사터·분황사터·감은사터·사천왕사터·망덕사터·황복사터 등 수많은 절터에서 회랑이 확인되었다. 고려의 수도였던 개경 주변 절터도 마찬가지였다. 이렇게 많았던 평지 사찰은 조선초 억불정책으로 사라졌다.

불국사 회랑은 복원된 것이다. 복원되었다고 하더라도 옛 주춧돌 위에 그대로 복원되었기에 세부적인 모습은 달라도 전체 윤곽은 동일하다 하겠다. 무엇보다 소중한 것은 그 모습을 눈으로 확인할 수 있기에 터만 남은 곳에서도 상상으로 복원할 수 있도록 도와준다.

말을 많이 하는 무설전(無說殿)

무설전은 강당이다. 불국사가 창건될 당시에는 법당보다는 강당에서 불교 관련 행사를 진행했다. 법당은 부처의 공간이었고, 잠시 들어가 합장하는 정도의 예를 올릴 뿐이었다. 그렇기 때문에 부처는 법당 가운데 놓인 팔각의 대좌 위에 앉아 있었다. 예불을 드릴 공간은 강당이었기 때문에 법당 안에 들어갈 일이 많지 않았다. 신도는 법당 밖에서 두 손을 모아 합장하거나 오체투지하고 강당으로 갔다. 강당은 많은 이야기가 오고 가는 곳이다. 그런데 무설전(無說殿)이라 이름하였다. 경전에 이런 내용이 나온다.

존자께서는 설한 바가 없고 우리는 들은 바가 없습니다. 설한 바 없이 설하고 들은 바 없이 듣는 이것이야말로 반야[91]가 아니겠습니까?

무설전은 정면 8칸, 측면 4칸의 맞배지붕 건물이다. 정면이 짝수 칸이어서 현판을 가운데 달지 못했다. 옛 모습을 충실히 재현하였다. 대웅전과 마찬가지로 기단부는 창건 당시의 것이다. 무설전으로 올라가는 층계는 정면 네 곳에 두었다. 층계의 소맷돌 측면에는 대웅전과 마찬가지로 두 번 파고 들어가 앞쪽을 버선코처럼 살짝 들어 올렸다.

---

91 온갖 분별과 망상에서 벗어나 존재의 참모습을 앎으로써 성불에 이르게 되는 마음의 작용

극락전

대웅전 서쪽 회랑에 문이 있다. 이 문을 통해서 극락전으로 내려갈 수 있다. 대웅전 구역이 더 높기 때문에 층계를 내려가게 된다. 이 층계는 사바세계(대웅전)와 극락세계(극락전)를 연결하는 다리다. 층계는 세 줄로 되어 있는데, 한 줄이 16단이어서 모두 48층계가 된다. 아미타불은 중생을 극락세계로 인도하는데, 그 방법이 48가지라 한다. 대웅전에서 극락전을 연결하는 층계를 48단으로 한 것은 이런 의미를 담은 것이다.

대웅전과 마찬가지로 창건 당시의 기단 위에 극락전이 재건되었다. 법당 안에는 창건 당시의 아미타불이 있다. 비로전의 비로자나불과 함께 전화(戰火)를 입지 않고 남았다.

아미타불은 극락세계의 주인이기에 열반에 들지 않는다. 열반에 들지 않으면 사리도 없다. 그러므로 극락전 앞에 탑을 세우지 않는다. 탑은 없지만 석등이 하나 있다. 석등은 대웅전의 것과 비슷하다. 석등 앞에는 배례석이 놓였다.

극락전(極樂殿) 현판 뒤 공포에는 황금돼지가 있다. 어느 해인가 황금돼지해(年)가 있었는데, 그때 발견했다고 떠들썩했고 그것을 보기 위해 발걸음이 이어졌었다. 법당 건물에 동물의 모양을 장식으로 넣는 것은 조선 후기에 유행했다. 극락전뿐만 아니라 대웅전에도 여러 동물이 곳곳에 장식되어 있다.

신라 3대 청동불, 아미타불

아미타불은 극락세계의 주인이다. 인간의 근기(根機)[92]는 사람마다 달라서 9가지로 나누어진다. 상품(上品)·중품(中品)·하품(下品)이 있고, 상생(上生)·중생(中生)·하생(下生)이 있다. 이 둘을 조합하면 9가지가 된다. 아미타불은 이 아홉 가지를 상징하는 수인(손모양)을 하고 있다. 상품상생, 상품중생, 상품하생, 중품상생, 중품중생, 중품하생, 하품상생, 하품중생, 하품하생이 된다. 우리나라에서 만날 수

▲ **극락전 영역** 아미타불의 영역이다. 아미타불은 열반에 들지 않으므로 탑을 세우지 않았다.

92 불교를 받아들일 수 있는 근본 능력

▲ **극락전 아미타불** 석굴암 창건 당시의 불상이다. (사진: 문화재청)

있는 아미타불은 오른손은 엄지와 중지를 붙여 손바닥을 앞으로 향하고, 왼손은 엄지와 중지를 붙여 손바닥이 위를 향하는 형태(하품중생)가 많다.

극락전의 금동아미타불은 국보 제27호이며 신라 3대 금동불[93] 중의 하나다. 불국사에 있는 두 불상(아미타불, 비로자나불)은 수인만 다를 뿐 비슷하게 생겼다. 허리를 쫙 펴고 어깨가 당당하게 벌어져 있다. 하체도 튼튼하고 당당하다. 신체 비례가 대단히 사실적이며 자신감이 충만한 모습이다. 사회 분위기는 건축·회화·조각 등 다양한 방법으로 나타나는데, 불국사의 두 불상에서 자신감 충만했던 신라인들을 만날 수 있는 것이다.

5 │ 보타락가산 관음전

관음전(觀音殿)은 관세음보살의 세계다. 불교의 여러 경전에 관음세음보살이 나타난다. 우리나라 모든 사찰에서 관음전을 볼 수 있을 정도로 이 법당은 인기가 높다. 아마 현재의 문제를 해결해주기 때문이리라.

관음전은 가파르게 높은 축대를 쌓고 그 위에 평지를 만들어 건물을

---

93 불국사 비로자나불상, 아미타불, 경주박물관에 있는 백률사 약사여래입상

앉혔다. 이렇게 높은 언덕을 조성한 것은 교리적 이유 때문이다. 관음보살은 보타락가산 높은 곳에 머문다고 한다. 우리나라 관음보살의 성지로 알려진 곳[94]들은 바닷가에 있으면서 가파른 산 위에 있다.

관음전은 사모지붕이다. 원래 관음전 주위에도 회랑이 둘러 있었다고 한다. 관음보살은 늘씬하다. 후불탱화를 자세히 보자. 노란색으로 채색되어 있는데 자세히 보면 같은 문양이 반복되어 있다. 손바닥이다. 손바닥에 점처럼 찍혀 있는 것이 있는데, 눈(眼)이다. 손이 천 개, 눈이 천 개인 천수천안관음(千手千眼觀音)인 것이다.

▲ **관음전에서 내려다 본 대웅전 영역** 다보탑이 지붕을 뚫고 올라온 것 같다. 관음전은 가장 높은 곳에 있다. 경전에 따른 배치다.

---

94 강화 석모도 보문사, 남해 금산 보리암, 양양 낙산사 홍련암, 여수 향일암

관음전은 가파른 충계를 힘들게 올라가야 한다. 그래서 일부러 포기하기도 한다. 하지만 포기하기엔 아까운 풍경이 그곳에 있다. 충계를 다 올라가면 관음전으로 가지 말고 담장에 기대어 아래로 펼쳐지는 풍광을 바라보자. 대웅전 영역이 장엄하게 펼쳐진다. 회랑으로 둘러싸인 대웅전과 강당, 그리고 지붕을 뚫고 올라온 듯한 다보탑의 모습이 실로 장관이다. 이렇게 아름다운 문화유산을 이룩한 신라인들에게 경의의 찬사를 보내고 싶어진다.

6 연화장의 세계 비로전

비로자나불의 수인이 바뀐 이유

대웅전 뒤편에 비로전(毘盧殿)이 있다. 사바세계, 극락세계의 뒷편 외진 곳에 자리를 마련했다. 이곳은 『화엄경』에 근거한 '연화장세계'를 상징한다. 연화장세계는 이상향의 세계이므로 가장 심오한 영역이라 할 수 있다. 석가모니의 사바세계(현실세계), 아미타부처의 극락세계는 개념적으로 이해가 되지만 연화장세계는 손에 잡히지 않는다. 그것을 소상히 알려주는 경전이 『화엄경 華嚴經』인데, 경전 중에 진수(眞髓)라 한다.

비로전의 본존은 '비로자나불'이다. 불국사 창건 당시의 부처로 평가

되었다. 당당한 체구에 자신감에 차 있는 표정이 통일신라 불상의 특징을 그대로 보여준다. 국보 제26호로 지정되었다.

비로자나불은 화엄경의 내용을 부처로 형상화한 것이다. '진리의 빛, **우주를 관통하는 어떤 진리**' 그 자체를 부처로 나타낸 것이다. 수인(手印)은 지권인(智拳印)으로 오른손 검지를 왼손이 말아 쥐고 있는 모양이다. 그런데 이곳 비로자나불의 수인은 일반 비로자나불과는 손이 반대로 되어 있다. 그렇기 때문에 비로자나불이 아니라 대일여래라는 주장도 있다. 불국사가 창건될 때는 화엄불국사였으나, 언제부터인가 화엄이 사라지고 불국사가 되었다. 그때 비로자나불이 아니라 대일여래를 모셨다는 것이다. 무슨 일이 있었던 것일까?

경덕왕이 아들을 빌기 위해 창건할 때는 첫 왕비가 있을 때였다.

▲ **비로전의 비로자나불** 불국사 창건 당시의 불상이다. (사진: 문화재청)

그러나 왕비가 아이를 낳을 수 없다고 판단한 왕은 왕비를 폐하고 새 왕비를 맞아들였다. 새 왕비는 7년 후에 아들을 낳았다. 그가 혜공왕이다. 왕비가 교체된 것처럼 불국사의 이름도 '화엄불국사'에서 '불국사'로 바뀌었다는 주장이다. 절을 마무리하는 과정에 왕비가 바뀌었고 왕비가 신봉하고 있던 종파가 달랐기 때문에 불국사의 이름도 바뀌게 된 것이라는 주장이다.

섭정을 하게 된 만월부인으로서는 전(前)왕비의 절을 자신의 것으로 만들고 싶었을 것이다. (중략) 김대성이 죽은 후, 만월부인은 당시 주지로 있던 신림(神林)을 내보내고, 후임으로 밀교(곧 유가교)의 고승을 주지로 모셔왔으며, 이때 무설전 뒤에 있는 비로전도 새로 증축한 것 같다. 또 며느리인 혜공왕후로 하여금 밀교의 주불인 대일여래 곧 왼손이 위에 있는 지권인의 비로자나불과 아미타불을 주조하여 그곳에 봉안케 한 것이라 생각된다.[95]

현재의 비로전도 복원된 것이다. 기단부는 신라 때의 것이다. 오랫동안 매몰되어 있다가 발굴되었기 때문에 새것처럼 깨끗하다.

---

95 유물의 재발견, 천관우, 학고재

일본까지 다녀온 사리탑

비로전 옆 작은 보호각 안에 높이 2.06m의 사리탑이 있다. 석등을 닮은 이 사리탑은 매우 아름다운 조각이 탑 전체에 새겨져 있다. 이 사리탑은 일본으로 몰래 유출되는 비운을 겪었다. 보기 드문 사리탑이었기 때문에 욕심을 부린 이들이 있었던 것이다.

1902년 일본제국대학 교수였던 세키노는 대한제국 정부의 초청으로 한국문화재에 대한 조사를 진행했다. 이 조사는 대한제국 정부의 자발적인 것이 아니라 일본의 강권으로 이루어진 것이었다. 그는 이때 조사한 것을 종합하여 『한국건축조사보고』라는 이름으로 1904년 세상에 내놓았다. 이 보고서는 일본인들의 한국문화재에 대한 탐욕을 부추기는 꼴이 되었다.

1906년의 일이었다. 세키노가 알려준 정보를 갖고 경주로 내려간 개성의 일본인은 불국사에 이르러 몇 명 되지도 않았던 사승(寺僧)들을 위협하고 약간의 돈을 집어 준 후, 섬세하게 조각된 사리탑 하나를 일본으로 반출하는 데 성공하였다. 그즈음 도쿄에 있던 세키노는 '정양헌'이라는 요릿집 정원에서 그것을 발견하고 깜짝 놀랐다.[96]

일제강점기 한국에 관한 모든 관리권을 갖게 된 총독부는 문화재에 대한 실태조사를 진행하였다. 이때 사리탑이 사라진 것을 확인한 총독부는 세키노에게 되찾아 돌려놓을 것을 의뢰했다. 세키노가 정양원을 찾아

96 한국문화재수난사, 이구열, 돌베개

갔을 때는 이미 다른 곳으로 옮겨간 다음
이었다. 그러다가 20년 후 사리탑을 찾게
되었다.

드디어 그는 도쿄의 나가오라는 제약
회사 사장집 정원에서 그것을 발견했다.
1933년 5월 말의 일이었다. 몇 다리를
거친 소유자였던 나가오가 그때 세키노
에게 설복당했는지, 7월 말에 가서 조선
총독부에 기증하는 형식으로 불국사의
원위치로 사리탑을 깨끗이 반환했다. 그
것은 하나의 기적이있다.[97]

▲ **일본으로 밀반출 되었던 불국사
사리탑** 조각이 화려하고 석등을
닮은 이 사리탑은 탐욕스러운
일본인의 표적이 되었다.

일본인들이 이 땅에 건너와 살면서 마당에 탑, 승탑, 문인석, 무인석,
장명등, 동자석들을 훔쳐다 마당을 장식하기 시작했다. 문화재를 훔쳐
다 자기 집을 장식한 것이다. 그것이 부자의 기준인 것처럼 이것저것
가져다 장식했다. 해방 후에도 이런 버릇은 버리지 못하고 마당에 갖다
놓고 산다. 탑과 승탑으로 장식하는 것은 '우리 집은 절'이라고 자랑
하는 것이다. 문인석, 무인석, 장명등, 동자석을 갖다 놓는 것은 '우리
집은 무덤'이라고 자랑하는 꼴이다. 부끄러운 줄도 모르고 그걸 자랑
이라고 갖다 놓는다. 찾는 자들이 있으니 훔치는 자가 있다.

97 위의 책

사리탑을 한 바퀴 돌면서 감상하다 보면 지붕돌이 반쯤 깨져 있는 것을 볼 수 있다. 언제 깨졌는지 알 수 없지만, 지진이나 지반 약화로 넘어지면서 깨졌을 것이다. 이 사리탑은 불국사 창건 당시의 것은 아니다. 사리탑이 세워지기 시작한 시기는 1세기 후였기 때문이다. 선종이 유입된 9세기에 사리탑(승탑) 건립[98]이 본격화 되었기 때문이다.

불국사 화장실 유구

왕실에서 발원하여 창건된 불국사는 그 존재만으로 최상의 경지를 보여주었다. 대석축과 석가탑 · 다보탑 · 불상 · 층계에 이르기까지 이전에 볼 수 없었던 높은 수준과 세밀함이 불국사에 있었다. 어디 그뿐이었겠는가? 왕실 발원의 절이었던 만큼 왕실의 빈번한 출입이 있었을 것이다. 그들을 위한 시설들이 궁궐 못지않게 고급스러웠을 것이다. 불국사에는 왕실에서 사용했을 화장실 유구가 남아 있다. 그 고급스러움에 보는 이가 놀라게 된다. 화장실 자체는 남아 있지 않지만, 발 딛는 부춧돌이 잘 남아 있다. 큰 것은 두 개의 돌을 이어 붙였는데 가운데 구멍을 내었다. 안쪽으로 경사지게 해서 물을 부어 청소할 수 있도록 했다.

작은 것은 하나의 돌을 사용했는데 완전히 구멍을 내지 않고 타원형

---

98 선종에서는 스승이 대단히 중요하다. 깨달았다는 사실을 입증하는 방법은 스승의 인정이었다. 어떤 스승에게서 인가(認可)받았느냐는 매우 중요했다. 도력이 높은 분으로부터 인가받았다면 그것 자체가 그 사람의 수준을 말해주는 것이기 때문이다. 그렇기 때문에 스승을 중심으로 문파가 형성될 수 있었다. 신라말 구산선문이 발생했던 것도 이러한 특징이 있었기 때문이다.

으로 오목하게 파고 끝에 구멍을 내었다. 용변을 본 후 물로 씻어낸 것으로 추측된다. 불국사에 이 정도의 화장실 유구가 있었다면 왕궁과 귀족의 저택에도 비슷한 구조의 화장실이 존재했을 것으로 짐작된다.

▲ **불국사 화장실 유구** 화장실마저 화려하기 그지 없었다는 것을 보여준다.

경주-천년의 여운

11

삼국통일을 이룬 집안

1 | 문무대왕릉

통일을 완성하다

문무왕은 김춘추(태종무열왕)와 김유신의 여동생 보희와의 사이에서 태어났다. 이름은 김법민이다. 아버지 무열왕이 삼한일통(三韓一統) 대업을 착수하자 태자로서 참여하였다. 그리고 무열왕이 백제를 멸하고 승하하자 왕위에 올랐다. 즉위 후 곧이어 발생한 백제 부흥군과 싸워야 했다. 그 후 고구려의 평양성을 공격해 고구려마저 멸하였다. 백제와 고구려가 멸망하자 당나라는 한반도 전체를 지배할 야욕을 가졌는데 신라는 당나라의 야욕을 꺾고 그들을 몰아내는 전쟁을 시작하였다. 문무왕은 진두지휘하며 당나라를 몰아내는 데 온 힘을 쏟았다. 그리하여 부족하지만 대동강에서 원산만의 남쪽 땅을 확보하는 삼한일통을 이루어냈다.

그 후 북쪽에는 발해가 건국되었으니 한반도와 고구려의 옛 영토는 다시 한번 우리 민족의 영토가 되었다. 신라가 비록 대동강과 원산만의 남쪽으로만 일통을 이루어냈다고 하더라도 발해가 북쪽에 건국되었다. 이제 고구려 영토를 지켜내는 것은 발해의 몫이 된 것이다. 그러나 발해가 거란에게 멸망당함으로써 옛 고구려의 영토는 우리 영토가 아니게 되었다. 신라 탓으로 돌리지 말아야 한다. 발해가 지켜내지 못한 것이었다. 신라는 그 상황에서 최선을 다했고, 고구려는 내부분란으로 무너진 것이었다. 외부의 충격이 아무리 거세도 내부적으로 단단히 결속되어 있으면 무너지지 않는다. 수나라 100만 대군, 당태종의 수십만 대군도 물리쳤던 고구려였다. 연개소문 아들들의 분란은 고구려를 스스로 무너뜨린 것이었다.

당나라는 신라마저 멸망시키고 한반도 전체를 집어삼킬 야욕을 부렸다. 당나라에 유학 중이던 의상대사가 급히 귀국하여 이 사실을 알렸다. 어찌해야 할 바를 몰라하고 있을 때 각간 김천존이 아뢰었다. "요즘 명랑(明朗)법사가 용궁에 들어가 비법을 전수하여 왔다고 합니다. 그를 불러 물어 보시지요." 명랑법사는 낭산 남쪽에 사천왕사를 지을 것을 권하였다. 671년 사천왕사를 짓기 시작했다. 이로 인해 당나라는 신라 침공이 실패하자 그 원인을 알기 위해 악붕귀라는 사신을 파견했다. 신라는 호국사찰인 사천왕사를 숨기고, 그를 다른 곳으로 안내하기 위해 망덕사를 급조하였다. 또 당나라를 몰아내는 전쟁이 한창이던 674년에 궁궐을 확장하였다. 아름다운 연못과 호화로운 건물이 조화를 이루던 월지와 동궁이었다. 문무왕은 아버지 김춘추가 왕위에 오르기도 전에 당나라에 사신으로 다녀온 적이 있었다. 또 태자였을 때는 백제를 멸망시키고 사비로 가서 의자왕의 항복을 받았다. 그는 당(唐)과 백제의 발전된 문화를 직접 경험하였다. 문무왕은 수준높은 두 나라의 문화에 자극을 받지 않았을까?

전쟁이 끝난 직후인 681년에는 도성을 건설하기로 하였다. 이미여러 곳에 토목사업을 일으킨 상황이었다. 오랜 전쟁으로 도탄에 빠진 백성들의 고충을 살펴야 할 시기에 오히려 짐을 덧씌우는 토목공사를 벌인 것이다. 태백산 부석사에서 제자들에게 화엄의 요체를 가르치고 있던 의상대사가 보다 못해 편지를 보냈다. 『삼국유사』의 기록을 보자.

왕의 정치와 교화가 밝으시면 비록 풀만 난 언덕에 금을 그어 성(城)이라 하여도 백성들은 감히 이것을 넘지 못할 것이며 재앙을 씻어 깨끗이 하고 모든 것이 복이 될 것이나, 정교가 밝지 못하면 장성(長城)이 있다 하여도 재해를 없애지 못할 것입니다.

왕은 공사를 멈추었다. 그래서 경주에는 도성(都城)이 없다. 문무왕은 옳은 소리에 귀를 기울일 줄 아는 왕이었다. 그는 죽기 전에 이렇게 유언하였다. 『삼국사기』의 기록이다.

과인(寡人)이 어지러운 세상과 전쟁의 시대를 만나 서정북토(西征北討)한 결과 안정을 되찾았다. 무기를 녹여 농기구를 만들고, 세금을 가볍게 하고 부역을 덜어 백성들은 안정된 생활을 하며, 영토 안에 우환이 없고 창고에는 곡식이 산처럼 쌓였다. 그러나 나는 병을 얻으니, 운수가 가고 이름만 남는 것은 고금(古今)이 마찬가지라! 종묘사직의 주인은 한시라도 비워서는 안 되는 것이니 태자는 곧 왕위를 이어라. 영웅과 같은 옛 군주도 마침내는 한 줌의 흙으로 돌아간다. 꼴 베고 소 먹이는 아이들이 그 위에서 노래하고, 여우와 토끼가 그 옆에서 굴을 팔 것이니, 분묘를 치장하는 것은 한갓 재물만 허비하고 역사서에 비방만 남길 것이요, 공연히 인력을 수고롭게 하면서도 죽은 영혼을 구제하지 못하는 것이다. 가만히 생각하면 마음이 쓰리고 아픈 것을 금치 못하겠으되, 이와 같은 것은 내가 즐기는 바가 아니다. 내가 죽은 지 10일 뒤에 인도식으로 화장하고, 상을 치를 때는 검소하게 하라.

고래가 사는 바다에 뿌리다

왕들은 거대한 왕릉을 만들기 위해 백성들을 동원하였다. 왕릉에 부장하기 위한 물품은 금은보석을 비롯한 값비싼 것으로 만들었다. 무덤에 물품을 넣는다는 것은 돈을 땅에 묻는 것이나 다름없다. 부를 재창출하는 것도 아니다. 순전히 땅에 묻어버리는 경제다. 왕릉을 조성하는 일은 백성의 고통을 딛고 서는 것이다. 신라 왕릉은 그 정도가 심했다.

문무왕은 현실을 직시했다. 이렇게 호사스럽게 조성한 왕릉도, 세상을 호령했던 영웅들의 무덤도 훗날 여우와 토끼가 굴을 팔 뿐이라는 것이다. 백성들을 힘겹게 해서 무덤을 만든다고 해서 무슨 의미가 있겠는가 하는 것이다. 문무왕은 56년의 생을 살았다. 문무대왕비에 '땅은 8방 먼 곳까지 걸쳐 있고, 그 훈공은 삼한에서 뛰어났다, 대왕은 생각하심이 깊고 멀었으며, 풍채가 뛰어났다'고 하였다. 그는 참으로 현명한 군주였다. 자신이 무엇을 해야 하는지 분명하게 인식하고 있었다. 그는 열정적이면서도 따뜻하게 살았고, 죽는 순간까지도 백성을 다독일 줄 알았다.

7월 1일 문무왕이 돌아가시자 시호를 문무(文武)라 하고 유언에 따라 신하들이 동해 어구 큰 바위 위에 장사지냈다. 세간에는 왕이 용이 되었다고 전하는데 그 바위를 대왕석이라 한다. 『三國史記』

왕이 나라를 다스린 지 21년 되던 영융 2년 신사년(681)에 돌아가셨다. 왕이 유언하신 말씀에 따라 동해 가운데 있는 큰 바위 위에 장사지냈다. 『三國遺事』

삼국사기와 삼국유사는 동일하게 '큰 바위 위에 장사지냈다'라고 하였다. 『삼국유사』는 『삼국사기』를 인용했을 가능성이 있기 때문에 동일한 문구가 나온 것으로 보인다. 이 문구로 인해서 대왕암이 문무왕 수중릉이라 주장하는 근거가 되었다.

그는 자신이 죽은 뒤 불교식으로 화장하라 하였다. 그의 유언대로

▲ **사천왕사터에서 발견된 문무대왕비** 국립경주박물관에 있다.

화장하였다. 경주 낭산의 능지탑이 화장한 곳이라 하나 밝혀진 것은 없다. 그런데 화장하여 바다에 뿌린 것은 무슨 이유일까? 드라마나 영화를 보면 화장(火葬)한 뼛가루를 강이나 바다에 뿌리는 장면이 흔하게 나오는데, 우리는 이것을 당연한 것처럼 받아들인다. 그런데 신라 당시에는 화장한 뼛가루를 항아리에 담아 땅에 묻는 것이 일반적 장례법이었다. 경주 지역 곳곳에서 신라 때 묻은 뼈항아리가 출토되고 있다. 박물관에 가면 뼈항아리가 많다. 그런데 문무왕의 유골은 왜 바다에 뿌렸을까?『삼국유사』에는 문무왕과 지의법사의 대화가 나온다.

왕이 평소 지의(智義)법사에게 이렇게 말했다.
"짐은 죽은 뒤에 나라를 지키는 용이 되겠소. 그래서 불법을 높이 받들고 나라를 지키겠소."
"용은 짐승인데 어찌 하시렵니까?"
"나는 세상의 영화를 싫어한 지 오래되었소. 만약 추악한 업보 때문에 짐승으로 태어나더라도 짐이 평소에 가진 생각과 맞소."

두 사람의 대화에서 문무왕의 유골을 바다에 뿌린 이유가 나온다. 문무왕은 호국의 용이 되고자 했다. 용은 물과 관계가 깊다. 외침으로부터 나라를 지키고자 했던 문무왕의 의지가 유골이 바다에 뿌려진 이유가 되는 것이다.

그의 유골이 바다에 뿌려졌다면 대왕암은 무엇인가? 사람들은 이곳이 문무왕의 수중릉이라 주장한다. 심지어 이곳에 영험한 기운이 있다고 하여 수많은 무속인이 이 바다를 찾아와 기도하고 굿을 한다. 정말 수중릉이 맞을까?

대왕암은 십(十)자 모양으로 물길이 통하는 네 동강 난 섬이다. 십자 물길을 인공으로 팠다고도 한다. 십자 모양의 물길 한가운데에 거북등처럼 생긴 큰 바위 하나가 물속에 놓여 있다. 이 바위 아래에 문무왕의 유골을 안치한 시설이 있다는 것이다. 십(十)자 모양의 물길이나 가운데 커다란 돌 하나가 놓인 것이나 신비롭긴 하다.

사천왕사에서 발견된 문무대왕비의 기록에 의하면 '**葬以積薪(장이적신) 나무를 쌓아 장사지내다**', '**粉骨鯨津(분골경진) 고래가 사는 나루 또는 언덕에서 뼈를 뿌렸다**'는 것이다. 그러니까 무덤을 조성하지 않고 문무왕의 유언대로 화장해서 바다에 뿌렸다는 것이다. 이것이 진실이

▲ 문무왕수중릉으로 알려져 있으나 문무왕을 화장한 뼛가루는 뿌린 장소일 가능성이 있다. 이 곳에서 뿌렸으므로 후손들은 이곳에 와서 추모했을 것이고 시간이 흐르면서 수중릉으로 인식되었을 것이다. (사진: 문화재청)

다. 『삼국사기』와 『삼국유사』에 기록된 '큰 바위 위에 장사지냈다'는 것은 무슨 뜻일까? 큰 바위 위에 능을 만들었다는 뜻은 아니다. 그렇다고 물속에 무덤을 만들었다는 뜻도 아니다. 수백 년 후에 기록된 『삼국사기』보다 더 확실한 자료는 당대에 기록이다. 문무왕의 업적을 기록한 문무대왕비가 가장 확실하고 정확한 자료다. 이것보다 더 확실한 자료가 없는 한 문무대왕비의 기록을 믿는 것이 옳다. **'바다에 뼛가루를 뿌렸다'**가 정답이다.

뿌린 장소가 대왕암일 수는 있다. 그러나 대왕암 자체가 무덤이 될 수는 없다. 수중에 무덤을 만든다는 것은 땅에 무덤을 만드는 것보다 몇 배의 공력이 더 투입되는 일이다. 그러니 문무왕의 유언과 달리 수중에 무덤을 만들 수 있었겠는가? 대왕암이 문무왕수중릉이라는 것은 후대 사람들이 그렇게 믿고 싶었던 것이다. 거기에다 1967년에 문무왕의 수중릉이 확인되었다는 사기에 가까운 신문기사가 전국민에게 확신을 가져다준 것이다. 당시 언론은 **'대왕암에 특이한 수중경영 방식으로 그 유해가 안장되어 있음이 발견되었다'**고 보도했다. '아니면 말고'식 보도였다.

만파식적(萬波息笛)

대왕암에는 유명한 만파식적 이야기가 전한다. 문무왕의 아들 신문왕은 아버지를 위해 동해바다 가에 감은사(感恩寺)를 지었다. 다음 해 감은사에서 급한 소식을 알렸다.

동쪽 바다 가운데 작은 산이 떠서 감은사 쪽으로 오고 있는데, 파도를 따라 이리저리 다닙니다.

일상적이지 않은 현상이 나타났다. 왕은 일관을 불러 무슨 일인지 알아보게 했다.

돌아가신 임금은 바다의 용이 되었고, 김유신 공은 천신이 되었습니다. 두 분 성인께서 나라를 지킬 보배를 주려 하십니다.

왕은 기뻐하며 이견대(利見臺)로 갔다. 파도를 따라 움직이는 산을 바라보고 신하를 시켜 살펴보도록 했다. 산의 모양은 거북이 머리 같으며 그 위의 대나무 한 그루가 있는데 낮에는 둘이 되고 밤에는 하나가 된다고 아뢰었다. 다음날 대나무가 하나로 합쳐지자 천지가 진동하고 바람과 비로 어두워졌다. 7일간이나 지속되었다. 그런 후 바람이 잦아지고 파도가 잠잠해졌다. 왕이 바다를 건너 그 산에 들어갔다. 용이 나타나 검은 옥대를 바치며 왕을 영접하였다. 왕이 물었다.

"이 산이 대나무와 함께 쪼개지기도 하고 오므라지기도 하니 어쩐 일입니까?"

"비유컨대 손바닥 하나로는 소리가 나지 않고, 두 손바닥으로 치면 소리가 나는 것과 같습니다. 이 대나무라는 물건도 오므라진 다음에야 소리가 납니다. 훌륭한 임금이 이 소리를 가지고 천하를 다스리게 될 상서로운 징조입니다. 왕께서 이 대나무를 가져다가 피리를 만들어 불면 세상이 화평해질 것입니다. 지금 돌아가신 왕은 바다 가운데 큰 용이 되어 있고, 김유신은 천신이 되었습니다. 그 두 분께서 나에게 이런 보물을 바치라 하였습니다."

왕은 매우 기뻐하며 온갖 재물을 내어 기쁨의 제사를 올렸다. 그리고 대나무를 베어 나오자 산과 용은 사라져 보이지 않았다. 이 대나무로 만든 피리가 만파식적이었다. 용(龍)이 왕에게 검은옥대를 바쳤다고 하는데 신라의 세 가지 보물 중 하나인 천사옥대와는 다른 것이다. '천사옥대(하늘이 내린 허리띠)'는 진평왕이 하늘로부터 받은 것이다. 왕의 권위를 상징했던 물건이 허리띠였다는 것을 두 이야기를 통해 알 수 있다.

이 이야기를 사실대로 믿을 사람은 없다. 신라인들은 어느 순간부터 문무왕은 바다의 용이 되었고, 김유신은 천신이 되었다고 믿었다. 삼한일통을 이루었던 두 영웅이 바다와 하늘에서 이 나라를 지켜주고 있다는 믿음은 확고했다. 나라에서 그렇게 소문을 냈는지도 모른다. 그런데 두 분이 왕에게 무언가를 준다는 것이다. 신문왕은 기쁜 마음으로 그곳으로 달려갔고 그곳에서 나라를 평안케 할 피리를 받아왔다. 그 피리는 왕궁 깊숙한 보물창고에 보관되었다. 누구도 보지 못했다. 만파식적은 가끔 사라지기도 했지만, 그때마다 다시 찾아서 왕궁에 보관되었다.

문무왕은 태자로 하여금 자신의 유해 앞에서 왕위를 이으라고 유언했다. 태종무열왕 계열이 왕위를 이어가고 있었다. 그러나 다른 진골 귀족이 언제든지 그 틈을 노릴 수 있었다. 그들에게도 왕이 될 수 있는 자격이 있었으니까 말이다. 이제 겨우 삼한(三韓)이 안정되었는데 왕위 계승을 두고 권력투쟁를 벌이면 다시 분열될 수 있었다. 왕권의 안정이 필요했다. 유해 앞에서 왕위를 이었지만 아직 불안했다. 그렇다면 선왕(先王)과 영웅 김유신의 힘을 빌려 왕권을 안정시킬 필요가 있다. 〈그들이 내게 나라를 안정시킬 비법(만파식적)을 주었다. 이는 내게 왕국을 다스릴 권한을 준 것이다. 그러니 나의 통치를 인정해야 한다〉 신문왕은 만파식적과 검은옥대를 통해서 위와 같이 선포하고 있는 것이다.

▲ **문무대왕비 상단** 국립경주박물관에 전시되어 있다.

만파식적은 그렇게 없으되 있는 물건, 아니 있는지 없는지 알 수 없는 물건이었다. 없다고 말하면 불충한 자가 되고, 있다고 말하기엔 영 찜찜한 구석이 있다. 왕궁 보물창고에 있다고는 하는데 본 사람은 없다.

문무대왕비 발견의 전말

문무대왕비는 682년 사천왕사에 건립되었다. 지금도 사천왕사터에는 비석을 세웠던 받침인 귀부가 남아 있다. 이 비석은 비가 건립된 지 1100년 뒤인 조선시대 기록에 다시 등장한다. 경주 부윤을 지낸 홍양호(1724-1802)의 문집인 『이계집(耳溪集)』에 소개되어 있다. 정조 20년인 1796년에 밭을 갈던 중 비석 하단부와 우측 상단부 조각을 발견했다는 것이다. 이 비석의 탁본은 청나라 금석학자 유희해에게 전해져 그가 쓴 『해동금석원(海東金石苑)』에 실렸다. 우리나라에서 발견되고 탁본 된 비석이 정작 중국학자의 책에 남아 있게 된 것이다. 사천왕사에서 발견된 비석을 경주부 관아로 옮겼다가 일제강점기에 관아가 사라지면서 망실(亡失)되었다.

잃어버린 비석은 1961년에 경주 동부동에서 하단부분이 발견되어 경주박물관으로 옮겨졌다. 글씨는 많이 훼손되었지만 일부는 읽을 수 있어서 당시 상황을 알려주고 있다. 구양순체로 한눌유라는 승려가 글씨를 썼으며, 지은이는 김ㅇㅇ이다.

홍양호의 글에는 비석의 상단부가 함께 발견되었다고 했으나 상단부는 찾을 수 없었다. 그러다가 2009년 경주 동부동 주택의 수돗가에서 상단부가 발견되었다. 하단부가 발견된 곳에서 멀지 않은 곳이었다. 조선시대 때 발견됐다가 사라진 지 200여 년 만에 재발견 된 것이다. 수도검침원의 알림이 없었다면 세상에 나올 수 없었던 비석이었다.

2 감은사지

창건 이야기

『삼국유사』에는 감은사에 대해 이렇게 기록하고 있다.

31대 신문대왕(神文大王)의 이름은 정명이고, 김씨이다. 개요 원년은 신사년(681)인데, 7월 7일에 왕위에 올라, 돌아가신 문무대왕을 위해 동해 가에 감은사(感恩寺)를 지었다.[99]

신문왕이 돌아가신 문무왕을 위해 감은사를 창건했다는 것이다. 돌아가신 부왕의 명복을 기리며 절을 짓는 일은 자주 있었다. 불교의 시대에 당연한 사업이었을 것이다. 유교를 숭상했던 조선시대에도 왕릉을 만들고 그 주변에 절을 짓거나 기존의 절을 지정해 명복을 빌게 했다. 무덤에서 멀지 않은 곳에 절을 짓는다. 그러므로 동해에 그 뼈를 뿌린

99   삼국유사, 김원중 옮김, 민음사

문무왕을 위해 바닷가에 절을 짓는 것은 당연한 것이다. 그런데 일연 스님은 감은사에 전해오는 다른 기록을 소개하고 있다.

절의 기록은 이렇다. "문무왕이 왜병을 무찌르고자 이 절을 짓기 시작하였는데, 다 마치지 못하고 돌아가셔서 바다용이 되었다. 그 아들 신문왕이 개요 2년에 일을 마치고, 금당의 아래를 밀어 동쪽으로 구멍 하나를 뚫었거니와, 이는 용이 절에 들어와 돌아다니게 마련한 것이 다."[100]

문무왕이 왜(倭)를 무찌르기 위해 절을 지었다는 것이다. 이 기록 에서 한발 더 나아가 문무왕이 바다의 용이 되고자 했던 것도 왜의 침략 을 막기 위해서였다고 주장하기도 한다. 정말 그럴까? 문무왕이 죽어 용이 되겠다고 한 것은 〈나라를 수호하기 위해서〉라고 말한 적은 있다. 그런데 왜의 침략으로부터 나라를 지키겠다고 한 적은 없다. 문무왕과 신문왕 때에 신라는 삼국통일을 이룬 강력한 힘을 자랑하고 있었다. 백제와 고구려가 무너진 상황에서 일본열도는 오히려 두려움에 떨고 있었다. 신라와 당나라가 일본열도를 정벌할지도 모른다는 두려움이 었다. 당시 일본은 규슈지역으로 침공해올 나당연합군을 막기 위해 총력을 기울이고 있던 때였다. 오히려 일본이 두려움에 떨고 있던 시대 였던 것이다. 그러면 동해에 용이 되고자 했던 문무왕이 왜로부터 나라 를 지키고자 했다는 이야기는 언제부터 생겨난 것일까? 확언할 어떤

---

100 삼국유사, 고운기 옮김, 홍익출판사

기록도 없지만 후대에 일본 해적집단들이 출몰하면서 주적이 왜가 된 것이 아닌가 한다. 『삼국유사』의 기록은 후대에 채집된 이야기를 수록했기 때문에 왜의 침략을 막기 위해서라고 설정된 것이다.

감은사는 신문왕이 창건한 것으로 보인다. 아버지 문무왕이 거추장스러운 무덤을 만들지 말고 자신을 화장해서 바다에 뿌릴 것을 유언으로 남겼기 때문이다. 유언대로 고래가 사는 바다에 부왕의 유골을 뿌렸다. 그리고 아버지의 명복을 빌기 위해 이 절을 지었다.

바다에 접한 절

감은사터는 대왕암에서 멀지 않은 곳에 있다. 산기슭에 평탄한 대지를 조성하고 절을 지었다. 평탄 대지를 만들기 위해 산기슭을 깎고 흙과 돌을 쌓았다. 워낙 튼튼하게 쌓아서 지금까지도 그 모습이 잘 남아 있다. 먼 옛날에는 감은사 앞까지 바닷물이 출렁거렸다. 지금은 절터 아래로 논밭이 있지만, 옛날에는 바다가 안으로 쑥 들어온 만(灣)이었다. 토함산과 함월산 자락에서 흘러내린 대종천이 바다와 합류하는 지점이기도 했다. 절터 아래에 연못이 조성되어 있는데 이곳이 바다였다는 것을 알려주는 흔적이다. 연못 안쪽으로 석축이 쌓여 있는데 배를 타고 내리기 위한 접안 시설이었다. 매우 튼튼하게 만들어서 지금까지 잘 남아 있다.

옛날에는 감은사를 방문하려면 배를 타야 했다. 배에서 내려 가파른 층계를 오르면 절의 대문이 나왔다. 대문을 들어가면 웅장한 석탑 2기가 튼실하게 서 있었고, 석탑 사이로 정면에 법당이 있었다. 법당 뒤에

▲ **감은사터** 거대한 삼층석탑이 통일의 기운을 웅장하게 전해준다. 문무왕의 명복을 빌기에 합당한 분위기와 기상을 지녔다.

는 강당이 있다. 대문–법당–강당을 회랑이 둘러싸고 있었다. 절의 규모는 작다. 웅장하면서도 기개가 넘쳐 보이는 삼층석탑 두 기로 인해 이 절이 매우 탄탄했을 것이라는 생각이 든다.

감은사 삼층석탑

어떠한 문화유산이 위대하다고 이야기할 때 단지 그 대상물 자체만이 위대한 것이 아니라 그것을 낳은 시대도 위대한 것이다. 사천왕사의 조형물들, 감은사터석탑, 고선사터석탑을 위대하다고 이야기하는 것은 삼국을 통일한 신라의 정신이 이 탑들 속에 깃들어 있기 때문이다.[101]

감은사터석탑은 통일신라~고려~조선을 거쳐 현대에 이르기까지

---

101 탑, 강우방, 신용철, 솔출판사

삼층석탑의 시원(始原:시작되는 처음)이 되었다. 지금도 감은사탑과 같은 모습의 석탑이 세워지고 있다. 감은사에서 시작된 삼층석탑은 100여 년이 흐른 후 불국사 석가탑에서 정제된 아름다움을 지닌 탑으로 우뚝 서게 되었다.

전성기양식은 정제된 아름다움을 보여주지만, 시원양식의 웅장한 힘은 갖추지 못하며, 말기의 도전적 양식이 갖고 있는 파격과 변형의 맛을 지닐 수 없다. 그 모든 과정은 오직 그 시대 문화적 기류와 취미의 변화를 의미할 따름인 것이다.[102]

감은사 삼층석탑이 조영되는 시대 문화적 기류는 무엇이었을까? 삼국통일이라는 대과업을 완성해낸 직후였다. 심지어 세계적 강대국 당나라마저 물리쳤다. 신라는 단단한 자신감이 넘쳐흘렀다. 무엇이든지 손대면 이루어낼 수 있을 듯하였다. 자신감 팽창에 따른 솟아오르는 힘이며, 통일 후 갖게 된 안정된 힘이었다. 감은사탑은 묵직하게 대지를 누르는 힘이 느껴지면서, 상륜의 쇠꼬챙이로 인해 솟아오르는 경쾌함도 갖추고 있다.

상승감과 안정감은 서로 배치되는 미감이다. 상승감이 살아나면 안정감이 약해지고, 안정감이 강조되면 상승감이 죽는다. 그것을 결합시킬 수 있는 방법, 그것은 기단과 몸체의 확연한 분리, 그리고 기단부의 강조

102　나의문화유산답사기, 유홍준, 창비

에서 안정감을 취하고, 몸체의 경쾌한 체감률에서 상승감을 획득하는 이른바 이성기단(二成基壇)의 삼층석탑으로 결론을 얻게 된 것이다.[103]

감은사탑은 높이 13m, 상륜의 쇠꼬챙이(찰주)를 제외하면 9.1m에 이르는 대단히 큰 탑이다. 절의 규모에 비해서 탑이 큰 편이다. 그러나 일탑일금당이었던 시절, 그것도 목탑을 세우던 시절에 비하면 작은

▲ **감은사터 삼층석탑** 삼층석탑의 시원이 되었다. 감은사에서 시작된 3층석탑은 불국사 석가탑에 이르러 완성되었다.

103 위의 책

탑이었다. 지금 남아 있는 것만 따져볼 때 매우 큰 탑이라 평하지만, 신라인이 보았을 때는 매우 작은 탑이었다.

기단은 단층에서 이중(二重)으로 변했다. 이중기단을 함으로써 탑신은 높이 올라앉게 되었다. 탑의 상승감이 확보되었다. 이중기단은 탑 전체에 안정감을 더해주기도 한다. 아래로 내려올수록 넓어지는 구조이기 때문이다. 멀리서 탑을 쳐다보면 삼각형 구조다. 삼각형은 상승감+안정감을 동시에 갖춘 도형이다. 기단을 이중으로 하였다는 것은 목탑의 양식에서 완전히 벗어났다는 것을 말한다. 한옥을 지을 때 기단을 이중으로 하지 않는다. 목탑도 마찬가지다. 기단은 언제나 단층이었다. 그런데 감은사 삼층석탑에서 이중기단으로 변화된 것이다. 이제 목탑에서 벗어나 석탑으로서의 독립이 시작된 것이다.

1층 탑신은 정육면체에 가깝다. 이중기단 위에 올라앉은 1층 탑신을 높인 것은 상승감을 더해주기 위해서다. 2층과 3층의 탑신은 납작한 육면체로 높이는 같다. 2층과 3층의 높이를 같게 한 것은 착시를 교정하기 위함이다. 탑을 쳐다봤을 때 위로 갈수록 더 짧아 보이기 때문이다.

목탑에서 석탑으로 재료가 바뀌면서 기존의 목탑처럼 탑을 크게 만들 수 없었다. 재료에서 오는 한계가 있기 때문이다. 당시에는 모든 탑이 매우 큰 규모였기 때문에 감은사탑도 최대한 크게 만든 것이다. 탑을 크게 만들기 위해서는 큰 돌을 사용하면 되겠지만 쉽지 않았다. 그래서 여러 개의 돌을 다듬어 목탑처럼 조립하기로 한 것이다. 기단부를 살펴보자. 여러 장의 판석을 다듬어 조립해 세웠다. 내부에는 자갈을 가득 채웠다. 1층과 2층의 탑신도 마찬가지 방식으로 하였다. 3층 탑신

▲ **감은사 동탑에서 발견된 사리기** 국립중앙박물관에 전시되고 있다. 서탑에서 발견된 사리기
는 국립경주박물관에 전시되어 있다.

은 크기가 작아져서인지 아니면 사리장치를 넣기 위함인지 모르나 한 장
의 돌로 만들었다. 지붕돌도 여러 장의 돌로 조립하였다. 불국사 석가탑
의 탑신과 지붕돌은 한 장의 돌로 되어 있다. 조립식에서 누적식으로
변화된 것이다. 조립식으로 하면 큰 탑을 만들 수 있지만 완결미는 부족
하다. 누적식으로 하면 크게 만들 수는 없지만 깔끔한 완성미를 갖출
수 있다.

큰 규모에다 조립식으로 축조한 감은사탑은 긴 세월 무너지지 않고
버텼다. 대지에 굳게 뿌리 내린 나무처럼 1500년에 가까운 세월을 이겨
냈다. 통일신라의 강력한 자신감이 탑에 묻어 있는 만큼 그 튼튼함도
함께였다.

탑의 꼭대기에는 상륜부를 형성하였던 쇠꼬챙이(찰주)가 길게 세워
져 있다. 찰주의 길이가 무려 3.5m에 이른다. 찰주는 3층 탑신 가운데

까지 꽂혀 있다. 위로 갈수록 가늘어지는 모습이다. 상륜부의 여러 구조재
는 돌을 다듬어 만들었다. 구조재 가운데에 구멍을 뚫어 찰주에 끼웠
었다. 구멍 크기를 달리하면 찰주에 끼울 때 구멍 크기에 맞는 지점에
고정되도록 하였다. 상륜부의 구조재들은 크기가 작은데다 가운데 구멍
을 뚫려 있기 때문에 풍화에 약했다. 심지어 찰주로 인해서 벼락을 잘
맞았다. 그때마다 충격이 심하게 가해졌을 것이고 결국 깨져서 사라
졌다.

탑은 사리를 봉안하기 위해 세웠다. 감은사탑에도 사리가 봉안되어
있었다. 1959년 서탑을 해체 복원하였는데 3층 탑신에서 사리장치가
발견되었다. 3층 탑신 윗부분에 사리를 봉안하기 위한 구멍(사리공)
을 만들었다. 사리공을 한 가운에 만들지 않고 한쪽 쏠리게 했는데 이는
찰주를 꽂은 구멍이 한가운데 있기 때문이다. 1996년 동탑을 해체 복원
하였는데 서탑과 마찬가지로 3층 탑신에서 사리장치가 발견되었다.
서탑의 사리장치는 국립경주박물관에 있으며, 동탑의 사리장치는 국
립중앙박물관에 있다. 금속제 사리기는 신라금속공예의 진수를 보여
줄 만큼 뛰어난 작품이다.

감은사 법당의 비밀

고려시대까지만 해도 법당은 예불 공간이 아니었다. 예불은 강당에서
행해졌다. 법당 한가운데 팔각의 대좌 위에는 부처가 앉아 있었다. 법당
바닥은 마루가 아닌 전돌을 깔았다. 전돌 아래에는 특별한 장치가 필요

▲ **감은사 법당터** 돌마루를 깔았다. 법당에 마루를 시설하지 않던 시절이다. 마루를 만들어서 아래를 비워둔 것은 바다의 용이 된 문무왕이 들어와 쉬도록 장치한 것이라 한다.

하지 않았다. 임진왜란 후 소실된 절을 재건하면서 마루를 깔게 되었다. 법당은 부처의 공간이면서 예불의 공간으로 변모된 것이다. 불교가 억압받던 시절이라 원하는 건물을 모두 재건할 수 없었다. 법당은 부처를 모시는 곳이면서 예불의 공간으로 사용해야 했던 것이다. 신도들이 들어가 예불을 드리려면 마루가 필요했다. 그래서 법당 바닥에는 전돌 대신 마루를 깔았다. 마루는 나무로 만드는 것이었기 때문에 통풍이 중요했다. 지면으로부터 일정한 높이를 띄워야 했고 마루 아래로 바람이 통하도록 구멍을 내어야 했다. 그래서 법당 외벽 아랫부분에는 통풍구가 뚫려 있는 것이다.

감은사는 법당 바닥에 전돌을 깔던 때의 절이다. 그런데 마루를 깐 것 같은 구조를 하고 있다. 나무 마루가 아닌 돌마루를 깐 것이다. 거기다가 기단부 윗부분에 마루를 설치한 것이 아니라, 기단부 아랫부분을 빈공간으로 두고 그 위에 돌마루를 깔았다. 기단부는 돌마루 외곽을 둘러싸는 역할을 하고 있다. 돌마루 위에 주춧돌이 놓여 있다. 왜 이런 구조를 하였을까? 삼국유사에는 이와 관련된 이야기가 전한다.

문무왕이 왜병을 무찌르고자 이 절을 짓기 시작하였는데, 다 마치지 못하고 돌아가셔서 바다용이 되었다. 그 아들 신문왕이 개요 2년에 일을 마치고, 금당의 아래를 밀어 동쪽으로 구멍 하나를 뚫었거니와, 이는 용이 절에 들어와 돌아다니게 마련한 것이다.

기단부 동쪽에 작은 구멍이 뚫려 있다. 마루 아래로 통하는 구멍이다. 용이 들어오도록 했다고 하는데 구멍이 너무 작아 실감이 나지 않는다. 그러나 법당의 바닥 구조가 특이하고 구멍이 실제로 뚫려 있으니 위의 기록을 무시할 수도 없다. 실제로 그렇게 생각했을 가능성이 크다. 용이 법당으로 들어와 돌아다니게 마련한 것이다.

경주 서천(형산강) 건너 선도산 아래에는 《서악동고분군》이라 불리는 곳이 있다. 대형고분들이 산줄기를 따라 한 줄로 길게 늘어서 있는 모습이 장관을 이룬다. 이곳에는 태종무열왕릉을 비롯해 5기의 고분이 높이를 달리해 한 줄로 길게 늘어서 있다. 서악동 고분군 북쪽 선도산 아래에는 이 고분들 외에도 진흥왕릉, 진지왕릉, 문성왕릉, 헌안왕릉 등으로 알려진 무덤이 한 무리를 이루고 있다. 태종무열왕릉 맞은편 도로 건너에는 태종무열왕의 아들인 김인문과 직계후손인 김양의 무덤이 있다. 이로 미루어 짐작하건데 서악동고분군은 태종무열왕의 직계나 가까운 인물들의 무덤이 모여 있는 곳으로 짐작된다.

무열왕릉 위에 있는 4기의 대형고분은 누구의 무덤인지 알 수 없다. 어떤 이들은 가장 큰 무덤이 태종무열왕의 무덤이며, 나머지 무덤은 그것을 감추기 위해 조성된 것이라고 주장한다. 그러나 태종무열왕의 무덤을 숨길 이유가 없는데 무슨 이유로 가짜 무덤을 만들겠는가? 앞서 언급했지만 근처에 증조할아버지 진흥왕, 할아버지인 진지왕의 무덤이 있는 것으로 봐서 아버지, 어머니, 형제들의 무덤이 집중 조성된 것은 아닐까 짐작된다. 길 건너에는 둘째 아들 김인문의 무덤도 있다. 큰아들인 문무왕은 화장해서 바다에 뿌렸기 때문에 이곳에 무덤이 없다.

태종무열왕릉

《서악동고분군》경내에는 5기의 고분이 늘어서 있다. 가장 낮은 곳에 있는 무덤이 태종무열왕릉이다. 신라고분 중에서 피장자를 확정할 수 있는 무덤이 태종무열왕이다. 다른 무덤들은 'ㅇㅇ에 안장했다'라는 기록에 근거해서 이름을 붙여둔 것이지 발굴을 통해서 확인된 것은 아니다. 태종무열왕릉도 고고학적 성과를 통해서 확인 후 확정된 것은 아니다. 무덤 앞에 세웠던 비석의 일부인 귀부(龜趺)와 이수(螭首)가 있기 때문이다. 비석은 사라지고 귀부와 이수만 남았지만 이수에 기록이 남아 있다. 무열왕의 둘째 아들인 김인문이 썼다는 '太宗武烈大王之碑(태종무열대왕지비)'라는 각자가 명확하기 때문에 가장 가까운 곳에 있는 무덤을 태종무열왕릉이라 비정하게 되었다. 100% 확신할 수는 없지만 그렇게 보아도 무난하지 않을까 싶다.

태종무열왕(재위기간 654-661, 7년 3개월)의 이름은 김춘추다. 그의 할아버지는 진흥왕의 뒤를 이은 진지왕이다. 진지왕(재위 576-579)은 '정란황음(政亂荒婬:정치를 어지럽히고 크게 음탕하다)'하다

▲ **태종무열왕릉** 불교 수용 후 조촐해진 분위기를 느낄 수 있다.

는 이유로 3년도 채우지 못하고 화백회의를 통해 폐위되었다. 진지왕이 폐위된 후 조카인 진평왕이 즉위하였다. 조정은 진평왕을 지지하는 계열과 진지왕을 지지했던 계열로 나뉘어 있었다. 신라는 고구려와 백제로부터 실지(失地)회복의 도전에 직면하고 있었다. 권력다툼은 외부의 충격을 효과적으로 대응할 수 없게 한다. 서둘러 두 세력의 화합을 도모해야 했다. 진평왕은 자신의 딸 천명을 진지왕의 아들인 김용춘과 혼인시켰다. 진평왕은 사위인 김용춘에게 궁내의 모든 재정과 기타 업무를 총괄하는 내성사신(內省私臣)을 맡겼다. 이 자리는 병부령을 겸하는 직책이었다. 왕실의 재정과 인사 나아가 군사력까지 통제하게 된 김용춘의 권력은 막강했을 것이다. 김용춘의 아들이 김춘추다. 김춘추는 아버지가 다져놓은 권력을 기반으로 중앙정계에 깊숙이 뛰어들었다. 정치와 외교에서 탁월한 능력을 보여주며 성장하였다.

같은 시기 또 한 명의 인물 김유신(金庾信)이 성장하고 있었다. 김유신의 증조할아버지는 가락국(금관가야)의 마지막 왕인 구형왕이다. 구형왕이 신라 법흥왕에게 항복하면서 신라 조정에 아들들을 바쳤다. 김유신의 할아버지인 김무력은 진흥왕의 영토확장 정책의 선봉에 서서 백전불패의 장군으로 활약하였다. 당시에 세워진 신라 비석 곳곳에 그의 이름이 등장한다. 그의 맹활약은 신라 내에서 가야계 김씨의 지분을 늘려놓았다. 실크로드를 통하여 로마의 유리그릇까지 받아들였던 신라에는 골품제라는 담장은 한없이 높았다. 가야계 김씨에게 진골의 신분이 주어졌지만 주류사회에서는 배척당하고 있었다. 김유신의 부친 김서현이 진흥왕의 조카딸과 혼인하려고 했을 때 여자의 집에서 완고하게 반대했다. 김서현이 진골이 아니라는 이유였다. 우여곡절 끝에 혼인을 했으나 밀려나는 형국이었다. 김서현의 아들인 김유신은 이러한 현실을 타계하기 위해 특별한 대책을 강구했는데, 여동생을 김춘추와 혼인시키는 것이었다.

왕권에서 멀어져가던 김춘추와 진골 주류에 들어가고자 몸부림치는 김유신이 의기투합했다. 할아버지 김무력처럼 백전불패의 장군이 된 김유신은 군사들과 백성들의 신망을 얻어 군권을 쥐었다. 김춘추는 선덕여왕을 후원하며 권력의 중심으로 서서히 들어가고 있었다.

선덕여왕이 승하하고 진덕여왕이 즉위했지만 실질적인 권력은 김춘추와 김유신에게 있었다. 당나라에서도 김춘추를 신라의 왕처럼 대우하고 있었다. 결국 진덕여왕이 승하하자 김유신의 강력한 후원을 받은 김춘추가 52세의 나이로 즉위하였다. 상대등 알천이 서열 1순위였으나 현실적으로 김춘추와 김유신을 넘어설 수 없었다.

김춘추는 얼굴이 잘 생겼고 호감형이었다. 진덕여왕 2년에 당나라에 사신으로 갔다. 당태종은 그의 준수한 외모와 영특함에 끌려 후하게 대접했다. 김춘추는 당태종에게 신라를 구원할 군사를 파병해줄 것을 요청했다. 그는 신라도 당나라와 같은 복식을 입게 해달라고도 요청했다. 당나라에서 흔쾌히 수락했다. 이후로 신라는 당나라와 같은 복식을 입기 시작했으며, 한자식 이름과 지명을 사용하기 시작했다.

김춘추가 왕위에 올랐을 때 고구려와 백제의 공격은 맹렬했다. 신라는 넓어진 국경선 만큼이나 두 나라의 공격을 막아내는데 무척 힘들어하고 있었다. 고구려의 공격은 당나라의 군사개입으로 피할 수 있었으나, 백제의 공격은 맹렬하게 진행되고 있었다. 그러나 승리에 도취된 의자왕이 정사를 돌보지 않고 향락에 빠지자 신라에게 기회가 찾아왔다. 신라는 당나라에 원병을 요청해 백제를 공략했고 660년에 의자왕의 항복을 받았다. 무열왕은 백제를 멸망시킨 이듬해 59세로 생을 마감했다.

무열왕은 신라 왕 중에서 유일하게 '태종(太宗)'이라는 묘호(廟號)를 받았다. 무열왕이 죽자 신하들이 '태종'이라는 묘호를 올린 것이다. 같은 시기 당나라에도 '태종'이 있었다. 당나라에서 시비를 걸어왔다. 무엄하게도 당나라 태종과 같은 묘호를 사용했다는 것이다. 이에 신라에서는 "선왕인 춘추도 어진 덕이 있었고 생전에 김유신 같은 좋은 신하를 얻어 삼한을 통일하여 공이 매우 많다. 별세하던 때 모든 신하와 백성들이 슬픔을 이기지 못하여 묘호가 같다는 것을 깨닫지 못하였다"고 하면서 바꾸지 않았다.

우리나라 최초의 귀부와 이수

태종무열왕릉을 상징하는 것은 귀부(龜趺)와 이수(螭首)다. 귀부는 거북모양으로 된 비석받침이며 이수는 비석의 머리 또는 뚜껑으로 구름 속에 노니는 용이 조각되어 있다.

비석(碑石)에 귀부와 이수가 등장한 것은 중국 당나라 때부터였다고 한다. 우리나라에서는 태종무열왕릉이 최초의 것이다. 원래 우리나라는 광개토태왕비, 충주고구려비, 단양적성비, 진흥왕순수비 등 여러 비석에서 확인되듯이 자연석을 약간 다듬은 후 글씨를 새긴 것들

▲ **태종무열왕의 업적을 기록한 비석을 세웠던 귀부와 비석머리** 우리나라 최초의 귀부와 이수. 사실적 조각으로 유명하다.

이었다.

태종무열왕은 왕이 되기 전에 당태종을 만나 당나라의 복식과 문화를 따라도 좋다는 허락을 받았다. 그래서 그랬든지 아니면 당나라와 빈번한 교류가 있게 되자 당나라 문화를 자연스럽게 흡수했던지 무열왕의 무덤에서부터 당나라 문화양상이 보이기 시작한다.

비석 받침에 거북이를 쓴 것은 여러 가지 이유가 있기 때문이다. 거북은 오래 살아 사령 중 하나로 대접받았다. 사령(四靈)은 신령스러운 동물로 용·봉황·거북·기린이다. 오래 사는 거북이 비석의 받침 역할을 하는 것은 비석에 기록된 내용, 즉 태종무열왕의 업적을 영원히 전해 달라는 의미가 되겠다. 어떤 귀부는 몸통은 거북인데 머리는 용(龍)인 경우가 있다. 이 귀부는 비희라는 용이다. 비희는 무거운 것을 짊어지기 좋아하여 비석을 받치는 역할을 하고 있다.

태종무열왕릉의 귀부는 매우 사실적인 조각으로 평가받는다. 이것이 우리나라 최초의 귀부라는 사실이 놀랍다. 최초가 아닌 것 같다. 귀부 조각을 많이 해 본 솜씨다. 처음은 어색하고 서툴기 마련인데 이것은 부족한 부분이 없는 최고의 작품이다. 귀부는 매우 힘차다. 머리를 뻣뻣하게 들고 앞으로 나아가고 있다. 목에는 구름문양이 조각되었다. 귀갑은 적당히 두꺼우며 육각문양은 단순하면서도 화려하고 선명하다. 발가락은 앞발은 5개, 뒷발은 4개로 하였다. 왜 그렇게 조각했는지는 모른다. 짐작하자면 거북이 앞으로 나아갈 때 뒷발의 엄지발가락은 안으로 들어간다고 한다. 몸을 앞으로 밀어내기 위해서 힘을 주기 때문이다.

이수는 비석의 머리다. 비석과는 다른 돌로 조각해서 비석머리에 꽂았던 것이다. 비석은 사라지고 이수만 남았다. 이수에는 모두 6마리의 용이 조각되어 있다. 앞면, 뒷면, 옆면에 각각 두 마리씩 조각되었다. 앞면과 뒷면은 동일한 모습이 조각되었는데 용 두 마리가 앞발로 여의주를 받치고 있는 모습이다. 여의주를 갖기 위해 서로 다투는 모습일 수도 있다. 이수에 새겨진 용은 '이무기'라는 주장도 있다. 용이 되기 위해 여의주를 다투고 있는 것이다. 이무기가 아니라 '이룡'이라고도 한다. 그래서 이수라는 이름이 붙었다고 한다. 상상의 동물이니 무엇이 사실인지 알 도리가 없다.

조각은 매우 역동적이고 힘차다. 이수의 가운데에는 비석의 제목을 적어 두었는데, 제액(題額)이라 한다. 무열왕의 둘째 아들인 김인문이 쓴 '太宗武烈大王之碑'가 선명하게 새겨져 있다.

나라를 위해 인질이 된 김인문

김인문은 무열왕의 둘째 아들이다. 학문을 좋아하여 유교, 불교, 노장까지 두루 익혔다. 아버지 김춘추가 당나라에 사신으로 갔을 때 셋째 아들 문왕을 데리고 갔다가 당나라에 두고 왔는데 환심을 사기 위한 볼모였다. 그 후 김인문이 동생 문왕과 교대해 당나라에 머물렀다. 신라와 당나라가 손을 잡고 백제, 고구려 정벌을 함께 하면서 김인문은 두 나라 사이를 수시로 오고 갔다. 그는 신라의 외교관으로 당나라에서 중요한 역할을 하였다. 660년 소정방이 13만 대군을 몰아 백제정벌을 왔을 때 함께 출전하기도 했다. 백제부흥군을 평정한 후 의자왕의 아들 부여융과 취리산 회맹을 맺기도 했다. 668년에는 신라군 사령관이 되어 고구려의 평양성을 함락시켰다. 백제와 고구려가 멸망하자 신라와 당나라 사이에 분쟁이 발생했다. 이때 당나라는 그를 옥에 가두었다. 신라에서는 김인문의 석방과 귀국을 기원하며 절을 지었다. 월성의 남쪽 인용사가 그것이다. 문무왕은 강수(强首)를 시켜 김인문의 석방을 청하는 글을 지어 당나라에 보냈다. 강수는 신라의 외교 문서를 작성하는 데 큰 역할을 했던 인물이었다. 김인문(金仁問)을 보내줄 것을 청하는 글 '청방인문표'(請放仁問表)을 지어 보내니 당 고종이 크게 감동했다고 한다. 당나라 장수 설인귀(薛仁貴)에게 보내는 문무왕(文武王)의 글도 강수가 지었다고 한다.

신라와 당나라 사이가 원만해지자 김인문은 석방되어 당나라에서 지내다가 694년에 당나라 수도에서 죽었다. 그의 유해는 신라로 보내졌으며, 아버지 김춘추의 무덤 아래 안장되었다. 『삼국사기』에는 "**연재**

원년(효소왕 3년:694) 4월 29일에 병으로 누워 당나라 수도에서 죽으니, 향년 66세였다. 부음을 듣고 황제가 매우 슬퍼하며 수의를 주고 (중략) 영구를 호송하게 하였다. 효소대왕은 그에게 태대각간(太大角干)을 추증하고 담당 관서에 명하여 연재 2년(효소왕 4년:695) 10월 27일, 수도 서쪽 언덕(西原)에 묻었다. 인문이 일곱 번 당에 들어가 그 조정에 숙위한 월일을 계산하면 무릇 22년이나 된다."라고 하였다.

김인문의 무덤 아래 보호각 속에는 귀부(龜趺)가 하나가 있다. 태종 무열왕릉의 귀부와 쌍둥이처럼 닮았다. 두 귀부가 시기적으로 멀지 않은 때였기에 비슷하게 조각되었을 것이다. 귀부라는 것이 아직 생소하던 때였기에 먼저 세워진 것을 그대로 따라 할 수밖에 없었을 것이다. 무열왕릉의 귀부와 달리 뒷발가락도 모두 5개로 표현되었다. 일반적으로 귀부의 머리가 용으로 변하는 시기를 9세기로 보고 있다. 이 귀부와 태종무열왕릉의 귀부 머리가 동일하게 생겼으므로 같은 시대에 제작되었다는 것을 추정할 수 있다. 이 귀부는 보물 제70호로 지정되었다.

▲ 김인문묘(오른쪽)와 김양묘(왼쪽)

이수는 사라지고 없다. 비의 몸돌은 가까운 서악서원 축대에서 발견되었다. 서악서원은 이곳에서 북쪽으로 300m 거리에 있는데 어찌 된 영문인지 비석을 축대를 쌓는 데 사용했다. 조선시대 유학자들은 비석을 탁본하고 보호하는 열의를 보였는데 서원에서 그것을 모르고 축대로 사용한 듯하다. 발견된 비석은 경주박물관에 있다. 비석에는 약 400자의 글이 새겨져 있다. 비문의 내용은 태종무열왕이 김인문을 압독주 총관으로 임명한 사실, 백제정벌, 고구려와의 전쟁 참여 등 김인문의 활약상이 기록되어 있다. 김인문의 장례가 진행된 695년 무렵에 비석도 함께 건립되었을 것으로 추정된다.

화합의 아이콘 김양

김양의 무덤은 태종무열왕릉에서 나와서 길을 건너면 있다. 김인문의 무덤과 함께 있다. 김인문의 무덤에 비해서 규모는 작으나 신라 후대로 갈수록 규모가 작아지는 것을 따른 것이다. 발굴하지 않았지만 굴식돌방무덤일 것으로 짐작된다.

김양은 태종무열왕의 9세손이다. 그는 통일신라 후기 왕권쟁탈이 극심할 때 활동하였다. 태종무열왕계는 127년간 지속되었다. 이때를 신라 중대라 부른다. 영원한 것은 없다고 혜공왕이 죽고 태종무열왕계가 아닌 내물왕계가 왕위를 차지했는데 선덕왕이었다. 선덕왕이 후계자 없이 죽자 김주원과 김경신(원성왕)이 권력쟁탈을 벌였는데 김경신이 승리하였다. 김주원은 패배하여 강릉으로 옮겨갔다. 김주원은 명주군왕에 봉해졌으며 강릉김씨의 시조가 되었다. 김주원에게는 두 아들이 있었는데 첫째가 김종기, 둘째가 김헌창이었다. 둘째인 김헌창은 왕권에서 밀려난 것에 불만을 품고 웅진에서 반란을 일으켰다가 실패하여 멸문당하였다. 첫째 김종기는 명주군왕을 물려받았으며 북방에 머물며 중앙권력으로부터 서서히 멀어지고 있었다. 김주원의 증손 김양도 명주군왕을 물려받았으며, 고성군 태수, 중원 대윤, 무진주 도독 등을 역임했는데 맡은 소임을 훌륭히 해내어 명성이 자자했다. 836년 흥덕왕이 죽고 후계자가 없자 김균정과 김제륭이 왕위를 다투었다. 이때 김양은 김균정의 아들 김우징과 함께 김균정을 받들어 왕위에 앉히려 했다. 그러나 김제륭의 세력이 강대해 김균정은 죽임을 당하고 김제륭이 왕위에 올라 희강왕이 되었다. 희강왕이 죽고 민애왕이 즉위하자 김우징은 청해진 대사 장보고의 도움을 받아 민애왕을 제거하고 왕이 되었다. 이때 김양은 김우징을 도와 큰 공을 세웠다. 그는 민심을 안정시키는 데도 큰 공을 세웠다. 지난날 자신을 활로 쏘았던 배훤백을 용서하였다. 『삼국사기』는 이때의 일을 이렇게 기록하였다.

개성 4년(민애왕 2년:839) 정월 19일에 군사가 대구에 이르니, 왕이 군사를 세워 항거하므로 이를 역습하여 이기니 왕의 군사가 패하여 달아나고 생포하고 죽인 자의 수를 능히 셀 수 없었다. 이때 왕이 허겁지겁 이궁으로 도망해 들어갔는데, 군사들이 찾아 살해하였다. 김양이 이에 좌우 장군에게 명하여 기병을 거느리고 돌면서 말하기를 "본래 원수를 갚으려 한 것이므로 지금 그 괴수가 죽었으니 귀족 남녀와 백성들은 마땅히 각각 편안히 거처하여 망동하지 말라!"하고 드디어 왕성을 수복

하니 인민들이 안심하였다. 김양이 배훤백을 불러 말하기를 "개는 제각기 주인 아닌 사람에게 짖는다. 네가 그 주인을 위하여 나를 쏘았으니 의사(義士)다. 내가 따지지 않겠으니, 너는 안심하고 두려워하지 말라!"고 하였다. 여러 사람들이 이 말을 듣고 "훤백을 저렇게 처리하니, 다른 사람이야 무엇을 근심하리오."라고 말하면서 감동하고 기뻐하지 않는 사람이 없었다.

김양은 문성왕 19년(857)에 죽으니 향년 50세였다. 문성왕은 애통해하면서 김유신의 예에 따라 장례를 치르게 하고, 그해 12월 8일에 태종대왕릉에 배장하였다. 배장은 곁에 묻었다는 뜻이다.

4 | 흥무대왕 김유신묘

신라에서 가장 유명한 인물을 꼽으라면 김유신(金庾信:595-673)이 아닐까? 삼국통일의 실질적인 주역이면서 훗날까지 천신(天神)으로 떠받들어졌던 인물이 김유신이다. 김유신묘는 송화산에 있다. 옥녀봉의 한 줄기가 내려와 송화산이 되고 송화산이 동쪽의 시내 방향으로 그 가지를 뻗은 곳에 장군의 무덤이 있다.

김유신은 가락국의 후손이다. 할아버지 김무력이 진흥왕 때에, 아버지 김서현이 진평왕 때에 큰 공을 세웠지만 기존의 진골귀족으로부터 배척당하고 있었다. 김유신은 김춘추와 손잡고 선덕여왕, 진덕여왕을 강력하게 지원하면서 군권을 잡아 나갔다. 김춘추가 왕이 되면서 김유신의 정치적 입지는 더욱 강해졌고 결국 상대등에 올랐다. 660년 신라군을 이끌고 당나라 장수 소정방과 함께 백제를 멸망시켰다. 태종무열왕이 죽고 문무왕이 왕위에 올랐을 때도 신라군 총사령관이 되어 고구려를 멸망시키고, 당나라를 몰아내는 데 중요한 역할을 감당했다. 당나라를 몰아내는 전쟁이 한참이던 673년 김유신은 세상을 떠났다. 『삼국사기』의 기록을 살펴보자.

함녕 4년 계유(673)는 문무대왕 13년인데 봄에 요상한 별이 나타나고 지진이 있어 대왕이 걱정하니 유신이 나아가 아뢰기를 "지금의 변이는 재앙이 노신(老臣)에게 있고, 국가의 재앙이 아닙니다. 왕은 근심하지 마옵소서!"하였다. 대왕이 "이와 같다면 과인이 더욱 근심하는 바이다"하고, 담당 관서에 명하여 기도하여 물리치게 하였다.

여름 6월에 군복을 입고 무기를 가진 수십 명이 유신의 집으로부터 울며 떠나는 것을 사람들이 보았는데, 조금 있다가 보이지 않았다. 유신이 듣고 "이들은 반드시 나를 보호하던 음병(陰兵)이었는데 나의 복이 다한 것을 보았기 때문에 떠나간 것이니, 나는 죽게 될 것이다." 하였다. 그 후 10여 일 후 병이나 누우니, 대왕이 친히 가서 위문하였다. 유신이 말하기를 "신이 온 힘을 다하여 높은 어른을 받들고자 바랐는데, 신의 병이 이에 이르니 금일 후에는 다시 용안을 뵙옵지 못하겠습니다."하였다. (중략) 가을 7월 1일에 유신이 자기 집의 자기 방에서 죽으니 향년 79세였다.

신라의 영웅 김유신이 세상을 떠나자 김유신의 집안은 서서히 중앙 정계에서 멀어지게 되었다. 삼국통일의 영웅이었지만 골품제의 완고한 문턱은 점점 높아지고 있었다. 성덕왕 때였다. 왕이 월성(月城) 위에 올라 경치를 바라보며 주연을 베풀면서 즐기고 있을 때 김유신의 적손 김윤중을 부르게 하였다. 그때 곁에 있던 신하들이 반대하는 장면을 볼 수 있다. 역시 『삼국사기』의 기록을 보자.

"지금 종실, 외척들 중에 어찌 좋은 사람이 없어 소원(疏遠:멀어지다) 한 신하를 부르십니까? 또 이것이 어찌 이른바 친한 이를 친히 한다는 일이겠습니까?"
왕이 말하였다.
"지금 과인이 경들과 더불어 평안 무사하게 지내는 것은 윤중의 조부 덕이다. 만일 공의 말과 같이 하여 잊어버린다면, 착한 이를 좋게 여겨 자손에게 미치는 의리가 아니다."

왕이 윤중을 불러 곁에 앉게 하자 신하들은 불만스럽게 바라볼 뿐 이었다고 한다. 발해와 부딪칠 때도 김윤중과 김윤문이 나가서 싸웠다. 필요하면 불러다 쓰고 그렇지 않으면 자신들의 이권을 빼앗는다 생각 하여 배척할 생각만 하는 신라 진골의 행태는 나라 망할 때까지 지속

되었다.

그 후 김유신의 후손이 반란에 연루되어 죽임을 당하게 되자 김유신의 혼령이 무덤에서 나와 미추왕릉으로 들어갔다. 이제 신라를 떠날 것이니 허락해 달라고 미추왕에게 청했다는 설화(미추왕릉 편)는 이미 살펴보았다. 김유신의 후손은 끝내 신라 진골 사회의 주류에 들어가지 못하고 몰락하고 있었던 것이다.

이 일 후 혜공왕은 놀라서 김유신의 무덤을 찾아 사죄했다. 김유신의 명복을 빌기 위해 취선사(鷲仙寺)에 토지 30결을 시주하였다. 취선사는 김유신이 세운 절이었다. 그리고 김유신묘를 수리하였다. 이때 무덤에 병풍석과 난간을 둘렀다. 흥덕왕(삼국유사는 경문왕 때라 기록)때에 김유신은 흥무대왕에 추봉되었다. 신라는 점점 저물어가고 있었다. 반란은 수시로 일어났다. 흥덕왕도 몇 번의 반란을 진압하였지만 여전히 불안의 씨앗은 도사리고 있었다. 신라가 가장 정열적이던 시대를 살았던 이는 영웅 김유신이었다. 선덕여왕, 진덕여왕, 태종무열왕, 문무왕을 강력하게 지원하면서 국정을 안정적으로 이끌었던 인물이었다. 삼국통일의 염원을 이루어냈던 이도 김유신이었다. 그런 영웅이 다시 나타나 어지러운 시대를 안정시켜 주기를 기원하며 그를 왕으로 추봉했던 것이다.

무덤의 병풍석에는 부조된 12지신상이 있다. 각 신상은 갑옷을 입지 않고 평복차림으로 무기를 들고 있으며 몸은 옆으로 틀었다. 김유신이 흥무대왕으로 추봉(追封)[104]된 때가 흥덕왕 때였다. 흥덕왕은 형(兄)이자 전(前)왕이었던 헌덕왕의 능을 조성하면서 평복의 12지신 병풍석을 둘렀다. 같은 시기 김유신을 흥무대왕으로 추봉하면서 무덤을 왕릉의 격에 맞게 조성했을 것이고 평복의 12지신을 병풍석으로 삼았을 것이다.

신라왕릉의 12지신상

신라 왕릉은 조금씩 변화하였다. 마립간~태종무열왕 시기의 무덤은 자연석으로 몇 단을 쌓아 무덤 아래를 둘렀다. 선덕여왕릉에 그 모습이 잘 남아 있다. 다른 무덤들은 봉분의 흙이 쓸려 내려와 둘레돌을 덮어버렸다. 무덤 아래쪽을 보면 돌이 삐죽하게 튀어나온 것이 확인된다.

신문왕의 무덤은 잘 다듬은 돌로 몇 단을 쌓아 무덤을 두르고 큰 버팀돌을 받쳤다. 어느 정도 격식을 갖춘 무덤이 되었다. 성덕왕릉에 와서는 넓적한 판석을 다듬어 병풍석으로 둘렀다. 그리고 직각삼각형 모양

---

104 임금이나 왕족이 죽은 뒤 예우 차원에서 존호를 올리는 것. 김유신은 왕으로 추봉되었다.

의 버팀돌을 받쳤다. 12지신은 환조로 조각하여 각 방위에 세웠다. 밖으로는 난간석을 둘렀다. 지금까지 보이지 않던 12지신과 난간석이 등장했다. 경덕왕릉에 와서는 12지신를 환조로 세우지 않고 부조로 조각하여 병풍석으로 삼았다.

신라왕릉의 12지신상은 머리는 동물인데 몸통은 사람의 모습을 하고 있다. 또 평복에 무기를 들고 있거나, 갑옷을 착용하고 무기를 든 것도 있다. 대부분은 부조로 조각하여 왕릉의 병풍석으로 삼았는데 성덕왕릉의 경우는 환조를 하여 12지신의 방위에 세워놓았다.

12지신상을 두른 왕릉은 진덕여왕릉(무복), 성덕왕릉(무복), 경덕왕릉(무복), 원성왕릉(무복), 헌덕왕릉(평복), 흥덕왕릉(무복)이다. 그밖에 김유신묘(평복), 능지탑(무복), 구정동방형분(무복)에서 신상들을 볼 수 있다. 진덕여왕의 무덤으로 알려진 능은 진덕여왕릉이 아닐

▲ ① 선덕여왕릉, ② 신문왕릉, ③ 성덕왕릉, ④ 원성왕릉

가능성이 크다. 무덤의 양식이 진덕여왕 시기와 맞지 않기 때문이다. 후대에 진덕여왕을 추모하여 무덤을 다시 조성할 이유도 없었다. 이 무덤의 12지신상을 살펴보았을 때 흥덕왕 이후의 어느 왕으로 보는 것이 더 합당하다.

12

천년왕국의 멸망

경애왕은 억울하다

포석정(鮑石亭)은 경주 남산에 있다. 돌을 다듬어 물길을 만들고 흐르는 물에 술잔을 띄웠다는 곳이다. 돌을 다듬어 만든 물길의 생긴 모습이 전복(鮑:전복 포)을 닮아 포석정이라 불렀다. 이곳은 천년 왕국 신라의 멸망과 관련되어 입에 오르내리면서 유명해졌다. 백제 낙화암, 고려 선죽교처럼 포석정은 멸망의 상징처럼 여겨지고 있다.

신라 경애왕이 포석정에서 비빈들과 술판을 벌이다가 견훤에 의해 죽임을 당했다는 믿지 못할 사연이 있다. 후백제 견훤의 군대가 쳐들어와 고울부(영천)에 이르자 경애왕은 고려 태조에게 원군을 요청했다. 그러나 후백제군은 가깝고 고려는 멀었다. 고려의 구원병이 오기 전에 견훤의 군대는 서라벌에 이르렀다. 때는 11월(음력) 매서운 추위가 몰아칠 때였다.

왕은 왕비와 궁녀 및 왕실의 친척들과 함께 포석정에서 잔치를 베풀며 즐겁게 놀고 있어, 적의 군사가 닥치는 것을 깨닫지 못하여 허둥지둥하며 어찌해야 할 바를 알지 못하였다. 왕은 왕비와 함께 후궁으로 달아나 들어가고 왕실의 친척과 공경대부와 사녀들은 사방으로 흩어져 도망쳐 숨었다. 적병에게 사로잡힌 사람은 귀한 사람이나 천한 사람이나

▲ **포석정** 그 진실은 흐르지 않고 역사의 웅덩이에 고여있다.

할 것 없이 모두 놀라 식은땀을 흘리며 엉금엉금 기면서 종이되기를
빌었으나 화를 면하지 못하였다. (중략) 왕은 왕비와 첩 몇 사람과 함께
후궁에 있다가 붙잡혀 군대의 진영으로 이끌려 왔다. 견훤은 왕을 핍박
하여 자살하도록 하고 왕비를 강제로 욕보였으며 그 부하들을 풀어놓아
궁녀들을 욕보였다.[105]

『삼국유사』도 동일한 기록을 남기고 있다.

기록대로라면 견훤이 침범해 와 경주 외곽 영천에 이르렀는데 경애왕
이 포석정에서 흐드러지게 놀고 있다. 영천 지역에 적군이 이르렀다면

---

105   삼국사기, 한국학중앙연구원출판부

신라로서는 최악의 상황이다. 그런데 술판을 벌이고 흐드러지게 놀고 있다는 것이 상식적으로 가능한 이야기인가? 아무리 국정을 팽개친 왕이라 하더라도 적이 코앞에 왔는데 놀고 있다는 것은 이해가 되지 않는다. 또 때가 음력 11월이었다. 양력으로 하면 12월이 된다. 물이 얼어버리는 추운 날씨다. 흐르는 물에 술잔을 띄워놓고 놀이를 즐긴다는 것이 가당키나 한 것인가.

『삼국사기』, 『삼국유사』는 고려의 시각에서 서술한 기록물이다. 신라가 멸망할 수밖에 없었던 이유를 이렇게 서술한 것이다. 나라가 망하는 줄도 모르고 술에 취해 놀았다는 것이다. 하늘이 천년 왕국 신라를 버릴 수밖에 없는 이유와 고려의 삼한일통은 하늘의 뜻이었다는 당위성을 이렇게 만들어낸 것이다. 물론 김부식의 창작은 아니었을 것이다. 천년 왕국 신라가 허무하게 멸망한 후 그 원인을 찾다가 그럴듯한 이야기를 만들어 낸 것이 입에서 입으로 전해지다가 기록된 것이다.

포석정은 신라의 궁궐보다 남쪽에 있다. 적군이 북쪽에서 내려오는데, 포석정에서 잔치를 즐기다가 숨은 곳이 궁궐이라고 한다. 적이 북쪽에서 왔다면 포석정에서 놀다가 피할 곳은 더 남쪽이 되어야 한다. 더 남쪽으로 피란하면 고려의 원군이 올 것이고 그러면 적이 물러가 안전할 것이다. 그런데 적군이 오는 방향으로 피했다고 한다. 두 기록을 자세히 보면 경애왕은 궁궐에서 사로잡혔다. 포석정에서 흐드러지게 놀다가 잡힌 것이 아니다.

그렇다면 경애왕이 포석정에 간 사실이 없다는 것인가? 포석정에 간 것은 사실이다. 다만 연회를 즐긴 것이 아니다. 추운 겨울임에도 그곳에 간 것은 제사를 올리기 위함이었다. 그곳에 포석사(鮑石祠)가 있었기 때문이다. 포석사는 나라를 위해 목숨을 바친 이들의 사당이었다. 위급함에 처한 나라를 구해달라고 기도를 올리러 갔던 것이다. 그리고 궁궐로 돌아왔는데 견훤군이 들이닥친 것이다. 이것이 실제 이야기다. 나라가 망한 후 유흥을 즐겼다는 양념을 더한 것이다.

우리가 포석정이라 부르는 것은 포석정(鮑石亭)이 아니라 '포석(鮑石)'이다. 포석과 가까운 곳에 포석정이라는 정자가 따로 있었다. 이 일대는 여러 채의 건물로 채워진 특별한 공간이었다. 포석정의 남쪽에서 건물터가 발굴되었는데 그곳에서 '포석'이라는 명문이 적힌 기와가 여러 점 발견되었다. 막새기와도 발견되었다. 막새기와는 진골들에게도 금지되었던 건축재료다. 막새기와를 할 정도로 중요한 건물이 있었다는 것이다. 포석정이 기록에 처음 등장하는 것은 『삼국유사』 헌강왕 관련 대목이다.

왕이 포석정에 갔을 때이다. 남산의 신이 나타나 왕 앞에서 춤을 추었는데 곁에 있던 신하들은 보지 못하고 왕만이 보았다. 어떤 사람이 앞에 나서서 춤추니, 왕이 손수 따라 춤을 추며 형상으로 보여주었다. 신의 이름을 상심이라고도 하므로 지금 나라 사람들이 이 춤을 전하면서, 임금이 춘 상심(어무상심:御舞祥審) 또는 임금이 춘 산신(어무산신:御舞山神)이라 한다.

헌강왕이 포석정에 갔을 때 나타난 신은 남산의 신이다. 이곳은 성스러운 산 남산의 신이 나타나는 곳이었다. 단순한 놀이터였다면 신이 나타나지 않았을 것이다. 신과의 교감을 갖는 제사(祭祀) 현장에서 나타난 것이다.

11월에는 팔관회를 개최하였다. 진흥왕이 전몰장병을 위로하기 위해 개최한 이래 여러 왕이 때에 따라 개최하였다. 팔관회는 불교와 토속신앙이 결합된 것으로 호국적인 성격이 강한 행사였다. 이 행사는 고려시대까지 이어졌다. 몽골의 침략으로 위기에 처한 고려는 강화도에서 이 행사를 개최하였다. 개최 시기가 모두 11월이었다. 경애왕이 포석정에 간 것도 11월이었다.

경애왕은 억울하다. 나라를 망하게 한 군왕으로 인식되었다. 혜공왕이래 서서히 내리막을 걷던 신라였다. 고려와 후백제 사이에서 고려에 기울어진 외교전을 펼쳤고 그것이 빌미가 되어 견훤의 노여움을 샀다. 견훤은 신라의 도성까지 침략하였고 경애왕을 죽였다. 심지어 왕비와 후궁들을 욕보이기까지 하였다. 견훤에게는 승리의 기쁨이었을지 모르나 큰 그림을 그리는 자로서는 결정적 실책이었다. 이로 인해 민심이 돌아섰다. 싸움에선 왕건을 능가했으나 민심을 잃은 견훤은 실패하고 말았다.

유상곡수연을 즐기던 포석

전복을 닮은 포석은 무엇을 하던 곳일까? 굳이 설명하지 않아도 모두 알고 있다. 흐르는 물에 술잔을 띄우고 시(詩)를 짓는 곳이라는 것을 말이다. 이런 놀이를 유상곡수연이라 한다. 포석은 유상곡수연을 즐기기 위한 시설이다. 설명만 놓고 보면 흐드러지게 놀기 위한 시설처럼 여겨진다. 그러나 유상곡수연은 그리 간단한 것이 아니었다.

유상곡수연은 먼 옛날 왕희지로부터 시작되었다. 354년 늦은 봄, '계사(禊事)'를 위해 많이 사람들이 왕희지의 난정에 모였다고 한다. '계사' 또는 '계욕(禊浴)'은 음력 3월 상사일, 흐르는 물에 몸을 씻고 악을 털어버리는 의식이다. '몸을 씻는다'는 것은 묵은 것을 털어낸다는 뜻이고, 묵은 것은 액(厄:재앙,불행)을 의미한다. 액을 털어내는 것은 몸을 씻을 뿐만 아니라 제사가 동반되었다. 몸을 씻고 제사를 지낸 후 음식을 먹고 시를 읊고 노래를 즐겼다. 훗날 제사는 사라지고 계욕만 남았다. 진달래 핀 냇가에 나가 겨우내 땟국에 전 팔과 다리를 씻었으며, 먼지에 찌든 갓과 갓끈을 씻었다. 묵은 때를 벗겨내는 의식을

▲ 포석정 옆 계곡에 있는 인공 물웅덩이 흐르는 계곡에 몸을 씻는 장치로 추정된다.

탁족회, 탁영회라고도 불렀다. 여인들은 산나물을 뜯고 경치 좋은 곳에서 화전을 해 먹었다. 이 놀이를 답청이라 하였다.

포석정이 계곡 가에 있는 것은 우연한 것이 아니다. 계욕을 하기 위한 최적의 장소였던 것이다. 그 물은 성스러운 산 남산에서 흘러나왔다. 심지어 동쪽에서 발원해 서쪽으로 나간다. 더할 수 없이 좋은 물이다. 묵은 것을 털어내는 의식과 제사를 치른 후 여흥을 즐기는 곳이 포석정이었다. 실제로 포석정 옆 계곡에 인공적으로 파낸 목욕 구덩이가 있는데 '계욕'을 위한 시설로 짐작되는 곳이다.

포석정은 돌을 다듬어 만들었다. 한 장의 돌이 아니라 여러 개의 돌을 다듬어 이어붙이기 하였는데 그 모양이 독특하다. 물이 흘러가는 수로는 그 폭이 넓고 좁음이 불규칙하며, 바닥의 기울기도 다르다. 계곡에서 물을 끌어들여 일정하게 공급하면 이 물은 수로를 따라 흐르면서 그 흐름을 달리하게 된다. 계곡의 물을 끌어들이는 장치는 대나무로 만든 수로였을 것이다. 공급된 물이 좁은 수로를 통과할 때 물살이 쎄지는데 그러다 갑자기 넓은 곳에 이르면 회전을 한다. 물이 회전하는 곳에서는 수로에 띄운 술잔이 흐름에 따라 돌게 되어 있다. 회전한 물은 다시 수로를 따라 흐르고 이 현상이 반복되다가 빠져나간다.

그러면 과연 어떻게 놀았을까? 〈사람들이 수로 주변에 자리를 잡고 앉는다. 그리고 수로에 술잔을 띄운다. 흘러가던 술잔이 자기 앞에서 회돌이를 하면 그곳에 앉은 사람이 시를 짓는다. 만약 짓지 못하면 벌주를 마신다〉 가능한 것일까? 결론은 불가능하다. 아무리 시(詩) 짓기에 능숙한 사람이라도 그 짧은 시간에 짓는 것은 가능하지 않다. 수로 입구에 띄운 술잔이 수로 전체를 빠져나가는데 7분 정도 소요된다고 한다. 시를 짓는 시간은 7분이다. 오언율시 또는 칠언율시를 지어내는데 가능한 시간이라 한다. 만약 술잔이 다 빠져나갈 때까지 시를 짓지 못한 사람은 벌주를 마셔야 한다. 애주가는 벌주가 아니라 상(賞)으로 여겼을 것이다.

2 | 멸망의 원인 골품제(骨品制)

신라의 신분제는 골품제다. 골품제는 골제(骨制)와 품제(品制)를 합하여 부르는 말이다. 골제는 성골(聖骨), 진골(眞骨)로 나눈다. 품제(品制)는 6두품-5두품-4두품-3두품-2두품-1두품으로 되어 있다. 성골과 진골은 왕족으로 분류되며, 6~4두품은 일반귀족층, 3~1두품은 백성으로 구분된다. 노예계층은 여기에 포함되지 않았다. 3두품 이하는 두품 구분이 무의미하다.

골품제는 신라가 성장하는 과정에서 발생했다고 한다. 사로국은 주변의 작은 소국들을 정복하면서 성장하였다. 정복된 소국의 지배계층을 흡수하면서 자신들과 구분하던 것이 골품제로 정착되었다고 한다. 고구려나 백제의 경우 피정복 된 국가의 지배계층을 내부로 끌어안을 때 기존의 귀족계급과 동일하게 흡수하였다. 그들도 고구려나 백제의 조정에서 출세할 수 있었다. 그러나 신라는 등급과 한계를 두고 끌어안았다. 가락국을 흡수하면서 가락국 왕족이었던 김씨들을 진골이라는 신분을 주었지만, 기존의 진골들은 그들을 인정하지 않았다.

어느 나라에나 신분제는 있었다

청동기시대부터 조선시대까지 신분제는 있었다. 민주주의 시대인 현대에도 알게 모르게 신분이 존재한다. 현대에는 제도적 신분이 아닌 경제력·권력에 의해 조성된, 인정하지 않지만 현실적으로 존재하는 신분이다. 이처럼 신분제는 어느 시대나 존재했건만 왜 신라의 골품제만 유명해졌을까?

대개의 신분제도는 왕-귀족-평민-천민으로 구분한다. 특별한 경우가 아니면 신분 상승은 불가능하다. 신라도 같은 신분 계층을 가졌다. 그런데 신라는 특이하게도 귀족층을 성골-진골-6두품-5두품-4두품으로 나누었다. 다른 나라의 신분제도는 왕-귀족 두 단계인데 신라는 5단계로 나눈 것이다. 다른 나라에서 귀족은 왕(王)만 빼고 모든 벼슬에 도전할 수 있었다. 또 귀족의 딸들이 왕비가 되었다. 귀족이면서 실력이 있다면 언제든지 벼슬 상승에 도전할 수 있었다.

반면 신라는 귀족층 내에서 또 다른 신분을 두었다는 것이다. 진골은 그 능력에 상관없이 모든 벼슬에 도전할 수 있는 자격이 있었다. 심지어 왕권에도 도전할 수 있었다. 신라하대에 왕위쟁탈전이 심각하게 벌어졌던 것도 모든 진골에게 그 문이 열려 있었기 때문이다. 진골에게는 왕권만 있는 것이 아니라 모든 벼슬을 다 차지할 수 있는 권한도 있었다. 그렇다고 해서 진골은 고위직부터 시작한 것은 아니다. 제일 아랫단계 조위에서부터 최고위직 대아찬까지 승진에 제한을 두지 않은 것이다. 반면 6두품 이하가 운신할 수 있는 폭은 좁았다. 국가적 환란에서 큰 공(功)을 세워도, 능력이 아무리 출중해도 6두품 이하에서는 신분 상승에 한계가 있었다. 그들의 상급자는 언제나 진골들이었다.

신라에서는 사람을 등용하는데 골품을 따진다. 때문에 진실로 그 족속이 아니면 비록 큰 재주와 뛰어난 공이 있더라도 넘을 수가 없다.[106]

신라는 골품계가 갖고 있는 한계를 극복하기 위해서 중위제를 신설하였다. 승진의 기쁨을 누리게 해주겠다는 것이다. 예를 들면 6두품이 누릴 수 있는 최고위직은 〈아찬〉이다. 중위제는 아찬을 잘게 쪼개는 것이다. 중아찬(重阿飡)-이중아찬(二重阿飡)-삼중아찬(三重阿飡)-사중아찬(四重阿飡). 그래봐야 아찬이었다. 골품제에 불만을 가진 이들을 누그러뜨리기 위해 꼼수를 쓴 것이다. 이런 식으로 벼슬을 잘게 쪼개서 관등의 울타리 내에서 승진의 기쁨을 누리게 하겠다는 순진한 생각이 유치하면서도 재미있다. 이런 신분제를 유지하고도 1,000년의 역사를 가졌다는 사실이 더 놀랍다.

---

106 삼국사기 열전 설계두전, 한국학중앙연구원

실생활 전반을 관여했던 골품제

『삼국사기』에는 골품제에 따른 실생활의 제한을 소개하고 있다. 복식, 가옥, 수레에 이르기까지 복잡하게 규정하고 있다. 옥사(屋舍:주택)에 대한 규정을 보자.

진골의 집은 길이 · 너비가 24자를 넘지 못하고, 막새기와를 덮지 않으며, 겹처마를 시설하지 않고, 현어(懸魚:풍경)를 조각하지 않으며, 금 · 은 · 유석 · 오채로 장식하지 않았다. 계단돌은 갈지 않고 삼중계단을 설치하지 않으며, 담장은 들보와 마룻도리를 시설하지 않고 석회를 바르지 않았다.[107]

▲ 담장위에 들보를 올리지 못한다. 궁궐에만 담장위에 서까래, 들보를 사용할 수 있었다.

107 삼국사기, 한국학중앙연구원

지붕에 기와를 덮기는 하되 막새기와(수막새, 암막새) 금지, 서까래를 이중으로 하는 겹처마 금지, 처마 끝에 풍경 다는 것 금지, 단청 금지, 돌을 다듬어 기단을 놓지 못함, 기단의 높이는 이단까지만 허용, 담장 위에 서까래를 놓는 것 금지, 용마루나 기와끝, 담장 등에 석회를 바르지 못한다. 그러고 보니 많은 부분이 조선시대까지 통용되었다.

6두품은, 집의 길이 · 너비가 21자를 넘지 못하고, 막새기와를 덮지 않으며, 겹처마와 중복(重栿:무거운 보) · 공아(栱牙:공포) · 현어(풍경)을 시설하지 않으며 (중략) 가운데 계단과 이중계단을 설치하지 않고 계단돌은 갈지 않으며, 담장은 여덟 자를 넘지 않고 또한 들보와 마룻도리를 시설하지 않고 석회를 바르지 않았다.[108]

6두품은 진골의 규정에다 더해서 처마 밑에 공포설치 금지, 굵은 대들보 설치 금지, 이중기단, 담장의 높이 규정 등이 추가되어 있다.

성골과 진골

성골과 진골의 차이는 무엇일까? 예전에는 간단명료하게 가르쳤다. 《왕족+왕족=성골》, 《왕족+비왕족=진골》이라 했다. 신라 골품제에 대한 연구가 진척되면서 예외적인 경우가 발견되어 이 논리는 깨졌다. 왕족의 개념을 어디까지 해야 할까? 김씨로 한정해야 할까? 아니면 김씨와 박씨로 해야할까? 박, 석, 김 모두를 왕족으로 봐야할까? 왕은

108 위의 책

김씨라도 왕비는 박씨, 석씨가 많다. 그렇다면 어디까지가 성골이고 어디부터가 진골인가? 그 개념이 모호하다.

성골은 불교를 받아들이면서 생겼다는 주장이 설득력을 얻고 있다. 법흥왕이 불교를 공인하면서 신라 사회는 급속하게 불교적 세계관으로 들어갔다. 불교를 사상적으로 깊이 이해하지 못했지만 기본적인 교리를 정치, 사회적으로 이용하는데 재빠르게 움직였다. 불교를 수용한 다음 신라는 급속한 성장을 경험했다. 부처의 가호는 고구려나 백제가 아닌 신라에 집중된다는 자신감을 얻었다. 심지어 신라 왕실이 석가모니와 같은 뼈대를 지닌 집안이라고 홍보했다. 선덕여왕 때다. 당나라 유학을 다녀온 자장율사는 모든 조정 신료들이 보는 자리에서 '신라 왕실은 크샤트리아 계급'이라는 사실을 입증했다. 그가 당나라 유학 중에 문수보살에게 들은 내용은 다음과 같다.

너희 나라 왕은 천축 찰리종(크샤트리아)의 왕으로 이미 불기를 받았기 때문에 특별한 인연이 있어 동이 공공의 종족과는 다르다.

불교 수용 후 석가모니와 동급인 성스러운 집안이라는 개념이 만들어졌는데, 자장이 문수보살의 말을 빌려 확정하고 있는 것이다. 여기에 반대입장을 표명하게 되면 불경한 자가 되는 것이다. 성스러운 집안은 다른 집안과 혼인을 꺼리게 되었다. 결국 이런 문제 때문에 혼인이 근친 위주로 진행되었다. 법흥왕 이후 유난히 근친이 많아진 이유도 여기에 있을 것이다. 법흥왕-진흥왕-동륜태자로 이어지는 계보에 속한 사람과 혼인하면 성골, 그렇지 않으면 진골이라는 것이다.

　법흥왕과 보도부인 사이에 지소가 태어났다. 지소는 법흥왕의 동생이자 삼촌이었던 김입종과 혼인했다. 김입종과 지소 사이에서 진흥왕이 태어났다. 진흥왕과 사도부인(박씨) 사이에서 아들 동륜이 태어났다. 또 진흥왕과 숙명궁주 사이에서 사륜(진지왕)이 태어났다. 숙명궁주는 진흥왕의 어머니인 지소와 박이사부 사이에서 태어난 딸이다. 진흥왕과 숙명궁주는 같은 어머니에게 태어난 남매사이였는데 부부가 되었다. 진흥왕의 아들 동륜은 고모인 만호부인과 혼인했다. 만호부인은 진흥왕의 누이다. 동륜과 만호부인 사이에서 백정, 백반, 국반이라는 세 아들이 태어났다. 백정은 진평왕이 되었다. 진평왕은 딸만 둘 낳았다. 백반은 어떤 후사를 두었는지 알려지지 않았다. 국반에게는 딸이 하나 있다. 진덕여왕이 되었다. 어지럽기까지 한 이 관계는 성스러운 뼈대를 지닌 이들끼리만 관계를 맺다 보니 빚어진 현상이다. 성골이 얼마 가지 못하고 그 맥이 끊어진 이유가 되기도 한다. 결국 성골이라는 개념은 불교를 도입한 후 그들의 가계를 부처와 동급으로 여기면서 생겨났는데 그 유전적 폐쇄성이 맥을 끊어 놓게 되었다. 진덕여왕은 혼인할 상대가 없어져 버렸고 성골은 거기서 끝났다.

건국의 주체 6부촌장

『三國史記』신라본기에서는 6부에 대해 다음과 같이 말하고 있다.

조선의 유민이 산골짜기에 나뉘어 살며 6촌을 이루고 있었다. 첫째는 알천 양산촌, 둘째는 돌산 고허촌, 셋째는 취산 진지촌, 넷째는 무산 대수촌, 다섯째는 금산 가리촌, 여섯째는 명활산 고야촌인데, 이것이 진한 6부가 되었다.

『三國遺事』는 이 부분에 대해서 조금 더 자세하게 서술하였다.

첫째는 알천 양산촌으로 (중략) 급량부 이씨의 조상이 되었다.
둘째는 돌산 고허촌으로 (중략) 사량부 정씨의 조상이 되었다.
셋째는 무산 대수촌으로 (중략) 모량부 손씨의 조상이 되었다.
넷째는 자산 진지촌으로 (중략) 본피부 최씨의 조상이 되었으며
다섯째는 금산 가리촌으로 (중략) 한기부 배씨의 조상이 되었다.
여섯째는 명활산 고야촌으로 (중략) 습비부 설씨의 조상이 되었다.

6부의 세력들은 조선의 유민이었다고 한다. 조선은 '고조선'을 말한다. 한무제에게 멸망당한 고조선의 유민들이 여러 곳으로 흩어져 살고 있었다. 이들 중 일부가 서라벌 6부 세력들이었다. 이들은 박혁거세를 추대하여 사로국을 열었다. 그 후에 석탈해가 들어왔으며, 김알지도 왔다. 이들은 개인으로 들어온 것이 아니다. 석탈해와 김알지로 대표

되는 세력이 들어온 것이다. 이들 세 성씨가 경쟁하는 사이 사로국의 모태였던 6부의 세력은 서서히 중앙권력에 밀려났다. 박씨·석씨·김씨 집단은 외부에서 유입된 세력임에도 왕권 쟁탈과정에서 연합하거나 분열하면서 힘이 강화되었다. 이들이 6부 세력을 압도하였던 것이다. 박(朴)·석(昔)·김(金)씨는 골제를 차지하였고, 박혁거세와 함께 사로국을 세웠던 6부는 서서히 6두품이 되었다.

6두품의 불만

6두품은 진골들의 지휘를 받아야 했다. 5두품은 진골의 지휘를 직접 받을 일이 없었다. 진골과 5두품 사이에 6두품이 있기 때문이다. 골품제에 대한 불만이 5두품이 아닌 6두품에서 생겨난 이유가 여기에 있다. 6두품은 상관인 진골의 실력을 경험하고 검증할 수 있었기 때문이다. 진골이라는 이유 빼고는 자신보다 나은 점이 없는데 상관으로 앉아 있는 것이다. 오직 태어난 신분 때문에 윗자리에 앉아 있는 모습에 불만이 생겼던 것이다. 뼈를 깎는 노력해서 실력을 향상시켜도 진골의 아래였다.

6두품은 최고위직에 오르지 못하기 때문에 정치적 야망보다는 학문이나 승려로서 활동을 하였다. 그러나 승려사회에서도 진골출신 승려는 대접을 받았다. 원효처럼 뛰어난 승려도 진골 출신의 자장이나 의상에 비해서 대접받지 못했던 것은 사실이다. 최치원은 당나라에서도 그 실력을 인정받았다. 고국 신라를 잊지 못해 당나라에서의 출세를 포기하고 돌아왔다. 당나라에서의 경험을 바탕으로 신라의 병폐를 진단

할 수 있었던 그는 국가를 개혁할 여러 가지 방안을 진성여왕에게 제
시했다. 그러나 진골의 완고한 벽에 좌절하고 말았다. 이에 세상을 경륜
할 포부를 지닌 6두품들은 신라를 포기하는 단계에 이르렀다. 신라말
사회가 혼란에 빠지자 제각기 주군을 찾아 떠났다. 최치원, 최승우,
최언위를 신라 삼최라 한다. 이들은 당나라에서 치른 빈공과에 급제한
실력자들이었다. 이들의 선택은 모두 달랐는데, 최치원은 신라를 변화시
키려 하다가 실패하자 가야산 해인사 골짜기로 들어갔다. 최승우는
후백제 견훤을 섬겼고, 최언위는 고려를 섬겼다. 신라에는 허세로 가득
찬 진골들만 남아 쪼그라든 금성을 지킬 뿐이었다. 신라의 진골은 자신들
의 세상이 영원할 것이라 믿었지만, 세상이 그들을 버리고 있었다. 영원
한 권세는 없다. 내가 가진 것을 나누지 않으면 있는 것마저 잃어버린다
는 것이 역사의 교훈이다.

▲ **최치원이 사라진 가야산 해인사 계곡** 그가 사라진 곳에 후인들은 그를 기려서
농산정을 지었다.

참고문헌

천년의 왕국 신라 / 김기흥 / 창비
한권으로 읽는 신라왕조실록 / 박영규 / 웅진닷컴
금관의 비밀 / 김병모 / (재)고려문화재연구원
발굴이야기 / 조유전 / 대원사
한국문화재 수난사 / 이구열 / 돌베개
천번의 붓질 한번의 입맞춤 / 공저 / 진인진
석조미술의 꽃 석가탑과 다보탑 / 박경식 / 한길아트
한국의 미, 최고의 예술품을 찾아서 / 안휘준 정양모 외 / 돌베개
美의 巡禮 / 강우방 / 藝耕
한국미술 그 분출하는 생명력 / 강우방 / ㈜월간미술
美術과 歷史 사이에서 / 강우방 / 열화당
유물의 재발견 / 남천우 / 학고재
보는 즐거움, 아는 즐거움 / 이광표 / 효형출판
경주역사기행 / 하일식 / ibook.store
향가기행 / 박진환 / 학연문화사
신라왕릉의 십이지신상 / 김환대 / 한국학술정보(주)
나의문화유산답사기 / 유홍준 / 창비
한국미술사강의 1, 2 / 유홍준 / 눌와
김봉렬의 한국건축이야기 / 돌베개
한국미의 재발견-탑 / 강우방, 신용철 / 솔
한국민족문화대백과사전 / 한국정신문화연구원
독도,경주의 숨결 / 이명수, 김치연 / 상명대학교 다래나무북스
우리 옛 건축에 담긴 표정들 / 류경수 / 대원사
역주 삼국사기2 번역편 / 정구복 외 역 / 한국학중앙연구원출판부
삼국유사 / 김원중 역 / 민음사
삼국유사 / 고운기 역 / 홍익출판사
불국사,석굴암 / 신영훈 / 월간조선
강화도, 준엄한 배움의 길 / 임찬웅 / 야스미디어
문화재청홈페이지